18,—

Zusammenarbeit von Klinik
und Klinischer Chemie

Strategien für den Einsatz klinisch-chemischer Untersuchungen

Herausgeber
H. Lang · W. Rick · H. Büttner

Mit 67 Abbildungen und 47 Tabellen

Deutsche Gesellschaft für Klinische Chemie
Merck-Symposium 1981

Springer-Verlag Berlin · Heidelberg · New York 1982

Dr. HERMANN LANG, Biochemische Forschung E. Merck, Darmstadt

Prof. Dr. WIRNT RICK, Institut für Klinische Chemie
und Laboratoriumsdiagnostik der Universität Düsseldorf

Prof. Dr. Dr. HANNES BÜTTNER, Institut für Klinische Chemie
der Medizinischen Hochschule Hannover

Merck-Symposium
der Deutschen Gesellschaft für Klinische Chemie
Bonn, 21.–23. Mai 1981
Leitung: H. BÜTTNER

Das Symposium wurde von der Merck'schen Gesellschaft für Kunst
und Wissenschaft unterstützt

ISBN 3-540-11531-5 Springer-Verlag Berlin · Heidelberg · New York
ISBN 0-387-11531-5 Springer-Verlag New York · Heidelberg · Berlin

CIP-Kurztitelaufnahme der Deutschen Bibliothek. Strategien für den Einsatz
klinisch-chemischer Untersuchungen /
Merck-Symposium 1981, [Bonn, 21.–23. Mai 1981]. Hrsg. H. Lang ... Dt. Ges. für Klin.
Chemie. [Leitung: H. Büttner]. – Berlin ; Heidelberg ; New York : Springer, 1982.
(Zusammenarbeit von Klinik und klinischer Chemie)
ISBN 3-540-11531-5 (Berlin, Heidelberg, New York)
ISBN 0-387-11531-5 (New York, Heidelberg, Berlin)
NE: Lang, Hermann [Hrsg.]; Merck-Symposium
< 06, 1981, Bonn > ; Deutsche Gesellschaft für Klinische Chemie

Begrüßung

Verehrte Gäste, liebe Kolleginnen, liebe Kollegen!

Im Namen des Vorstandes und der Mitglieder der Deutschen Gesellschaft für Klinische Chemie möchte ich Sie herzlichst zu dem diesjährigen 6. Merck-Symposium begrüßen.

Den Herren BÜTTNER, LANG und RICK gilt unser besonderer Dank für die wissenschaftliche und organisatorische Vorbereitung zu dieser Tagung. Der Merck'schen Stiftung für Kunst und Wissenschaft danken wir für die materielle Unterstützung der Veranstaltung.

Das heutige Symposium "Strategien für den Einsatz klinisch-chemischer Untersuchungen" knüpft gedanklich an das Thema der vorigen Tagung "Validität klinisch-chemischer Befunde" an und ich bin überzeugt, daß von unseren Diskussionen wieder neue Impulse für die Weiterentwicklung der klinisch-chemischen Diagnostik ausgehen werden.

Nachdem die Klinische Chemie aus der Phase der methodischen und technologischen Konsolidierung in die Phase der Validierung der Befunde übergegangen ist, erhebt sich die Frage nach der praktischen Anwendung dieser neuen Denkkonzeption. Gerade bei der Entwicklung von entscheidungstheoretischen Methoden ist es dringend notwendig, die Zusammenarbeit zwischen Klinikern und Klinischen Chemikern zu verbessern - was ein besonderes Anliegen unserer Gesellschaft ist. Ich bin überzeugt, daß gerade entscheidungstheoretische Kriterien ein wertvolles Fundament für die pathobiochemische und klinische Interpretation der klinisch-chemischen Befunde darstellen.

Ich wünsche uns ein anregendes und diskussionsreiches Symposium und eröffne hiermit die Tagung.

H. GREILING

Inhaltsverzeichnis

Modelle Strategien

Teilnehmerverzeichnis

BORNER, K., Prof. Dr.
    Institut für Klinische Chemie und Klinische Biochemie
    Klinikum Steglitz
    Freie Universität
    Berlin

BREUER, H., Prof. Dr.
    Institut für Klinische Chemie und Klinische Biochemie
    Universität
    Bonn

BÜTTNER, H., Prof. Dr. Dr.
    Institut für Klinische Chemie
    Medizinische Hochschule
    Hannover

DELBRÜCK, A., Prof. Dr.
    Zentrallaboratorium
    Krankenhaus Oststadt
    Medizinische Hochschule
    Hannover

DENGLER, H.J., Prof. Dr.
    Medizinische Klinik
    Universität
    Bonn

DUBACH, U.C., Prof. Dr.
    Departement für Innere Medizin
    Kantonsspital
    Basel

FRITSCH, W.P., Prof. Dr.
    Medizinische Klinik D
    Universität
    Düsseldorf

GERBITZ, K., Dr.
    Klinisch-Chemisches Institut
    Städtisches Krankenhaus Schwabing
    München

GIBITZ, H.I., Prim. Dr.
    Zentrallaboratorium
    Landeskrankenanstalt
    Salzburg

GÖBEL, U., Prof. Dr.
    Kinderklinik
    Universität
    Düsseldorf

GRÄSBECK, R., Dr.
   Minerva - Institute for Medical Research
   Helsinki

GREILING, H., Prof. Dr. Dr.
   Klinisch-Chemisches Zentrallaboratorium
   Medizinische Fakultät der Technischen Hochschule
   Aachen

GRESSNER, A., Prof. Dr.
   Klinisch-Chemisches Zentrallaboratorium
   Medizinische Fakultät der Technischen Hochschule
   Aachen

GROSS, R., Prof. Dr.
   Medizinische Klinik
   Universität
   Köln

GUDER, W., PD Dr.
   Klinisch-Chemisches Institut
   Städtisches Krankenhaus Schwabing
   München

HAECKEL, R., Prof. Dr.
   Institut für Klinische Chemie
   Medizinische Hochschule
   Hannover

HARM, K., PD Dr.
   Chemisches Institut
   Städtisches Krankenhaus Heidberg
   Hamburg

HELGER, R., Dr.
   Biochemische Forschung
   E. Merck
   Darmstadt

HERRMANN, J., Prof. Dr.
   Medizinische Klinik C
   Universität
   Düsseldorf

HOLASEK, A., Prof. Dr.
   Institut für Medizinische Biochemie
   Universität
   Graz

KATTERMANN, R., Prof. Dr.
   Klinisch-Chemisches Institut
   Städtische Krankenanstalten
   Mannheim

KELLER, H., Prof. Dr. Dr.
   Klinisch-Chemisches Zentrallaboratorium
   Kantonsspital
   St. Gallen

KNEDEL, M., Prof. Dr.
   Institut für Klinische Chemie
   Klinikum Großhadern
   Universität
   München

KREUTZ, F.-H., Prof. Dr.
    Zentrallaboratorium
    Stadtkrankenhaus
    Kassel

KRÜCK, F., Prof. Dr.
    Medizinische Poliklinik
    Universität
    Bonn

KRUSE-JARRES, J.D., Prof. Dr.
    Klinisch-Chemisches Institut
    Katharinenhospital
    Stuttgart

LANG, H., Dr.
    Biochemische Forschung
    E. Merck
    Darmstadt

LAUE, D., Dr.
    Institut für Klinische Chemie und Nuklearmedizin
    Köln

MITZKAT, H.J., Prof. Dr.
    Abteilung für Endokrinologie
    Arbeitsbereich Diabetologie
    Zentrum Innere Medizin
    Medizinische Hochschule
    Hannover

OBERDORFER, A., Prof. Dr.
    Klinisch-Chemisches Institut
    Städtisches Krankenhaus r. d. Isar
    München

RÖHRBORN, G., Prof. Dr.
    Institut für Humangenetik und Anthropologie
    Universität
    Düsseldorf

RÒKA, L., Prof. Dr.
    Institut für Klinische Chemie
    Universitätskliniken
    Giessen

SCHMIDT, E., Frau Prof. Dr.
    Abt. für Gastroenterologie und Hepatologie
    Zentrum Innere Medizin
    Medizinische Hochschule
    Hannover

SCHMIDT, F.W., Prof. Dr.
    Abt. für Gastroenterologie und Hepatologie
    Zentrum Innere Medizin
    Medizinische Hochschule
    Hannover

SCHÖLMERICH, P., Prof. Dr.
    II. Medizinische Klinik
    Universität
    Mainz

SEIDEL, D., Prof. Dr.
    Lehrstuhl für Klinische Chemie
    Universitätskliniken
    Göttingen

STAMM, D., Prof. Dr. Dr.
    Klinisch-Chemische Abteilung
    Max-Planck-Institut für Psychiatrie
    München

STEIN, W., Dr. Dr.
    Medizinische Klinik
    Universität
    Tübingen

TRAUTSCHOLD, I., Prof. Dr. Dr.
    Institut für Klinische Biochemie und Physiologische Chemie
    Medizinische Hochschule
    Hannover

TRENDELENBURG, Chr., Dr.
    Klinisch-Chemisches Institut
    Katharinenhospital
    Stuttgart

VOGT, W., Prof. Dr.
    Institut für Klinische Chemie
    Klinikum Großhadern
    Universität
    München

VOIGT, K.D., Prof. Dr.
    Zentrallaboratorium
    Universitätskliniken Eppendorf
    Hamburg

VONDERSCHMITT, D.J., Prof. Dr.
    Medizinisch-Chemisches Zentrallaboratorium
    Kantonsspital
    Zürich

WALDENSTRÖM, J., Dr.
    Department of Clinical Chemistry
    Sahlgren's Hospital
    Universität
    Göteborg

WERNER, M., Prof. Dr.
    Medical Center
    The George Washington University
    Washington D.C.

WISSER, H., Prof. Dr. Dr.
    Zentrallaboratorium
    Robert-Bosch-Krankenhaus
    Stuttgart

WITT, I., Frau Prof. Dr.
    Biochemisches Labor der Kinderklinik
    Universität
    Freiburg

Einführung

H. Lang

Meine sehr verehrten Damen und Herren,
liebe Kolleginnen und Kollegen!

Im Namen des Sponsors begrüße ich Sie zum 6. Symposium unserer
Reihe "Zusammenarbeit von Klinik und Klinischer Chemie". Die
nach wie vor erfreuliche Resonanz auf die Einladung darf ich mit
vorsichtigem Optimismus so deuten, daß diese Veranstaltungen ein
Bedürfnis der Disziplinen zur Kooperation ansprechen.

Dieses Symposium ist wiederum von Herrn BÜTTNER, Herrn RICK und
mir organisiert worden. Wir wollen versuchen, heute und morgen
die Thematik unseres letzten Treffens weiterzuführen. Herrn
BÜTTNER darf ich ganz besonders danken, daß er auch diesmal die
wissenschaftliche Leitung der Tagung übernommen hat. Da die
meisten der Anwesenden an den Diskussionen vor zwei Jahren teil-
genommen haben, brauche ich die Grundthematik nicht im einzelnen
zu wiederholen. Wir wollen den Versuch unternehmen, Bedingungen
für den optimalen Einsatz der noch jungen Disziplin "Klinische
Chemie" im Rahmen der Klinischen Medizin zu definieren. Beim
letzten Symposium haben wir gemeinsam — ich glaube mit Erfolg —
die Kriterien herausgearbeitet, mit deren Hilfe die Validität
klinisch-chemischer Befunde gemessen werden kann. Ich erinnere
an die Referate von Herrn BÜTTNER, in welchem die theoretischen
Grundlagen der Validierung von Labordaten dargestellt wurden,
und von Herrn GROSS, in welchem der Stellenwert der Labordaten
im Rahmen der Diagnose anhand eines großen Materials aus der
Kölner Klinik retrospektiv ermittelt wurde.

Auf dieser Basis wollen wir nun über geeignete Strategien sprechen, mit denen unsere Daten sinnvoll in das Mosaik der ärztlichen Entscheidungen einzuordnen sind. Herr HARTMANN hat uns vor
zwei Jahren in seinem Referat schon ein Schema über die Strategien des ärztlichen Handelns vorgestellt. Heute soll konkret
über die Strategie der Klinischen Chemie gesprochen werden.

Wer Strategien entwerfen will, muß die zu erreichenden Ziele
definieren. Unser Ziel ist der größtmögliche Nutzen, wobei wir
zu überlegen haben, ob der Begriff "Wirksamkeit" nicht besser
angebracht ist. Bei der Formulierung des medizinischen Nutzens
stoßen wir auf beträchtliche, teilweise grundsätzliche Schwierigkeiten. Nutzen — in der englischen Fachsprache "Utility" — ist
eine von vielen Parametern abhängige Größe. Je nach Standpunkt
des Definierenden können ganz unterschiedliche Parameter die be-
stimmenden Größen des Nutzens sein. So werden zum Beispiel die
Beschwerdefreiheit des Patienten, die Verhütung erbkranken Nach-
wuchses, die Verkürzung der Belegungsdauer von Krankenhaus-Betten

oder die Kostensenkung im Gesundheitswesen als bestimmende Kenngrößen des Nutzens verwendet. Persönlich halte ich die heute
vielfach übliche, überbetonte Kopplung des medizinischen Nutzens
an die Kosten, wie sie zum Beispiel im Schlagwort: "Gesundheit
gibt es nicht zum Nulltarif" im Buch von EHRENBERG und FUCHS[1]
apostrophiert ist, für eine falsche und gefährliche Einstellung.
Im Gegenteil dazu sollten die ethisch fundierten Parameter do-
minierende Grundlage bei der Abwägung der bestmöglichen Aufwand/
Nutzen-Relation sein. Ich bin sicher, daß unsere klinischen Kollegen in der Diskussion zu diesem Punkt eindeutig Stellung beziehen werden.

Wenn Herr HAECKEL im ersten Referat dieses Symposiums — und nun
komme ich zur Erläuterung unseres Programms — über die Kosten
der Labordaten spricht, dann wird er diese Problematik direkt
aufnehmen. Ein wesentlicher Punkt seines Vortrages wird die Aussage sein, daß die direkte Anbindung der Kosten an den medizinischen Nutzen, d.h. die Definition des Nutzens in monetären Einheiten, nicht sinnvoll und in der Praxis unmöglich ist. Selbstverständlich müssen wir unsere Kosten erfassen und kontrollieren.
Herr HAECKEL hat sich in den letzten Jahren der Mühe unterzogen,
die Kostenstruktur des Zentrallabors in der Medizinischen Hochschule Hannover nach betriebswirtschaftlichen Gesichtspunkten
zu analysieren. Seine Darstellung ist nach meiner Meinung als
Pilot-Projekt zu werten; für die praktische Anwendung in der
Breite müssen vereinfachte Kalkulationssysteme entwickelt werden,
welche durch Erfassung der wesentlichen Kostenpositionen Labor-
kalkulationen mit ausreichend informativen Annäherungswerten ge-
statten. Herr HAECKEL hat hierzu bekanntlich bereits Vorschläge
erarbeitet.

In den USA werden vom American College of Pathologists bereits
Schulungskurse unter dem Titel "Laboratory Workload Recording
Method" durchgeführt. Vielleicht kann uns Herr WERNER, der an
dieser Aktion maßgeblich beteiligt ist, in der Diskussion in
aller Kürze darüber informieren.

Nachdem mit dem Thema "Kosten" ein Hauptfaktor des Aufwandes im
Detail dargestellt worden ist, wird anschließend Herr DUBACH
den Versuch einer grundsätzlichen Betrachtung des Problemkreises
"Nutzen" in der Medizin unternehmen. Ausgehend von den vorhandenen, relativ spärlichen und wohl nicht immer fundierten Angaben
über den Nutzen klinisch-chemischer Befunde im Rahmen des ärztlichen Handelns wird er eine Reihe von prinzipiellen Fragen zur
Definition des Nutzens in der Medizin aufgreifen. Wir sind Herrn
DUBACH sehr dankbar, daß er die schwierige Aufgabe übernommen
hat, aus der Sicht der Inneren Medizin zum Thema der Güterab-
wägung bei der Beurteilung von Aufwand und Nutzen Stellung zu
nehmen, was bis in den Bereich ethischer und philosophischer
Fragen führt. Hierzu gehören nicht nur Sachkenntnis und Engage-
ment, sondern auch ein beträchtlicher Anteil von Mut; wir sind

---

[1] H.EHRENBERG und A.FUCHS: "Sozialstaat und Freiheit", Suhrkamp Verlag
  Frankfurt-M., 1980.

durchaus bereit, auf einige sehr kritische Fragen Antworten zu
geben. Allerdings wird in der Diskussion auch die Frage aufzugreifen sein, wieweit heute die optimale Nutzung der Laborbefunde
bei der Verwertung durch den Kliniker gesichert ist.

Nachdem die Ziele — soweit wie heute möglich — definiert worden
sind, soll im zweiten Abschnitt des Symposiums heute nachmittag
über die Strategien diskutiert werden, die eingesetzt werden
können, um den Beitrag der Klinischen Chemie in die Zielrichtung
zu lenken.

Nach einer prinzipiellen Einleitung durch Herrn GROSS wird Herr
BÜTTNER über die theoretischen Grundlagen der Strategiewahl sprechen und uns die Anwendung entscheidungstheoretischer Methoden
in der Klinischen Chemie darstellen. Jeder von uns benutzt in
seiner Arbeit einfache Entscheidungsregeln: der Kliniker zum
Beispiel, wenn er entscheidet, daß drei vorhandene von fünf möglichen Symptomen eine positive Diagnose ergeben; oder der Klinische Chemiker, wenn er Kriterien definiert, wann eine Analyse
zu wiederholen ist. Jede Entscheidung hat Konsequenzen, die in
ihrer Summe vom gesteckten Ziel her gesehen positiv oder negativ
sein können. Die Entscheidungstheorie gibt uns das Werkzeug,
Erwartungswerte verschiedener möglicher Konsequenzen zu berechnen und damit das Handeln zu einer geplanten Strategie zu machen.

Die Entscheidungsanalyse hat im Bereich der Klinischen Chemie
vor allem zwei Anwendungsgebiete: erstens die Planung der Labororganisation, d.h. die Strategie des Arbeitsablaufes, und zweitens die Planung der Testauswahl, d.h. die Strategie optimaler
Testkombinationen für verschiedene Fragestellungen.

Dieses zweite Thema wird Herr WERNER in seinem Beitrag über Entwicklung von Strategien aufnehmen. Er wird uns Ansätze vorstellen,
mit denen auf rationaler Basis Testprofile ausgearbeitet werden
können. Testprofile können ebensowenig starr fixiert werden wie
unsere Analysenmethoden. Genauso wie die Klinische Chemie auf
dem Gebiet der Analysentechnik derzeit den Weg zum Referenz-
methoden-System mit der Möglichkeit individueller Methodenwahl
geht, muß sie in der Lage sein, den fachbezogenen und lokalen
Eigenheiten angepaßte Testprofile anzubieten. Herrn WERNER wird
daher zunächst ein empirisch entwickeltes System zur Diskussion
stellen, mit dem individuelle Testkombinationen definiert werden
können, in welchen als Parameter die Besonderheiten verschiedener
Fachdisziplinen, verschiedener Krankenhausstrukturen, unterschiedlicher Zusammensetzung des Patientengutes und viele andere berücksichtigt werden können.

Wenn es uns heute Abend gelungen sein sollte, Ihnen die Vorstellungen zum Thema Strategien bis zu diesem Punkt als ein logisches
Gebäude zu entwickeln, sollen die sich morgen Vormittag tradi-
tionsgemäß anschließenden Modelle einzelne Punkte unserer Argumentation noch einmal beispielhaft herausstellen.

Der erste Beitrag ist ein Beispiel zum Thema Nutzen; Herr GÖBEL
wird die Arbeiten der Düsseldorfer Kinderklinik zur hochdosierten
Methotrexat-Therapie beim kindlichen Osteosarkom darstellen.

Hier hat eine Labormethode die Realisierung des Nutzens ermöglicht. Meiner Meinung nach läßt dieses Referat zwei Dinge besonders klar erkennen: einmal die Prägung des Nutzens durch ethische Gesichtspunkte; zum anderen die Tatsache, daß es verschiedene Nutzen-Hierarchien gibt, die hier zum Beispiel durch das Überleben ohne Amputation und das (zumindest zeitweise) geheilte Überleben gekennzeichnet sind. Wegen der Aktualität haben wir diesem Thema eine längere Rede- und Diskussionszeit zugeordnet als bei den Modellen üblich; ich bitte die nachfolgenden Referenten, dies nicht als Ungleichgewicht zu werten. Obwohl in der Multicenter-Studie, an welcher die Gruppe von Herrn GÖBEL beteiligt ist, auch die Wirkung von Interferon, Platinverbindungen und anderen Chemotherapeutica geprüft wird, bitte ich in der Diskussion die Besprechung dieser Frage auszuklammern; ebenso wie die Besprechung technischer Details der Methotrexatbestimmung, um nicht vom zentralen Thema abzulenken.

Die drei nachfolgenden Modelle sind dem Themenkomplex "Strategien" gewidmet. Wir beginnen mit der Strategie zur Optimierung der Validitätsparameter, dargestellt am Beispiel der Aktivitätsbestimmung der Creatinkinase-Isoenzyme bei Bestätigung bzw. Ausschluß des akuten Myokardinfarktes. Herr WALDENSTRÖM wird die Ergebnisse der skandinavischen Arbeitsgruppe vortragen und uns zeigen, wie bei Patienten mit der Verdachtsdiagnose Myokardinfarkt durch den sinnvollen Einsatz von klinischen Befunden und Labordaten die Infarkt-Prävalenz im Kollektiv auf den optimalen Wert angehoben werden kann, wo die Bestimmung der CK-Isoenzyme eine Sensitivität und Spezifität von 99% oder mehr erlangt.

Das zweite Modell ist der sequentiellen Entscheidungs-Strategie gewidmet. Frau SCHMIDT wird uns an Beispielen aus dem Gebiet der klassischen Enzymdiagnostik zeigen, wie aus den empirisch gewonnenen Erfahrungen mit den Ergebnissen einer Batterie von Enzymtests Entscheidungssequenzen für die Differentialdiagnose abgeleitet werden können. Diese Daten der Gruppe aus Hannover bestechen immer wieder durch das unübertroffene Maß an klinischer Erfahrung, das in ihnen verarbeitet ist — vielleicht ist es gerade die Orientierung am klinischen Alltag, die zu bescheideneren Trefferquoten als den sonst üblichen 95 - 99% führt.

Zum Abschluß wollen auch wir unsere Alternativen zu Worte kommen lassen. Herr VOGT hat uns schon beim letzten Symposium seine Ansätze für ein parameterfreies Validierungsverfahren auf Basis der clusterorientierten Diskriminanzanalyse vorgestellt. Er mußte sich damals einer recht harten Diskussion stellen, in welcher zwar die Details seines klinischen Beispiels kritisiert, sein Rechenansatz aber ausdrücklich als verfolgenswert gewürdigt wurde. Herr VOGT hat mit Hilfe der Cluster-Analyse inzwischen die Ansätze zu einer Entscheidungsstrategie entwickelt, die er uns morgen vortragen wird.

Meine Damen und Herren, im Namen aller Organisatoren darf ich sagen, daß wir es als einen großen Erfolg betrachten würden, wenn Sie den gesteckten Rahmen mit einer lebhaften Diskussion abgrenzen und ausfüllen würden. Erfahrene Kollegen haben dankenswerter Weise die Moderation der drei Abschnitte unserer Veranstaltung übernommen, um die Gespräche auf die wesentlichen Punkte der einzelnen Themen zu lenken, wofür ich mich bei den Herren BREUER, GROSS und VONDERSCHMITT herzlich bedanken möchte. Wie stets geht meine Bitte dahin, unsere kostbare Zeit nicht durch die Diskussion von noch so interessanten, aber für das Generalthema nicht essentiellen, technischen oder methodologischen Fragen zu beanspruchen.

Der Titel unseres ersten Symposiums lautete: "Auftrag der Klinik an die Klinische Chemie". Wie ist dieser Auftrag im Hinblick auf das Thema dieses Symposiums zu definieren? Im Rahmen der Reorientierung zu einer stärker klinisch ausgerichteten Medizin muß auch der Beitrag der Klinischen Chemie noch sinnvoller und wirkungsvoller eingesetzt werden. Das heißt nach meiner Meinung, daß vom Kliniker verstandene und akzeptierte, leicht zu handhabende und nicht ständig veränderte Strategien wichtiger sind als eine dauernde Veränderung und Komplizierung der Entscheidungskriterien durch den Druck eines falsch verstandenen wissenschaftlichen Individualismus — ich darf dies der Klinischen Chemie aus meiner Beobachtungsposition als Außenseiter sagen.

Ich wünsche allen Teilnehmern zwei gewinnbringende Tage und hoffe, daß Sie von unserer Veranstaltung neue Anregungen für die Zusammenarbeit von Klinik und Klinischer Chemie mitnehmen werden.

Kosten und Nutzen klinisch-chemischer Untersuchungen

Moderator: H. Breuer

BREUER:
Sie wissen, daß in Bonn Minister und Staatssekretäre ihre Ent-
lassung oft aus der Zeitung und nicht etwa vom Bundespräsidenten
oder Kanzler erfahren. Genauso geht es auch der Klinischen Chemie:
heute morgen erschien im Bonner Generalanzeiger eine Meldung des
Deutschen Depeschendienstes, die sich unmittelbar auf unser heutiges Thema bezieht. Ich erlaube mir, Ihnen einige Passagen aus
diesem Artikel vorzulesen. Es handelt sich, wie gesagt, um eine
offizielle Meldung, die an prominenter Stelle eingerückt ist und
lautet: "Überflüssige Labortests verschlingen Millionen. Mil-
lionenbeträge werden täglich in der Bundesrepublik für überflüssige medizinische Laboruntersuchungen verschwendet. Diesen Vorwurf erhob Prof. BROD von der Medizinischen Hochschule Hannover."
Ich bin froh, daß wir so viele Kollegen aus Hannover bei uns
haben. Herr BROD führt weiter aus: "Der Arzt" — das wendet sich
gleichermaßen an den Kliniker wie an den Klinischen Chemiker —
"spricht heute nur noch wenige Minuten mit dem Patienten, weil
er dafür nur 30 DM bekommt. Dann schickt er den Patienten zur
Blutabnahme in das Laboratorium, weil diese Tests gut honoriert
werden." Ein Punkt, auf den wir eingehen sollten. "Dadurch kommt
es zu einer Kostenexplosion der Medizin, die kaum noch tragbar
ist." Der Bericht fährt dann fort: "Zehn der üblichen Tests,
die jede Klinik ohne Beziehung zum aktuellen Krankheitsbild an
jedem Patienten vornimmt, zeigen nach Angaben von Herrn Prof.
BROD nur in 0 - 1% der Fälle krankhafte Ergebnisse an. Der Medi-
ziner plädiert für eine menschlichere Medizin". Soweit zu Ihrer
Einstimmung; diesen Artikel lesen heute sicher viele Menschen
und wir sollten nicht zögern, zu diesen Äußerungen mit Hilfe
dieses Symposiums eine Art von Antwort zu geben.

Grundlagen von Kosten-Nutzen-Untersuchungen im medizinischen Laboratorium

R. Haeckel

Kosten-Nutzen-Untersuchungen werden zunehmend zur Beurteilung der Wertigkeit von Laboratoriums-Untersuchungen gefordert. Das verwendete Vokabular wurde vorwiegend aus den Wirtschaftswissenschaften, insbesondere der Sozialökonomie, entlehnt. Dabei war nicht zu erwarten, daß die schon dort nicht einheitlich verwendeten Begriffe an Klarheit gewinnen. Ich halte es daher für unerläßlich, meine Ausführungen mit einigen Definitionsversuchen zu beginnen.

Ein Test führt über einen Aufwand zu einem Ergebnis, das eine bestimmte Wirkung bezweckt (Abb. 1). Bei der Prüfung der Effizienz wird nach der Quantität der Ergebnisse und dem rationellen Einsatz der Mittel gefragt, während die Beurteilung der Effektivität auf die Wirkung gerichtet ist.

Ein Maß für den Aufwand sind die verursachten Kosten, ein Maß für die Wirkung der Nutzen. Daher kann eine Kosten- und eine Nutzenseite einander gegenüber gestellt werden.

Kosten

Kosten werden in Lehrbüchern über Kostenrechnungen unterschiedlich definiert.

Im weitesten Sinne wird unter Kosten der bewertete Verbrauch (Verzehr) von Wirtschaftsgütern materieller und immaterieller Art zur Erstellung von betrieblichen Leistungen und Gütern verstanden (1). Der Aufwand kann danach auch immaterieller Art sein

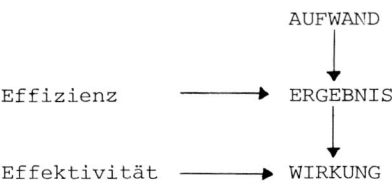

                    AUFWAND
                        ↓
Effizienz   ──────► ERGEBNIS
                        ↓
Effektivität ──────► WIRKUNG

(Mehrere Arbeiter mit Presslufthammern haben die gleiche Effektivität wie ein Dynamitexperte, aber geringere Effizienz)

Abb. 1. Beziehung zwischen Aufwand, Ergebnis und Wirkung bei der Durchführung eines Tests

Tabelle 1. Nutzen von diagnostisch-therapeutischen Maßnahmen

1.   Zusätzliche Erwartung von Lebensjahren (N_A)

2.   Anpassung infolge verbesserter Lebensqualität (N_M)

2.1 Abkürzung eines Krankheitsverlaufes

2.2 Steigerung des Wohlbefindens

2.3 Beruhigung, prognostische Hinweise

3.   Morbidität oder Mortalität infolge von iatrogen bedingten Nebeneffekten (N_N)

Nettonutzen: $N_{TOT} = N_A + N_M - N_N$

und beispielsweise das Risiko oder die Schmerzen, die ein Patient bei einer Probennahme in Kauf nehmen muß, berücksichtigen[1].

In Analogie zur Effektivität (3) wurden Kosten auch als die Summe aller falschen Testergebnisse in Prozent der Summe aller Tests definiert (4). Für den beabsichtigten Zweck halte ich jedoch eine solche Weitfassung des Begriffes Kosten für unzweckmäßig und möchte ihn, wie im alltäglichen Sprachgebrauch üblich, auf monetäre Einheiten zur Bewertung von materiellem Güterverbrauch einschränken.

Nutzen

Nutzen bedeutet den Wert, mit dem eine Wirkung bemessen wird (5). Im allgemeinen soll eine effektive diagnostische Strategie zu einem Gewinn an Nutzen führen. Der Aufwand muß in irgendeiner Form dem Wohlbefinden des Patienten dienen, und sei es auch lediglich in einer Reduktion von Ungewißheit. Einige Nutzen diagnostisch-therapeutischer Maßnahmen wurden in Tabelle 1 zusammengestellt. Der zu untersuchende Nutzen hängt weitgehend von der Fragestellung, bzw. dem gesetzten Systemrahmen ab. Kosten-Nutzen-Untersuchungen können im betriebs- oder volkswirtschaftlichen Rahmen angelegt werden. Im ersten Fall wird der Nutzen eines Aufwandes (z.B. einer Geräte-Investition) lediglich mikroökonomisch innerhalb einer Betriebseinheit (z.B. eines Laboratoriums) untersucht, im zweiten Fall der Einfluß eines Aufwandes auf die Makroökonomie, d.h. die Volkswirtschaft als Ganzes.

Wenn ein falsches Testergebnis zu einer falschen Behandlung führt, tritt ein Verlust an Nutzen ein. Nutzen-Arten können auch in ihr Gegenteil verkehrt werden, wie z.B. in eine Verlängerung eines Krankheitsverlaufes. Unter Nettonutzen wird die Summe der verschiedenen Nutzen verstanden.

---

[1] Der immaterielle Aufwand wurde auch als biologische Kosten bezeichnet (2).

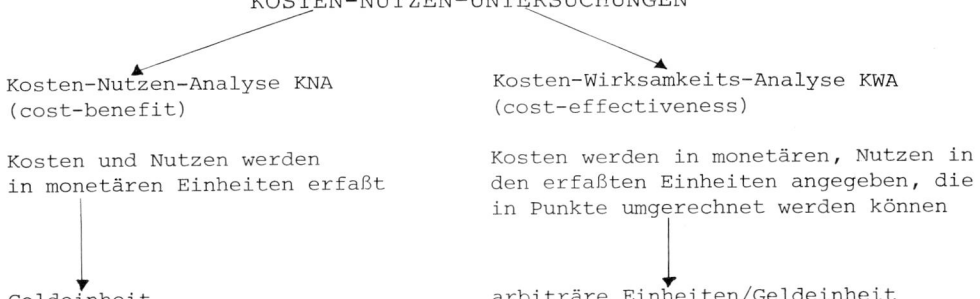

Abb. 2. Einteilung von Kosten-Nutzen-Untersuchungen

Auf der Nutzen-Seite kann ebenfalls zwischen monetärem und nicht in Geldeinheiten zu bewertendem Nutzen differenziert werden.

Kosten-Nutzen-Untersuchungen

Kosten-Nutzen-Untersuchungen (Abb. 2) werden von der Sozialökonomie in Kosten-Nutzen-Analyse (KNA) und Kosten-Wirksamkeits-Analyse (KWA) unterteilt. In der angloamerikanischen Literatur wird die KNA als cost-benefit und die KWA als cost-effectiveness analysis bezeichnet.

Bei der KNA werden Kosten und Nutzen in monetären Einheiten erfaßt und können gegeneinander verrechnet werden. Als Ergebnis erscheint dann ein bilanzierter Geldbetrag.

Bei der KWA werden die Kosten in monetären Einheiten, der Nutzen in den jeweils erfaßten Einheiten, d.h. in anderen Werteinheiten (wie z.B. Zeiteinheiten der Lebenserwartung oder der Freiheit von Krankheiten, Todesraten, Pflegetage usw.), angegeben. Das Ergebnis führt dann z.B. zu einer Angabe von Geldeinheiten pro Anzahl gewonnener Lebensjahre oder pro erfolgreich behandelter Krankheitsfälle. Die häufigste Einheit sind Morbiditätsraten, die mindestens 2 Dimensionen enthalten: 1. den Grad der Gesundheitsbeeinträchtigung und 2. die Dauer der Beeinträchtigung.

Während bei der KWA die Kosten nur auf eine bestimmte Nutzen-Werteinheit bezogen werden können, ist bei der KNA ein Bezug auf verschiedene Nutzenarten möglich. Werden bei der KWA die Einheiten für den Nutzen in ein Punktesystem transformiert, können auch verschiedene Werteinheiten berücksichtigt werden.

Die monetäre Bewertung des Nutzens

Die monetäre Bewertung von üblicherweise nicht in Geldeinheiten erfaßten Gütern, wie Gesundheit und Lebensjahre, ist sehr prob-

lematisch. Die Gesellschaft bewertet Schmerzen nur dann monetär,
wenn dadurch ein Arbeitsausfall eintritt. Der Wert des eigenen
Lebens ist für den Einzelnen beinahe unendlich. Wäre er in der
Tat unendlich, würde niemand das Risiko, die Straße zu überqueren
oder ein Auto zu fahren, auf sich nehmen. Die Gesellschaft
schätzt dagegen das Leben des Einzelnen wesentlich zurückhal-
tender ein (6).

Die am häufigsten verwendeten Verfahren zur Bewertung menschlichen Lebens basieren entweder auf der Berechnung der produktiven
Kapazität oder auf Methoden der Selbsteinschätzung (7).

Sir WILLIAM PETTY bewertete bereits im 17. Jahrhundert mensch-
liches Leben danach, was der Einzelne der Gesellschaft an Produktion liefert. Als ein Maß für diese Leistung wurde das Einkommen betrachtet. Die Bewertung des Produktionsausfalls durch
das Einkommen ist jedoch besonders für Hausfrauen, Minderbe-
mittelte und Rentner umstritten.

Eine therapeutische Maßnahme kann durch einen Gewinn an Erwerbs-
jahren zu einer Steigerung der Sozial-Produktivität führen.
BELLINGER (8) hat berechnet, daß ein Berliner Reanimationszentrum
mit 20 Betten 1967 soziale Kosten von 1,4 Millionen DM verursacht
hat, dem ein sozialer Nutzen von etwa 83,3 Millionen DM infolge
gewonnener Netto-Sozialproduktion gegenüberstand.

Die meisten Studien setzen Vollbeschäftigung voraus, da bei Ar-
beitslosigkeit im betreffenden Beruf die durch Gesundheitsmaß-
nahmen gewonnene Zeit der Arbeitsfähigkeit nicht zu Einkommens-
steigerungen führen kann (9). Weitere Probleme wirft der Ersatz
der durch Krankheit ausgefallenen Arbeitskraft auf.

Methoden der Selbsteinschätzung beruhen auf der Frage: Zu welchem Einsatz ist der Einzelne bereit, um eine Lebensgefahr von
der Wahrscheinlichkeit x nach y zu reduzieren. So wurde z.B. Be-
fragten die Wahl zwischen 2 Fluglinien gelassen, von denen eine
sicherer, aber teurer als die andere war. Durch Variation der
Risiko-Wahrscheinlichkeit und der Flugkosten ließ sich ermitteln,
wieviel der Einzelne bereit war, für einen Sicherheitsgewinn zu
bezahlen.

Jede ökonomische Quantifizierung medizinischer Wirksamkeiten hat
ihre Grenzen und läßt sich leicht kritisieren (7, 10). Die Wahl
der Methode hängt von der Fragestellung, sowie von individuellen,
ärztlichen und sozial-ethischen Bewertungskriterien ab.

Grundsätzlich erscheint die Umwandlung von Nutzen in monetäre
Einheiten zur Zeit schwierig. Daher scheint sich die Kosten-
Wirksamkeits-Analyse durchzusetzen, bei der der erzielte Nutzen
pro Geldeinheit angegeben wird.

Wie bereits ausgeführt, lassen sich auf der Aufwandseite Kosten
und nicht direkt monetär bewertbarer Aufwand differenzieren. Ähnlich kann auch die Wirkung in monetärem oder nicht monetärem Gewinn bzw. Verlust bestehen. Es ist daher sinnvoll, auf einer
Seite alle Kosten gegeneinander zu verrechnen, bzw. aufzusum-

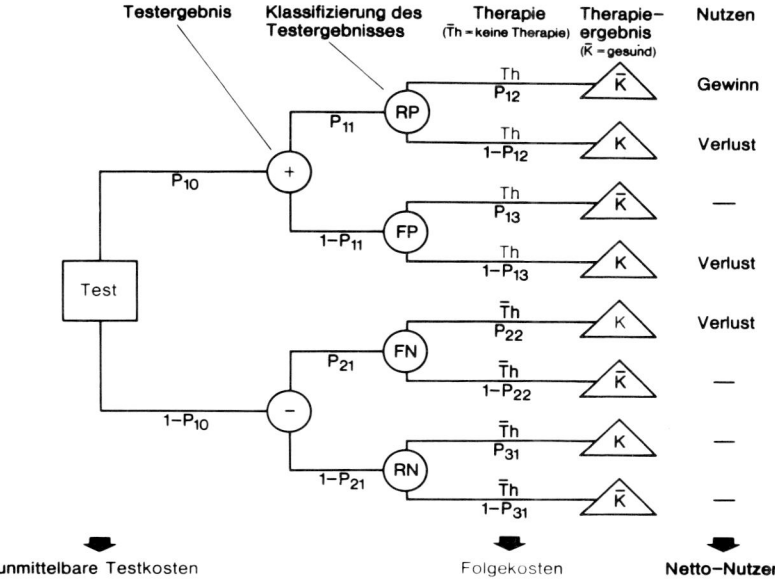

Abb.3. Entscheidungsbaum zur Ermittlung der Gesamtkosten von diagnostisch-
therapeutischen Strategien

mieren und dem erzielten Netto-Nutzen gegenüberzustellen. Dadurch
wird nicht nach der Aufwand/Wirkung-Seite, sondern nach monetären
und nicht-monetären Einheiten bilanziert.

Das angestrebte Ergebnis einer solchen Kosten-Wirksamkeits-Analyse sind Nettokosten pro Nettonutzen.

Erfassung der Gesamtkosten

Die Kostenrechnungen werden dadurch kompliziert, daß im allgemeinen nicht einzelne Tests zu betrachten sind, sondern eine diagnostische Strategie aus mehreren simultanen und/oder sequentiell
durchgeführten Untersuchungen. Die weiteren Überlegungen gelten
jedoch sowohl für einzelne Tests als auch für Testgruppen im
Rahmen von diagnostischen Strategien, aus der sich dann bestimmte Therapiestrategien ergeben.

Die Gesamtkosten eines Tests setzen sich aus den unmittelbaren
Kosten, die die Durchführung dieses Tests verursachen, und den
Folgekosten zusammen (auch als induzierte Kosten bezeichnet).

Legt man bei einer diagnostisch-therapeutischen Strategie Binär-
Entscheidungen zugrunde, läßt sich der in Abbildung 3 dargestellte Entscheidungsbaum ableiten. Sind die Wahrscheinlichkeiten für
die einzelnen Ergebnisse bekannt, können die durch einen Test

14

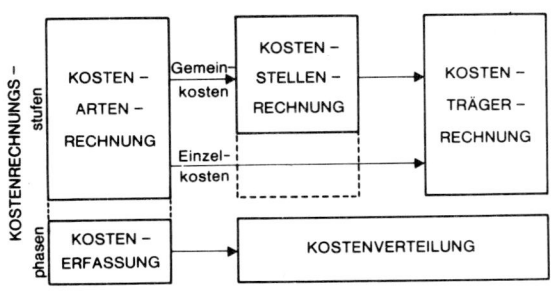

Abb. 4. Schematische Darstellung der Kostenermittlung bei periodenbezogener Vollkostenrechnung (modifiziert nach (1)

verursachten a priori-Folgekosten (erwartete Folgekosten) folgendermaßen berechnet werden:

$$\Delta C = p \cdot C$$

(p = Wahrscheinlichkeit, c = Kosten pro Ereignis)

Für a priori-Berechnungen im Rahmen von Kosten-Nutzen-Analysen können verschiedene Folgekosten relevant werden:

1. für weitere diagnostische Maßnahmen ΔC_{fd}

2. für therapeutische Maßnahmen bei allen positiven
   (auch den falsch positiven) Testergebnissen ΔC_t

3. durch Verhütung von Morbidität ΔC_m

4. für durch die Diagnostik und/oder Therapie
   (iatrogen) bedingte Nebeneffekte ΔC_n

5. Kosten von Erkrankungen infolge der Lebensver-
   längerung, die andernfalls nicht aufgetreten wären ΔC_l

6. Kosten infolge unterlassener Therapie bei falsch
   negativen Ergebnissen ΔC_{fn}

Die Folgekosten C_f werden durch Summation der Einzelkosten berechnet:

$$C_f = \Delta C_{fd} + \Delta C_t - \Delta C_m + \Delta C_n + \Delta C_l + \Delta C_{fp}$$

Die Gesamtkosten (C_{tot}) setzen sich aus den unmittelbaren Testkosten (C_d) und den Folgekosten (C_f) zusammen:

$$C_{tot} = C_f + C_d$$

Somit ergibt sich für die Kosten-Nutzen-Relation

$$\frac{C}{N} = \frac{\text{Gesamte Nettokosten}}{\text{Gesamter Nettonutzen}} = \frac{C_{tot}}{N_{tot}}$$

Während Berechnungen der Gesamtkosten (C_{tot}) zur Zeit noch auf Schwierigkeiten stoßen, ist die Erfassung der unmittelbaren Testkosten in vielen Laboratorien schon relativ weit fortgeschritten.

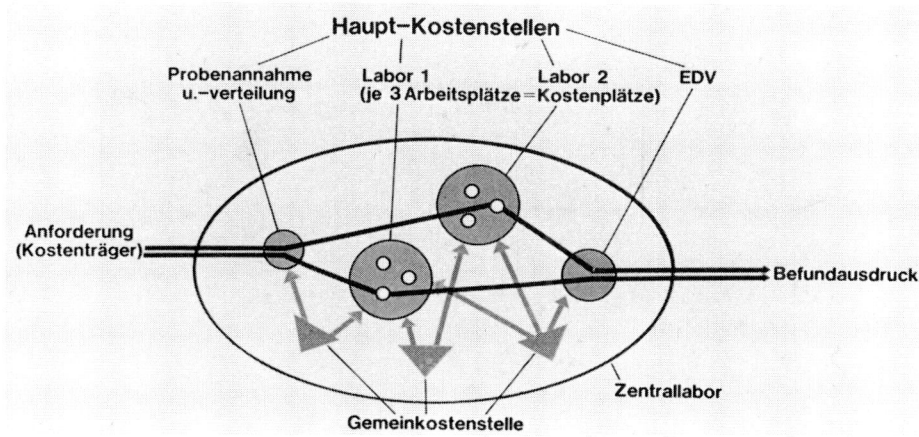

Abb. 5. Die Umlage verschiedener Kosten auf den Kostenträger (Kostenträger-stückrechnung)

Kostenrechnung im Laboratorium

In der betriebswirtschaftlichen Kostenrechnung werden zahlreiche Kostenbegriffe verwendet. In der klassischen Kostenrechnung (Abb. 4) werden die Kosten nach Kostenarten (Kostenerfassung) registriert und dann entsprechend verteilt (Kostenverteilung). Die Verteilung kann entweder über Kostenstellen oder direkt auf die eigentlichen Kostenträger erfolgen. Als Kostenträger kann die einzelne Analyse, also z.B. eine Bestimmung der GOT-Aktivität in einer Probe betrachtet werden.

Bei den Kostenarten ist es zweckmäßig, zwischen direkten und indirekten Kosten zu unterscheiden. Direkte Kosten entstehen im Zusammenhang mit der angeforderten Analyse an Hauptkostenstellen und lassen sich dieser unmittelbar zuordnen (Abb. 5).

Indirekte Kosten entstehen an Gemeinkostenstellen (Spüle, Werkstatt, interne Verwaltung usw.) und werden den entsprechenden Hauptkostenstellen anteilsmäßig zugeschlagen, entweder nach Ausgleichsumlage-Verfahren oder mit Hilfe von Schlüsselwerten aufgrund der verrechenbaren Leistungen.

Tabelle 2 zeigt an einem praktischen Beispiel aus unserem Laboratorium die wichtigsten, relevanten analytischen Gesamtkosten. Die genannten Kosten enthalten alle analytischen und postanalytischen, nicht jedoch die präanalytischen Kosten. Präanalytische Kosten betreffen die Vorbereitung des Patienten und den Probentransport.

Tabelle 2.

Kostenbereich:	Enzymlabor	Jährliche Gesamtkosten
Kostenstelle:	Enzymautomat 5010	Stand 1980
Kostenträger:	GOT	

1.	Variable Kosten	DM
1.1	Reagentien (einschl. KO-Serum)	39.575,--
1.2	Einmalartikel (kalkulatorisch)	5.777,73
1.3	Personalkosten[1]	66.457,50 : 2^2
1.4	Energie (kalkulatorisch)	556,02
1.5	Variable Gemeinkosten des Kostenbereiches	22.682,16
1.6	Zuschlag für Probenverteilung[3]	11.435,37
1.7	Zuschlag für interne Verwaltung[3]	35.166,20
1.8	Zuschlag für EDV[3]	33.247,18
2.	Fixe Kosten	
2.1	AfA (Anschaffungskosten x 1,5 : 8)	21.187,50 : 2^2
2.2	Kalkulatorische Zinsen (Anschaffungskosten x 0,66)	5.672,50 : 2^2
2.3	Wartung (Anschaffungskosten x 0,05)	5.650,-- : 2^2
2.4	Fixe Gemeinkosten des Kostenbereiches	11.919,25
2.5	Ringversuche, Richtigkeitskontrollen	152,05
3.	Summe	209.994,71

[1] Effektive Arbeitszeit (110763 Min.) x Kosten für effektive Arbeitsminute;
[2] 50%, da das Gerät im Zweikanalmodus betrieben wird;
[3] prozentual umgelegt nach der angeforderten Analysenzahl.

Das Organisationsschema der bei uns zur Zeit durchgeführten Kostenrechnungen ist in Abbildung 6 dargestellt. Jedes "Kästchen" bedeutet eine Erfassungseinheit, die Pfeile deuten die Allokation der Kosten auf verschiedenen Ebenen an. Der beispielhaft angegebene Betrag gilt nur für die in Tabelle 2 angegebene Kostenstelle.

Eine vollständige interne Betriebsbuchführung, die einerseits alle Kostenarten erfaßt und andererseits eine aktuelle Zuordnung sowohl auf die verschiedenen Zwischenlager als auch auf die einzelnen Kostenträger, ist mit vertretbaren Aufwand nur mit einer EDV-Anlage möglich. Wir setzen eine Kleincomputer-Anlage mit einem Anschaffungswert von etwas unter 5000 DM ein.

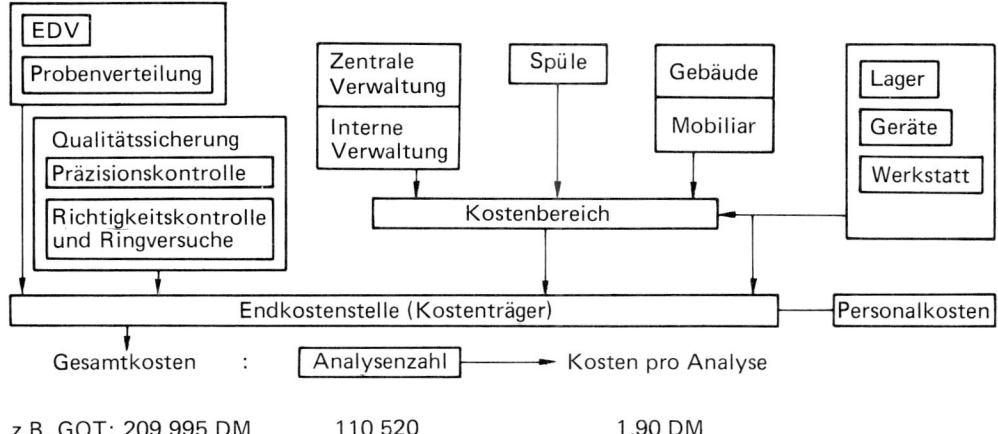

z.B. GOT: 209 995 DM   110 520   1,90 DM

Abb. 6. Organisationsschema der Kostenrechnung in einem Zentrallaboratorium

Problematisch ist zur Zeit noch die Bewertung der Personalzeiten. Auf die verschiedenen Möglichkeiten der Analysenzeiterfassung soll jetzt nicht eingegangen werden. Eine gemeinsame Arbeitsgruppe der Deutschen und Österreichischen Gesellschaft für Klinische Chemie wird sich mit dieser Thematik beschäftigen.

Ziele von Kostenrechnung und Kosten-Nutzen-Untersuchungen

Bei einer laufenden Betriebsbuchführung, bzw. Kostenrechnung (Tabelle 3) stehen zur Zeit im Vodergrund des Interesse planerische Aufgaben im Rahmen des Betriebs-Managements mit dem Ziel, die Wirtschaftlichkeit zu erhöhen.

Tabelle 3. Ziele einer laufenden Betriebsbuchführung, bzw. Kostenrechnung im medizinischen Laboratorium

1.   Isolierte Kostenrechnungen

1.1   Kostenträgerstück-Rechnung als Grundlage für eine leistungsgerechte Vergütung

1.2   Kontrollrechnungen (retrospektiv)

2.   Kosten-Nutzen-Analyse

2.1   Investitionsentscheidungen

2.2   (De-)Zentralisierungs-Maßnahmen

2.3   Externe Vergabe von Laborleistungen

Während Planungsrechnungen zukunftsorientiert sind, wird bei
Kontrollrechnungen ein retrospektiver Kostenvergleich durchgeführt, der die Effizienz der Labororganisation prüft und unge-
rechtfertigte Kostensteigerungen aufdeckt.

Vollkostenrechnungen haben gezeigt, daß die von Klinikverwal-
tungen in letzter Zeit oft geforderte pauschale Verringerung
der Analysenzahlen bei der Basis-Routine nicht viel bringt.
LUNDBERG und WESTLAKE (12) haben berechnet, daß eine Reduktion
der angeforderten Analysenzahlen auf 50% die Gesamtkosten nur
um 7,5% senken. Haben die Laborkosten einen Anteil von 5% an
den gesamten Klinikkosten, so würde die oben genannte bereits
drastisch einschneidende Maßnahme die Gesamtkosten nur um 0,35%
senken.

Mit Hilfe von Wirtschaftlichkeits-Berechnungen kann die Effizienz
geplanter Zentralisierungs-, bzw. Dezentralisierungs-Maßnahmen
oder die Vergabe von Leistungen an externe Laboratorien überprüft
werden.

Kalkulatorische Ziele dienen zur Ermittlung der Individualkosten
pro angeforderter Analyse, entweder im Rahmen von Kosten-Nutzen-
Analysen, oder längerfristig als Grundlage für eine leistungsgerechte Vergütung. Für diese Zwecke ist eine Vollkosten-Rechnung
unerläßlich.

Die isolierte Kostenrechnung wird daher bereits heute als ein
wichtiges Management-Instrument betrachtet. Ähnlich erscheint
auch die isolierte Erfassung des Nutzens zweckmäßig.

Die laufende Registrierung von Morbiditäts- und Mortalitäts-
statistiken kann beispielsweise ein effizientes Kontrollinstru-
ment bedeuten. Dieser Gedanke wird von Herrn DUBACH eingehend
behandelt.

Zur Fundierung und Objektivierung von Investitionsentscheidungen
genügen meistens Teilkostenrechnungen. Zu diesem Zweck haben wir
den Begriff der kritischen Serienlänge (11) eingeführt (Abb. 7),
die sich mit vertretbarem Aufwand bestimmen läßt. Sie bedeutet
den Kostenschnittpunkt, bei dem 2 zu vergleichende Alternativ-
lösungen die gleichen Gesamtkosten bewirken. Wir haben gezeigt,
daß die kritische Serienlänge bereits mit 5 Daten, die sich relativ einfach erheben lassen, geschätzt werden kann.

Ein anderes Verfahren beruht darauf, daß die Kosten der Alterna-
tiv-Investitionen tabellarisch aufgelistet und die aufsummierten
Beträge miteinander verglichen werden.

Hierbei handelt es sich um eine einfache Kosten-Nutzen-Analyse.
In vereinfachter Darstellungsform besteht der Aufwand in einer
Investition von Geräten und die Wirkung in einer Reduktion von
Arbeitszeit. Da die Arbeitszeit zwar mit vielen Problemen, jedoch allgemein verständlich in monetäre Einheiten transformiert
werden kann, ist eine Kosten-Nutzen-Analyse in diesem Beispiel
aus dem mikroökonomischen Bereich zweckmäßig und auch üblich.

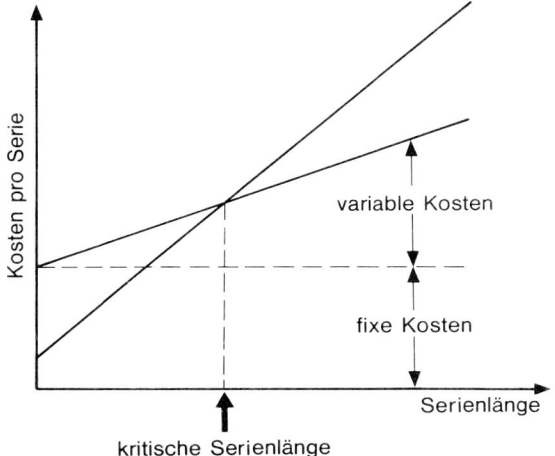

Abb. 7. Kritische Serienlänge

Tabelle 4. Zielvorstellungen von Kosten-Wirksamkeits-Analysen bei
diagnostischen Strategien

---

1.   Rechtfertigung gesundheitspolitischer Maßnahmen

1.1 Projekt-Selektion

1.2 Nachträgliche Rechtfertigung, bzw. Stornierung von Prosekten

2.   Vergleich und Optimierung von diagnostischen Strategien

3.   Bestimmung der optimalen Test-Frequenz

4.   Kontroll-Funktionen

Kosten-Wirksamkeits-Analysen werden dagegen in größeren Organi-
sationssystemen, wie in einem Krankenhaus, in einer Populations-
gruppe bis in den makroökonomischen Bereich angewendet (Tabelle 4).

Kosten-Wirksamkeits-Untersuchungen wurden zur Rechtfertigung ge-
setzlicher Maßnahmen, wie z.B. von Impfungen oder humangeneti-
schen Fragestellungen bereits häufiger eingesetzt, wobei deren
Nutzen eindeutig aufgezeigt werden konnte (9).

Früherkennungsmaßnahmen, mit ein oder wenigen Untersuchungen,
klaren und allgemein akzeptierten Entscheidungskriterien und
effektiven Therapiemöglichkeiten, die den natürlichen Krankheitsverlauf wesentlich und eindeutig überprüfbar beeinflussen, eignen sich besser für Kosten-Nutzen-Analysen als wesentlich kom-
plexere Probleme bei stationären Patienten.

Der Vergleich von zwei oder mehreren Teststrategien dient zur
Elimination von Untersuchungen mit ungünstigen Kosten-Nutzen-

Tabelle 5. Screening-Kosten ($) mit sequentiellen Guaiak-Tests zur Aufdeckung von Colon-Carcinomen in einer Population von 10 000 Menschen

Anzahl Tests	Anzahl Colon-CA entdeckt	Gesamt-kosten[1]	Grenz-kosten	Mittlere Kosten[2]
1	65,9469	77511	1175	1175
2	71,4424	107690	5492	1507
3	71,9004	130199	49150	1810
4	71,9385	148116	469534	2059
5	71,9417	163141	4724695	2268
6	71,9420	176331	47107214	2451

[1] einschließlich der Kosten pro Röntgenkontrast-Untersuchung bei allen mit positivem Test;
[2] Gesamtkosten dividiert durch die Anzahl der richtig positiven Ergebnisse.

Relationen. Dabei sollte stets zuerst die Effektivität bzw. Wirksamkeit der jeweiligen Strategie untersucht werden. Da bei deren Bewertung ethische Gesichtspunkte berücksichtigt werden, ist der monetäre Bezug nur relevant bei ähnlicher bzw. gleicher Wirksamkeit.

Bei der Festlegung der optimalen Test-Frequenz gilt es, einen akzeptablen Kompromiß zu finden. Einerseits nimmt die diagnostische Sicherheit mit der Test-Frequenz zu, andererseits steigen die marginalen Kosten (Grenzkosten) überproportional an. Die Grenzkosten des x + einten Falles ist die Differenz zwischen den Gesamtkosten des x + einten Falles minus den Gesamtkosten für den xten Fall. Nachdem die Amerikanische Cancer Society empfohlen hatte, 6 Stuhluntersuchungen auf okkultes Blut durchzuführen, zeigten NEUHAUSER und LEWICKI (13), daß der 6. Test Kosten per Fall von 47 Millionen Dollar verursacht (Tabelle 5).

Kosten-Wirksamkeits-Analysen eignen sich nicht für alle Entscheidungsprobleme. Wegen des damit verbundenen Aufwandes sollten drei grundsätzliche Voraussetzungen jedoch erfüllt sein:

1. Es muß sich um erhebliche Beträge bei sonders knappen Ressourcen handeln.

2. Es muß sich um annehmbare Alternativen handeln, deren Risiko bekannt ist und

3. sollten die medizinischen Zusammenhänge, bzw. die Wirksamkeit, die den Kosten-Wirksamkeits-Analysen zugrunde liegen, erwiesen sein.

Probleme bei Kosten-Nutzen-Untersuchungen

Während die theoretischen Grundlagen für Kosten-Nutzen-Untersuchungen bekannt sind, stößt die praktische Durchführung auf Schwierigkeiten.

Tabelle 6. Zu fördernde Maßnahmen für den Einsatz von Kosten-Nutzen-Analysen

1. Kostenrechnungen im ambulanten und stationären Bereich

1.1 Förderung der Einrichtung durch die Verwaltung

1.2 Förderung der Vergleichbarkeit durch Standardisierung

2. Erhebung des Nutzens

2.1 Definition des Nutzens und verschiedener Kategorien des Nutzens

2.2 Klassifizierung von Nutzenkategorien und deren Standardisierung

2.3 Kontinuierliche Führung von Statistiken über die Nutzenkategorien

3. Regionale Registrierung und kollektive Veröffentlichung von Kosten-Nutzen-Statistiken

3.1 Für Kontrollzwecke

3.2 Um repräsentative Durchschnittswerte für Kosten-Nutzen-Analysen zu erhalten

4. Entwicklung vereinfachter Modelle für die Kosten-Nutzen-Analyse

In vielen Fällen erschweren unzureichende epidemilogische Daten und Kenntnisse die erforderlichen Schätzungen.

WEINSTEIN und FINEBERG (14) haben ausführlich die Kosten-Wirksamkeits-Relation bei der Phäochromozytom-Diagnostik mit Hilfe des Vanillinmandelsäure-Tests analysiert. Sie haben 5 Strategien untersucht, bei der "aggressivsten" werden alle hypertensiven Patienten untersucht und bei der am wenigsten aggressiven Strategie erfolgte überhaupt kein Screening: Obwohl es sich noch um ein einfaches Modell handelt, sind die zugrunde gelegten Entscheidungsbäume bereits sehr komplex und enthalten zahlreiche Annahmen über Kosten und Wahrscheinlichkeiten. Insgesamt wurden allein für die "aggressivste" Strategie 56 verschiedene Wahrscheinlichkeiten angenommen und 68 Wahrscheinlichkeiten mit Hilfe des Bayes'schen Theorem abgeleitet.

Ein weiteres Problem ist, daß sich die Praxis oft nicht so eindeutig gestaltet, wie in den hypothetischen Modellen angenommen wird. Beispielsweise wird eine Therapie, die wegen eines falsch positiven Ergebnisses begonnen wurde, vermutlich nicht bis zum Ende durchgeführt, sondern irgendwann abgebrochen. Zeitpunkt und Konsequenzen des Therapieabbruches dürften sehr schwer abzuschätzen sein und individuell stark schwanken. Ferner sind die diagnostischen und therapeutischen Strategien vielfach nicht fixiert, sondern werden flexibel gehandhabt und von Fall zu Fall modifiziert.

Die Beurteilung der Wirksamkeit hängt von der Verfügbarkeit harter klinischer Daten ab. Je schwieriger zuverlässige Daten über Krankheitsverläufe in verschiedenen Stadien zu erhalten und die Langzeiteffektivität therapeutischer Maßnahmen zu bewerten sind, desto schwieriger gestalten sich Kosten-Nutzen-Untersuchungen (15).

Infolge fehlender Standardisierung und des oft breiten Spielraumes ärztlicher Entscheidungen sind der Erfassung des Nutzens oft Grenzen gesetzt. Hinzu kommt, daß ärztliche Befunde oft schwer vergleichbar sind. Selbst bei gezielten Studien halten sich Ärzte nicht streng an vorgegebene Entscheidungskriterien, wie die Auswertung von Früherkennungsprogrammen zeigt (16).

Um Kosten-Nutzen-Untersuchungen in Zukunft mit vertretbarem Aufwand angehen zu können, ist auf verschiedenen Ebenen noch erhebliche Vorarbeit zu leisten. Einige Vorschläge wurden in Tabelle 6 zusammengestellt.

Die Rolle des klinischen Chemikers besteht darin, einerseits die Testkosten zu ermitteln und andererseits die Wahrscheinlichkeitsdaten für die Testergebnisse zu sammeln. Zur Zeit sind bereits mehrere Laboratorien dabei, Betriebsbuchführungen mit dem Ziel detaillierter Kostenrechnungen einzuführen. Im Verantwortungsbereich des Klinikers liegen die Erfassung der Wirksamkeit und der Folgekosten sowie der damit verbundenen Wahrscheinlichkeiten.

Die Berechnung der Folgekosten bedeutet noch die größten Schwierigkeiten, so daß eine Vereinfachung der Modelle je nach beabsichtigtem Zweck zum jetzigen Zeitpunkt angestrebt werden sollte. Ähnlich wie für den Kostenvergleich im Rahmen von Investitionsentscheidungen gezeigt, sollte versucht werden, auch die Modelle bei Kosten-Wirksamkeits-Analysen auf wenige relevante Daten zu beschränken.

Ein weiteres Problem ist die Diskontierung der Kosten, insbesondere bei Gesundheitsprogrammen, die oft erst viele Jahre nach der Planung und Einführung zum beabsichtigten Nutzen führen. Wer vermag vorauszusagen, welche Zinssätze in den nächsten 5 oder gar 10 Jahren erwartet werden können? Wegen der Unsicherheit der Diskontsätze sollte stets eine Sensitivitätsanalyse durchgeführt werden.

Schließlich wäre noch die Frage aufzuwerfen, wer in Zukunft solche Analysen durchführen sollte: Sozialökonomen, sozial-ökonomisch geschulte Epidemiologen, Klinische Chemiker oder der am Patienten tätige Arzt? Wahrscheinlich können die anstehenden Probleme nur gemeinsam gelöst werden.

Die Notwendigkeit für Kosten-Nutzen-Untersuchungen ist zur Zeit für viele Ärzte nicht evident. Dies gilt vor allem für Gesundheitssysteme, die den Ärzten ein Wirtschaften erlauben, als ob die Ressourcen unlimitiert seien (17). Vieles deutet darauf hin, daß in solchen Systemen irgendwann ein Umdenken unvermeidlich sein wird. Dann werden vermutlich Kosten-Nutzen-Untersuchungen bei der Allokation der Ressourcen eine größere Rolle spielen als bisher.

Literatur

1. SCHWEITZER M, HETTICH GO, KÜPPER H-U (1979) Systeme der Kostenrechnung, 2. Aufl., Verlag Moderne Industrie, München, S. 1-476

2. CARD WI, EMERSON PA (1980) Brit Med J 281:543-545
3. GALEN RS (1977) Arch Path Lab Med 101:561-565
4. PARTINGTON MW (1968) Canad Med Ass J 99:644
5. LINDLEY DV (1976) Costs and utilities. In: Decision Making and Medical Care (FT de DOMBAL, F GREMY, eds). North Holland Publishing Comp. 101-112
6. SCHWEITZER StO (1974) Health Services Res, 22-32
7. CARD WI, MOONEY GH (1977) Brit Med J 2:1627-1629
8. BELLINGER B (1970) Anaesthesiologie und Wiederbelebung 45: 131-141
9. BRÜNGGER H (1974) Die Nutzen-Kosten-Analyse als Instrument der Planung im Gesundheitswesen. Schulthess Polygraphischer Verlag, Zürich, 1-251
10. MOONEY GH (1977) The Valuation of Human Life. The Macmillan Press Ltd, London & Basingstoke, 1-165
11. HAECKEL R, HÖPFEL P, HÖNER G (1974) J Clin Chem Clin Biochem 12:14-22
12. LUNDBERG GD, WESTLAKE CE (1980) J Am Med Assoc 243:1659
13. NEUHAUSER D, LEWICKI A (1975) New Engl J Med 293, 226-228
14. WEINSTEIN MC, FEINEBERG HV (1979). In: Logic and Economies of Clinical Laboratory Use (ES BENSON, M RUBIN, eds). Elsevier, New York, 3-32
15. SCHICKE RK (1981) Ökonomie des Gesundheitswesens. Vandenhoeck & Ruprecht, Göttingen, 1-268
16. ROBRA BP, MACHENS D (1981) Fragen der Qualitätssicherung bei Früherkennungsprogrammen von Herz-Kreislauf-Erkrankungen. Vortrag Frühjahrstagung der GMDS, Tübingen
17. HENKE, KD (1978) Kosten-Nutzen-Analysen und Hypertoniebekämpfung. In: Sozialmedizinische Probleme der Hypertonie in der Bundesrepublik Deutschland (KD BOCK, Hrsg). G. Thieme Verlag, Stuttgart, 42-68

Diskussion

BREUER:
Vielen Dank, Herr HAECKEL, für Ihren interessanten Vortrag, der
sicher zahlreiche Aspekte für die Diskussion liefert. Ich darf
zuvor Herrn GIBITZ zu einer angemeldeten Diskussionsbemerkung
bitten und vorschlagen, daß danach Herr WERNER kurz über die Erfahrungen des American College of Pathologists berichtet.

GIBITZ:
Ich möchte am Beispiel unseres Krankenhauses zeigen, wie die ge-
setzlich vorgeschriebene Kostenrechnung ohne großen Mehraufwand
als brauchbares Instrument des Laboratoriumsmanagements nutzbar
gemacht werden kann. Das Wesen der Kostenrechnung besteht darin,
daß sämtliche entstehenden Kosten den Kostenstellen zugeordnet
werden, die sie verursachen. Wir unterscheiden 2 Gruppen von
Kosten: Primärkosten, die an der Kostenstelle selbst entstehen
und Sekundärkosten, die von anderen Kostenstellen weitergegeben
werden. Das gesamte Krankenhaus wird in Haupt-, Neben- und Hilfskostenstellen eingeteilt. Hauptkostenstellen sind solche, die
direkten Bezug zum Patienten haben (Krankenabteilungen). Das
Zentrallaboratorium gehört zu den Hilfskostenstellen.

Die Gegenüberstellung der Kostenrechnung des gesamten Krankenhauses und des Zentrallaboratoriums ist in Tabelle 1 dargestellt,
der Kostenanteil des Zentrallaboratoriums betrug im Jahre 1979
2,81% der Gesamtkosten des Krankenhauses. Der Anteil der Personalkosten an den Gesamtkosten machte im Krankenhaus über 60%,
im Zentrallaboratorium jedoch nur 40% aus. Das Besondere an unserer Kostenrechnung besteht darin, daß das Zentrallaboratorium
nicht, wie es dem gesetzlichen Auftrag genügen würde, als eine
Kostenstelle geführt, sondern auf insgesamt 10 Kostenstellen auf-
geteilt wurde. 8 davon entsprechen Laborabteilungen, 2 sind allgemeiner Natur, deren Kosten den Labor-Kostenstellen anteilmäßig
zugeschlagen werden. Die Kosten werden für jede Kostenstelle ge-
trennt ermittelt, wobei die Zuordnung zur Kostenstelle schon bei
der Anforderung der Verbrauchsgüter erfolgt. Setzt man die Anzahl
der pro Kostenstelle durchgeführten Analysen in Relation zu den
ermittelten Kosten, so können die durchschnittlichen Kosten für
eine Analyse jeder Kostenstelle berechnet werden (Tab. 2). Ein
Zuschlag von 20% für Qualitätskontrolle, Doppelbestimmungen,
Wiederholungsuntersuchungen sowie für die analytische und medizinische Beurteilung ergibt die Kosten für einen klinisch-chemischen Befund. Es kann auch direkt auf die klinisch-chemischen
Befunde bezogen werden, wenn deren Anzahl pro Kostenstelle bekannt ist. Die Unterschiede der Kosten sind in den einzelnen
Kostenstellen beträchtlich. So ist ein Befund aus dem Notfall-
labor etwa 3x so teuer wie ein Befund aus dem Automatiklabor
oder aus dem Enzymlabor. Am kostenaufwendigsten sind naturgemäß
toxikologische Untersuchungen sowie Spezialuntersuchungen im Be-

Tabelle 1. Kostenrechnung 1979 des Zentrallaboratoriums der Landeskrankenanstalten Salzburg

Kostenart	Landeskrankenanstalten	Zentrallaboratorium
01 Personal	416,701 = 60%	7,946 = 40%
02 Med. Verbrauch	94,622	3,598
03 Nichtmed. Verbrauch	33,598	141
04 Med. Fremdleistung	7,952	1
05 Nichtmed. Fremdleistung	39,738	739
06 Energie	7,616	128
07 Abgaben, Beiträge	35,750	48
08 Geräte, Gebäude	82,856	4,250
11 Ver- u.Entsorgung	--	36
12 EDV, Verwaltung	--	2,921
13 Kosten der Anstalt	--	1,086
Nebeneinnahmen	- 20,114	- 1,226
	698,722 = 100%	19,668 = 2,81%

Die angeführten Kosten entsprechen Verrechnungseinheiten und haben keinen
Bezug zu einer bestimmten Geldwährung.

Tabelle 2. Kostenstellen des Zentrallaboratoriums der Landeskrankenanstalten
Salzburg

Kostenstelle	Gesamt-kosten	Anzahl d. Meßwerte	Kosten für 1 Meßwert	1 Befund
650 Automatiklabor	6.567	579.547	11,33	14,16
651 Enzymlabor	3.231	221.181	14,61	18,26
652 Proteinlabor	1.046	19.424	53,86	67,31
653 Ambulanzlabor	1.743	47.190	36,94	46,17
654 Hormonlabor	1.716	24.220	70,85	88,56
655 Toxikologie	1.191	1.935	615,50	738,60
656 Instrument. Analytik	1.212	5.844	233,32	279,96
657 Notfallabor	2.962	54.272	54,58	68,22
	19.668	953.613	20,62	24,74

Die angeführten Kosten entsprechen Verrechnungseinheiten und haben keinen
Bezug zu einer bestimmten Geldwährung.

reich der instrumentellen Analytik (GC, HPLC usw.). Die auf diese
Art ermittelten Kosten sind genügend differenziert, um entsprechend den angeforderten Untersuchungen an die Hauptkostenstellen,
das sind die Krankenabteilungen bzw. deren Patienten, weitergegeben zu werden. Die Ermittlung der tatsächlichen Kosten für jeden einzelnen Parameter — jeder Parameter eine eigene Kostenstelle — wäre demgegenüber viel aufwendiger und ohne große Chance,
laufend auf dem aktuellen Stand gehalten zu werden. Dies ist mit
dem von uns gehandhabten Vorgehen ohne weiteres möglich.

Aus der Kostenrechnung ergeben sich für das Labormanagement wich-
tige Erkenntnisse über Personaleinsatz, Mechanisierungserfordernisse und Strukturverbesserungen. Dazu kommen exakte Daten für
Personalforderungen und Investitionsverhandlungen. Wichtig er-
scheint, daß bei Einführung der Kostenrechnung im Krankenhaus,
die viele von Ihnen noch vor sich haben, im Zentrallaboratorium
eine Aufgliederung in mehrere Kostenstellen vorgenommen wird,
wie dies bei uns vor 3 Jahren geschehen ist. Die damit verbundene
einmalige Mehrarbeit ist relativ gering, der dauernde Nutzen jedoch erheblich.

WERNER:
Ich möchte meine Bemerkung noch allgemeiner fassen und ein Votum
einlegen für die einfache Kostenkalkulation. Wenn man eine Kalkulation macht, muß man sich deren Verwendungszweck vor Augen halten. Häufig geht es im Grunde genommen nur um die Kostenverteilung zwischen verschiedenen Kostenträgern: Wer zahlt die Rechnung? Dafür kann man sich mit relativ einfachen Berechnungen zu-
friedengeben. Beim viel schwierigeren Problem der Kosten-Nutzen-
Analyse aber, die uns von Herrn HAECKEL meisterhaft vorgetragen
wurde, ist eine mathematische Binsenweisheit von Bedeutung, die
man beachten sollte: Bei Brüchen spielen Zähler *und* Nenner eine
Rolle, und eine große Exaktheit im Zähler ist sinnlos, wenn der
Nenner unexakt ist. Deshalb muß man sich fragen, wie genau die
Kosten berechnet werden sollen, wenn der Nutzen oft noch nebel-
haft ist. Ein Beispiel ist der Kosten-Nutzen-Quotient einer bak-
teriellen Urinuntersuchung. Wenn man diesen bei Männern berechnet und diese Zahl dann mit dem gleichen Wert bei Frauen ver-
gleicht, dann ist ein 10facher Unterschied feststellbar. Ein Unterschied, der im Grunde genommen nur durch den Nenner und nicht
durch den Zähler zustande kommt. Deshalb ist meiner Ansicht nach
das Verständnis von Kosten-Nutzen-Analysen und die Anwendung
dieser Dinge heute nicht so sehr eine Sache der exakten Buchfüh-
rung des Laborleiters. Je mehr wir den Nenner des Bruches — d.h.
den "Nutzen" — scharf fassen und verstehen, je mehr Wägefaktoren
wir in den Nenner eingehen lassen, desto realistischer werden
unsere Berechnungen werden.

Ich habe vor Jahren zwei Begriffe vorgeschlagen. Den Begriff der
induktiven und der deduktiven Kostenberechnung. Bei der deduktiven Kostenberechnung versucht man, alle Kostenelemente zu erfassen und am Schluß zu summieren, um die Totalkosten zu errechnen.
Diese Berechnungen sind meiner Ansicht nach nicht nur schwierig,
sondern in gewissem Maße anzuzweifeln. Wenn ich z.B. die Personalkosten berechne, wie soll ich die Trainingskosten einfügen,
wie soll ich die Urlaubs- und Krankheitszeit berücksichtigen?

Wenn ich die Gerätekosten berechne, wie soll ich die Reparatur-
kosten berechnen und einfügen? Das sind Dinge, die eventuell möglich, aber schwierig sind. Es wird noch schwieriger, wenn ich
z.B. ein Gerät für verschiedene Methoden benutze, bei einer Methode für eine Routineanalyse und bei der anderen Methode für
Notfallanalysen. Wie sollen hier die Kosten für das Gerät den
verschiedenen Kostenzentren zugeordnet werden. Nun kommen wir
zu dem Begriff der Interaktion. Wenn z.B. ein Gerät ausfällt und
dadurch zusätzliche Personalkosten bei einer Bestimmung erwachsen,
aber nicht im gleichen Maße bei der anderen Bestimmung. Wenn man
das alles berücksichtigt, muß man sagen, daß eine induktive
Kostenberechnung nicht bis auf Kommastellen genau sein kann.
Wenn Sie aber nicht so genau sein kann, gibt es eventuell grobe,
aber dafür einfachere Methoden, um die Kosten zu berechnen? Das
bringt uns zur deduktiven Methode und ich habe vorgeschlagen,
daß man einfach die Totalkosten für das Labor nimmt, durch die
Zahl der Analysen teilt und dann einen Mittelwert für die Analysenkosten erhält. Diese Zahl ist grob, wird den Einzelanalysen
nicht gerecht, aber wenigstens werden dabei keine Kosten vernach-
lässigt. Das kann man leicht verbessern, indem man Wägefaktoren
für teurere Analysen einführt, z.B. die Faktoren 1, 2, 4 und 8.
In diesem System hätte man vier einfache Kategorien von Test-
Wägefaktoren, die Zahlen 1, 2, 4 und 8, und kann anhand dieser
die Totalkosten teilen. Wer noch weitergehen möchte, kann das
Workload System des American College of Pathologists verwenden.
Wir wissen, daß (abgesehen von der Blutbank) in Amerika ungefähr
40% der Laborkosten für das Technische Personal ausgegeben werden.
Das ist bei weitem der größte Kostenfaktor. Nun hat das College,
ausgehend von Studien, die zuerst in Kanada und später bei der
Veterans Administration durchgeführt wurden, Richtzahlen definiert, wieviel Minuten Arbeit für eine Analyse berechnet werden
dürfen; für eine Glukose-Analyse darf man z.B. eine Minute Arbeitszeit berechnen. Am Ende des Monats kann man einfach zusam-
menrechnen, wie groß die Produktion gewesen ist und eine Gesamtzahl der Minutenarbeit, die geleistet wurde, errechnen. Man kann
auch errechnen, wieviel Minuten Arbeit bezahlt wurden und aus
dem Quotienten dieser zwei Zahlen die Effizienz des Labors ermitteln.

TRAUTSCHOLD:
1956 bis 1958 war ich kurz in der Industrie tätig. Dort wurden
schon damals recht genaue Kostenanalysen durchgeführt. Deshalb
wundere ich mich, daß in so essentiellen Bereichen, wie der Klinischen Chemie, dieser Ansatz jetzt erst zum Tragen kommt und
grundlegende Überlegungen angestellt werden, die in kaufmänni-
schen und anderen Bereichen schon lange üblich sind. Ich frage
mich, ob nicht viel übernommen werden kann aus anderen Bereichen.

Herrn HAECKEL möchte ich noch fragen: Wenn Sie nachweisen, daß
eine 50%ige Reduktion der Analysenzahlen nur eine relativ geringe
Kosteneinsparung bringt, dann frage ich mich, was ist eigentlich
der Sinn dieser Analyse, was wollen Sie verändern, damit die
Kosten wirklich gesenkt werden? Ich dachte immer, daß die Reduktion der Analysenzahl über eine sinnvolle Anforderung von der
Klinik das Entscheidende ist.

BÜTTNER:
Zur Frage von Herrn TRAUTSCHOLD, warum das in Deutschland jetzt
erst in Gang kommt, kann man sehr einfach sagen: Das liegt an
unserem Gesundheitssystem. Wir sind im Grunde in den Krankenhäusern zum ersten Mal aufgefordert worden, solche Rechnungen
durchzuführen, als die Selbstkostenberechnung nach dem Kranken-
hausfinanzierungsgesetz kam.

Aber das war nicht die Frage, die ich eigentlich stellen wollte.
Ich sehe das Problem der Kostenberechnung für die einzelnen Tests
eigentlich als eine wirklich unproblematische Sache an, die wir
relativ leicht lösen können, indem wir aus anderen Bereichen vorhandene Techniken übernehmen. Wenn man die Vereinfachungen einführt, die Herr WERNER vorgeschlagen hat, dann meine ich, ist
das in relativ kurzer Zeit realisierbar. Soweit ich Herrn GIBITZ
verstanden habe, wird es in Österreich schon quasi zwangsweise
durchgesetzt, daß die Laboratorien eine Betriebskostenbuchführung
machen, zumindest bestehen Ansätze dazu.

Meine Frage an Herrn HAECKEL ist ganz speziell: Wie geht es mit
den Folgekosten weiter, denn da ist eigentlich doch die Brücke
zum Kliniker. Das sollte uns eigentlich interessieren, wenn wir
nicht das reine Management des Laboratoriums in den Vordergrund
stellen, sondern die medizinische Anwendung unserer Tests vor
Augen haben. Würden Sie hierzu noch etwas sagen?

HAECKEL:
Ich habe so viele Anregungen bekommen, daß ich nicht weiß, ob
ich allen Fragen gerecht werde. Ich möchte mit einer Bemerkung
aus der Einleitung von Herrn LANG anfangen. Wir haben in Hannover
vor vielen Jahren — damals noch ohne Druck des Gesetzgebers —
angefangen, uns mit Kostenrechnungen zu beschäftigen, und zwar
aus aktuellem Anlaß, als ein wichtiges Instrumentarium im Rahmen
des Managements. Als wir zum ersten Mal den Gesamtaufwand unseres
Instituts 1975 abgeschätzt haben, war ich sehr überrascht, als
wir damals bereits ein Gesamtvolumen von etwa 7 Millionen DM er-
reichten, also vergleichbar mit einem mittleren Industrieunter-
nehmen.

Nun zu dem, was Herr WERNER mit Recht sagte: Wir benötigen nicht
immer eine Vollkostenrechnung. Das habe ich auch versucht darzustellen. Es gibt Fragestellungen für eine Teilkostenrechnung und
solche für eine Vollkostenrechnung. Ich bin jedoch nicht der Meinung, daß man grundsätzlich auf die Vollkostenrechnung verzichten
kann. Wie ich am ersten Dia gezeigt habe, führt der Aufwand zum
Ergebnis und dann zur Wirksamkeit. Die eigentlichen Probleme treten nicht bei der Bewertung des Aufwandes auf (bei der Kostenermittlung), sondern der der Wirksamkeit. Dies ist nicht alleine
unsere Aufgabe, sondern auch dessen, der den Test angefordert
hat, also die Aufgabe des Klinikers. Diese Aufgabe können wir
nur gemeinsam lösen. Wir sollten mit einfachen Fragestellungen
beginnen, wie z.B. dem Phäochromocytom, und fortschreiten, wenn
wir gelernt haben, die vereinfachten Modelle auszuarbeiten. Wenn
wir jetzt direkt an die komplexen Fragestellungen gehen wollten,
wäre es hoffnungslos. Wir können an die komplexeren Probleme der
Klinik, wo wir mit simultanen, parallelen, sequentiellen Strate-

gien arbeiten, erst herantreten, wenn wir die Methodik standar-
disiert und stark vereinfacht haben.

KELLER:
Ein Laboratorium muß eine bestimmte Dienstleistung erbringen.
Ein Krankenhauslaboratorium muß sie über 24 Sunden erbringen,
es muß Spitzenbelastungen abfangen können. Es muß also eine Basis an personellen, instrumentellen und anderen Ressourcen einfach gegeben sein, auch wenn kein einziger Test verlangt wird.
Wir haben einmal versucht auszurechnen, wieviel wir an Feierta-
gen, wo die Zahl der Tests natürlich stark zurückgeht, einsparen.
Wir sind, extrapoliert auf Auftrag Null, aber volles Vorhanden-
sein der Kapazität, zu einer Einsparung von maximal 20% gekommen.
Deckt sich das auch mit Ihren Überlegungen?

HAECKEL:
Ich möchte die Frage mit "Ja" beantworten. Dies bezieht sich auch
auf die Frage von Herrn TRAUTSCHOLD: Ich habe die Analyse aus
den USA zitiert, in der Kollegen berechnet haben, wenn die Analysenzahl um 50% reduziert wird, sinken die Gesamtkosten nur um
7,5%. Das überrascht zunächst, doch wenn man darüber nachdenkt
ist es leicht verständlich, da die Hälfte unserer Kosten Personalkosten sind. Wenn wir Kosten senken wollen, ist es nicht damit
getan, willkürlich die Anforderungen der Stationen zu drosseln.
Wir müssen dann andere Überlegungen anstellen: Zum Beispiel haben wir in den meisten Kliniken einen rapiden Anstieg der Notfallanalysen festgestellt. Das ist eine Entwicklung, die nicht sinnvoll ist. Unsere Überlegungen müssen hier bei der Organisation
ansetzen. Durch Umstrukturierung bei Timing und Anforderungsverhalten lassen sich Kosten senken. Es gibt z.B. auch Spezialanalysen, die für ein Labor unwirtschaftlich sind, und sinnvoller-
weise extern ausgeführt werden sollten. Solche Überlegungen sind
sinnvoll, aber die Routine pauschal um 10, 20 oder 30% zu reduzieren, das ist nicht der optimale Ansatz.

VOIGT:
Wenn man nun unterstellt, daß man diese Kosten-Nutzen-Analyse
noch besser durchführen könnte als man das heute schon kann, dann
ist damit ja immer noch nicht die Frage beantwortet, welche Konsequenzen ein solches Ergebnis hat. Ich würde gerne diese Frage
in den Raum stellen: Hat das Konsequenzen etwa in Bezug darauf,
daß wir bestimmte Tests nicht durchführen dürfen oder Konsequenzen dahin, daß wir in Deutschland uns einheitlich auf ein Mini-
malspektrum preiswerter Methoden einigen müssen? Oder Konsequenzen dahin, daß wir das Geld noch knapper bekommen, daß teurere
Methoden nicht mehr erlaubt sind, aber preiswertere gemacht werden dürfen? Ich überakzentuiere die Frage, um das Problem ganz
dringlich zu machen, denn solche Analysen haben ja auch einen
außerordentlichen politischen Stelllenwert.

HAECKEL:
Wo wir bereits interne Kostenkontrolle durchführen, können wir
den Nutzen auch nachweisen. Ich habe nachgerechnet, wie unsere
Gesamtkosten in den letzten Jahren gestiegen sind und war über-
rascht, daß sie kaum gestiegen sind. Obwohl wir ein breiteres
Spektrum einschließlich teurerer Analysen anbieten, sind unsere

Gesamtkosten kaum gestiegen, weil wir an vielen Stellen kostenbewußter wurden und im Rahmen der Betriebsbuchführung Stellen be-
merkt haben, wo wir etwas einsparen können. Hier wird die Sache
aktuell sinnvoll.

Die nächste Stufe ist die Kosten-Wirksamkeits-Analyse, die Sie
ansprechen. Dort sehe ich nur langfristige Lösungen und momentan
wenig brauchbare Ansätze, da noch zu viel Basisinformationen
fehlen. Deswegen habe ich im letzten Dia versucht zusammenzu-
stellen, was wir in Zukunft angehen müssen, um Kosten-Wirksamkeits-Analysen realisieren zu können. Ich könnte mir vorstellen,
mit abgegrenzten Fragestellungen zu beginnen, wie z.B. ob es für
die Cholestase-Diagnostik sinnvoll ist, zusätzlich die LAP oder
LPX zu bestimmen. Bei ungünstiger Kosten-Wirksamkeits-Relation
sollte die Konsequenz sein, solche Tests zu streichen, vorausge-
setzt, daß man Alternativen hat.

KRUSE-JARRES:
Ich möchte Herrn TRAUTSCHOLDs provokative Bemerkung etwas diffe-
renzieren, wenn er fragt: "Warum fangen wir erst jetzt damit an?"
Ich glaube, man muß deutlich unterscheiden zwischen kommunalen
Krankenhäusern, die dies immer schon machen mußten — denn jeder
Antrag vom Gemeinderat scheitert, wenn Sie nicht eine Rentabili-
tätsberechnung vorlegen — und den Universitätskliniken, wo man
bisher völlig im luftleeren Raum stand.

GIBITZ:
Ich möchte zwei Fragen beantworten: Herr WERNER hat eindringlich
darauf hingewiesen, daß einfache Verfahren angewendet werden
sollen. Was ich in meiner Abbildung vorgestellt habe, ist ein
solches einfaches Verfahren. Es geht über den Auftrag des Gesetzgebers, der nur verlangt, daß das Zentrallabor als eine Hilfs-
kostenstelle geführt wird, allerdings hinaus. Wir haben mehrere
Kostenstellen eingesetzt. Es sind, wenn man das Notfallabor her-
ausnimmt, 6 verschiedene Gruppen von Routineuntersuchungen. In
jeder dieser Gruppen ist ein durchschnittlicher Kostenwert pro
Einzelanalyse erkennbar. Wir können pro Jahr leicht die aktuellen
Kosten ermitteln, die wir dann für die Gruppe der Analysen, die
in dieser Kostenstelle durchgeführt wird, global als Mittelwert
einsetzen können.

GUDER:
Ich habe Sorgen in zweierlei Hinsicht, wenn wir diese Kosten-
Nutzen-Berechnung machen. Zum einen, daß wir uns zu stark für
die Verwaltung einspannen lassen. Deshalb würde ich Herrn WERNERs
Vorschlag eher zustimmen, daß wir lediglich die nötigen Informationen liefern, um eine Einteilung der Untersuchungen in Kostenstufen vorzunehmen. Das kann man dann eventuell mit Hilfe der
EDV leicht in Form einer Statistik ausgeben und damit kann die
Verwaltung arbeiten. Das wird wahrscheinlich für praktische Be-
lange genügen. Eine zweite Gefahr sehe ich dann, wenn wir Inno-
vationen einführen wollen, denn es wird uns nie gelingen, die
Wirtschaftlichkeit einer Innovation nachzuweisen, bevor wir nicht
drei Jahre damit gearbeitet haben.

In Japan habe ich einen kleinen Trick gesehen, wie man Kliniker
kostenbewußter macht: indem auf dem Anforderungsbeleg neben jeder

Untersuchung die Kosten aufgeführt werden, so daß der Kliniker sofort sieht, daß zwischen einer Transaminase und einer CEA-Bestimmung ein Kostenunterschied vom Faktor 10 besteht. Durch Farbmarkierung wurden die Kostenstufen extra gekennzeichnet.

GIBITZ:
Wir benutzen die Verwaltung ebenfalls mit ihrem EDV-System zur Durchführung der Kostenrechnung für das Labor. Unsere Aufgabe ist es lediglich, die Anforderungen für die einzelnen Kostenstellen zu definieren. Die Anforderungen an die Apotheke bezüglich der Reagenzien und das Verbrauchsmaterial, die Serviceleistungen für die Geräte, usw. werden mit der Kostenstellennummer versehen an die Verwaltung gegeben. Das ist die ganze Mehrarbeit, die wir haben.

GROSS:
Ich hätte gern von Ihnen, Herr HAECKEL, noch einmal die Begriffe Effektivität und Effizienz definiert. Diese Ausdrücke stammen aus Amerika, wie wir alle wissen, sind jetzt im Heidelberger Kreis aufgegriffen worden und werden durchaus nicht einheitlich verwendet.

Vor allem möchte ich aber noch etwas zu den Folgekosten sagen: Als Kliniker möchte ich Ihnen empfehlen, daß Sie sich mit den Folgekosten intensiver als mit Ihren eigenen Kosten beschäftigen. Die Folgekosten sind nämlich viel größer. Sie stehen in keiner Proportion zu dem, was Ihre Analysenkosten darstellen. Nur einige praktische Beispiele — wir können ja nur in praktischen Beispielen sprechen: Wenn Sie auf eine Untersuchung des Urins auf die Empfindlichkeit der Bakterien gegen verschiedene Antibiotika verzichten, dann sparen Sie vielleicht Kosten von einer Mark ein. Die Kosten für die Antibiotika, die dann aber vergeblich über Tage gegeben werden, sind — abgesehen von dem Schaden für den Patienten — um ein Hundert- bis Tausendfaches höher als das, was Sie an Laborkosten sparen. Ein noch drastischeres Beispiel sind die Immunglobuline: Wenn Sie eine Immunglobulin-Bestimmung machten und sie fiele fälschlich pathologisch aus, würde eventuell 3 bis 4 Tage lang eines der modernen intravenösen, gut verträglichen Immunglobuline gegeben, mit Kosten der Ampulle von fast Tausend DM: das steht in keinerlei Verhältnis zu dem, was eine Immunglobulin-Bestimmung kostet.

KNEDEL:
Ich möchte zu verschiedenen Diskussionsbemerkungen Stellung nehmen. Wir waren gezwungen, unser Labor managementmäßig zu organisieren, um es in Funktion zu bringen und haben 1973 zum ersten Mal die von Herrn WERNER empfohlene Divisionskalkulation versucht. Sie bringt uns keine Entscheidungsmöglichkeit in der Frage, wie wir das Laboratorium kostengünstig organisieren müssen. Es gibt nach meiner Meinung keine andere Lösung als die Zuschlagskalkulation — wir haben es damals als Kaskadenmodell zur Kostenerfassung bezeichnet — in der Form, daß man vom Verfahren her über das Gerät, das Labor, den Bereich etc. unter Zuhilfenahme von Hilfskostenstellen die Gesamtkosten ermittelt. Nur dann kann man entscheidungskritisch arbeiten, nämlich zum Zeitpunkt einer Entscheidung die alternative Aktion bestimmen, z.B. ob man ein Analysengerät kaufen oder Überstunden bezahlen soll.

Für die Kosten-Wirksamkeits-Analyse müssen wir die Kliniker heranziehen, denn diese können wir allein nicht durchführen. Herr GROSS, ich glaube, das Beispiel mit der Immunglobulinbestimmung ist nicht ganz zutreffend. Die Entscheidung, was man in einer solchen Situation macht, ob man in Abschätzung des Risikos diese teuren Medikamente gibt oder nicht, ist eine Entscheidung, die wir durch unsere Maßnahmen vorbereitend unterstützen, die aber im Prinzip mittels einer Kosten-Wirksamkeits-Analyse vom Kliniker gefällt werden muß.

Zu Herrn GUDER: Wenn Sie in unserer Verfahrensliste nachschauen, stehen neben jedem Verfahren die entscheidenden Kosten. Aber wenn man den Kliniker bisher fragte, was hat das bewirkt, hat er gesagt: "Das geht mich doch nichts an." — jedenfalls die Kollegen, die an der Entscheidung betreffend die Testanforderung mitgewirkt haben. Unter dem Zwang der notwendigen Kostenreduktion werden wir auch in den Kliniken das Bewußtsein für Kosten und Wirksamkeit wecken. Das ist eine Forderung der Stunde.

STAMM:
Auch ich möchte bei Herrn GROSS anknüpfen; es geht um die Frage der Folgekosten: Wenn man eine schlechte Methode benutzt, hat man einen großen Toleranzbereich und eine höhere Quote falsch positiver oder falsch negativer Ergebnisse, d.h. die Billigmethode kann mehr falsch Positive produzieren mit hohen Folgekosten. Die Tendenz der Gebührenordnung geht dahin, die Billigmethoden zu favorisieren, ohne zu realisieren, welche immensen Folgekosten falsch positiven Ergebnissen anhängen. Deswegen müssen wir meines Erachtens effektive Strategien entwickeln, um durch Billigmethoden verursachte Folgekosten zu vermeiden.

Frau SCHMIDT:
Zu den Folgekosten ist schon viel gesagt worden, deswegen kann ich mich ganz kurz fassen: Herr HAECKEL, Sie haben in einem Nebensatz angesprochen, ob man nicht bei manchen Analysen überlegen sollte, sie außer Haus zu geben. Die Frage des Verbunds in einer Stadt, z.B. von der Größe Hannover, würde doch sicher erhebliche Investitionskosten sparen. Man hat doch z.B. das Gefühl, daß die großen Analysengeräte besser ausgelastet sein könnten. Und es ist heutzutage durchaus möglich — die Praxis-Laboratorien beweisen es — Proben, die nicht Eilfälle betreffen, durch die Stadt zu transportieren und Ergebnisse so rechtzeitig zu bekommen, daß kein Verzug in der weiteren Diagnostik und Therapie auftritt. Die entsprechenden psychologischen Schwierigkeiten übersehe ich keineswegs!

HAECKEL:
Ich glaube, es hat keinen Sinn, daß ich auf alle einzelnen Bemerkungen eingehe. Ich hätte sehr viel zu bemerken zu dem, was Herr GROSS, Herr GUDER und Frau SCHMIDT zum Schluß sagten. Es gibt z.B eine Reihe von Hochschulen, bei denen die klinisch-chemischen Laboratorien nicht zentralisiert sind, wo an 10 - 20 Stellen Glukose und Kalium bestimmt werden. Hier könnte die Zentralisierung sicher Kosten einsparen.

Ich möchte jedoch abschließend noch zwei mehr allgemeine Bemerkungen machen: Aus den Erfahrungen der letzten Jahre, aus Gesprä-

chen mit Kollegen, die bereits Kostenrechnungen in ihrem Laboratorium durchführen, habe ich immer wieder festgestellt, wie
schwer die Vergleichbarkeit ist. Das liegt an den unterschiedlichen Verfahren der Kostenermittlung. Deswegen glaube ich, daß
wir zunächst eine gewisse Vereinheitlichung und gleichzeitige
Vereinfachung erzielen sollten. Daher hat unsere Fachgesellschaft
eine entsprechende Arbeitsgruppe eingerichtet. Ich könnte mir
vorstellen, daß wir nach einer gewissen Zeit den Kollegen Empfehlungen vorlegen können, nach denen sie dann solche Kostenrechnungen und Datenerhebungen in den eigenen Laboratorien durchführen können, für die wir entsprechende Formulare und vielleicht
auch Computerprogramme entwickeln.

Bei den Folgekosten sollte man genauso vorgehen. Die Internisten
sind hier meiner Meinung nach aufgerufen, Arbeitsgruppen einzu-
richten, die sich mit der Vereinfachung und Vereinheitlichung
der Erfassung von Folgekosten beschäftigen. Ich kann mir vorstellen, daß auch die Klinischen Chemiker gerne zur Mitarbeit
bereit sind. Aber der primäre Anstoß sollte von der klinischen
Seite kommen, weil die Fragestellung primär zu deren Verantwortungsbereich gehört.

Um noch einen Gedanken von Herrn GUDER aufzugreifen: ich habe
keine Bedenken, daß uns der Entwicklungsspielraum genommen wird.
Wir sollten die Verbesserung, Erprobung und Weiterentwicklung
unserer Analytik als einen ganz wesentlichen Bestandteil (wir
haben das auch als "Methodenpflege" bezeichnet) unserer Routine-
aufgabe deklarieren. Ich kann heute ein modernes Labor nur leiten, wenn ich auch die Möglichkeiten habe, meine Methoden dauernd
dem Stand der Technik anzupassen, und dazu brauche ich einen gewissen Kostenspielraum.

Ich glaube, daß wir mit der Einführung der Kostenrechnung nichts
verlieren, sondern einen nützlichen Informationsgewinn erzielen.

Nutzen von Untersuchungsmaßnahmen in der klinischen Betreuung von Patienten
mit dem Versuch spezieller Berücksichtigung von Labordaten

U.C. Dubach

Einleitung

Die Frage nach dem Nutzen gemessener Werte aus dem Laboratorium für Diagnose und Therapie in der Medizin ist erst seit den 70er Jahren durch die vielzitierte Kostenexplosion in unserem Gesundheitswesen zunehmend häufiger gestellt worden (1). Wurde sie aber auch genügend und fundiert diskutiert? Dies muß verneint werden, wäre doch sonst eine Stellungnahme zum Thema ein Leichtes!

Man kann sich den Arzt als Einkäufer in einem Supermarkt vorstellen. Der Einkaufswagen entspricht dem Patienten, der mit Waren aus den vollen Regalen beladen wird. Der vernünftige Einkäufer - wie der gute Arzt - entscheidet darüber und wägt ab, ob aufgrund seiner Kenntnis über Kosten und Notwendigkeit ein bestimmter Artikel aufgeladen wird. Ähnlich verfährt der kostenbewußte Arzt, der sich für ein bestimmtes Vorgehen entschließt: er wägt Nutzen, Risiko und Kosten gegeneinander ab.

Der moderne Patient fragt heute kritischer nach der Qualität der ärztlichen Versorgung. Abgesehen aber vom Bereich der Labormedizin unterliegt die Qualität medizinischer Leistungen und ärztlicher Verrichtungen heute kaum einer systematischen und rigorosen Beurteilung.

Weshalb eigentlich verordnen Ärzte Labor-Tests? Diese Frage ist von Bedeutung im Hinblick auf den Nutzen, welcher von Laboruntersuchungen abzuleiten wäre.

Ein Beispiel:

In einer Studie von WERTMAN et al. (2) wurde kein eindeutiger Grund für die Anordnung von Laboruntersuchungen gefunden. Es wurden nur die 11 häufigsten Laboruntersuchungen berücksichtigt. Das Zentrum in Los Angeles führte in 2 Jahren 16 Millionen Tests aus. Die drei wichtigsten Gründe zur Verordnung von Labor-Tests waren: Diagnose 37%, Screening 32%, und Überwachung 33%.

Die Autoren versuchten, den Nutzen von Labor-Tests zu ergründen. Sie begnügten sich herauszufinden, welche Aktion der Arzt wegen eines spezifischen pathologischen Resultates unternahm: bei 2/3 von allen wurde Diagnose, Therapie, Prognose oder das Verständnis der Krankheit durch ein pathologisches Resultat beeinflußt. Davon leiteten die Autoren ab, daß die meisten Spitallaborresultate die Behandlung des Falles beeinflußten. Ferner leiteten sie - etwas allzu allgemein - ab, daß folglich in einem sehr großen Prozentsatz die Laborresultate "irgendwie" direkt dem Patienten nützlich waren.

Aber eine genauere Analyse der Daten ergab, daß die häufigste ärztliche Aktion eine Veränderung in der Therapie war (51%). Dies bedeutet, daß diese Ärzte Labortests häuptsächlich verwendet haben, um die Therapie zu überwachen. Am häufigsten wurden dabei Glucose, Natrium, Kalium, Prothrombinzeit und Blutgase bestimmt. Am Schluß der Arbeit vermerken die Autoren, daß sie nicht versucht haben, objektiv herauszufinden, ob die verordneten Laborteste allein wirklich für die ärztliche Entscheidung notwendig gewesen wären!

Zur historischen Entwicklung (3)

In den letzten 20 Jahren hat eine fortgeschrittene Technologie Labortests sehr leicht erhältlich gemacht. Ihre Durchführung ist für den Arzt praktisch zur Notwendigkeit erhoben worden für die Diagnose von den alltäglichen bis zu den seltensten Krankheiten. Die ständige Zunahme diagnostischer Tests hat schließlich auch zum übermäßigen Gebrauch geführt. Undiskriminierte Anwendung diagnostischer Tests muß nicht notwendigerweise schädlich oder von keinem Nutzen für die Gesundheit des Patienten sein, sicher aber ist sie schädlich für die Kostenseite.

Während auf der einen Seite ein expandierendes Sortiment immer besserer Geräte mit Mechanisierung, Automatisierung und Computerisierung den Zentrallaboratorien angeboten wird, hat sich auf der anderen Seite für die Beurteilung des Nutzens dieser Akzeleration aus klinischer Sicht wenig Konkretes und generell Annehmbares formulieren lassen. Obschon jährliche Zuwachsraten von 10% in der Datenproduktion aus dem Labor die Regel geworden sind mit einer ebenfalls zunehmenden Belastung des Patienten durch z.T. eingreifendere Untersuchungsmethoden, wird jetzt die Frage nach dem Nutzen gestellt. Es ist allgemein anerkannt, daß der vermehrte Einsatz des klinischen Laboratoriums Kosten verursacht. Es ist auch bekannt, daß dadurch Risiken für zusätzliche Morbidität entstehen können. Weniger gut bekannt als Kosten und Risiken ist die Abgrenzung eines Nutzens in Form klinischer Information.

Die von der Kosten-Nutzen-Analyse angegangenen *Gebiete* sind in *abnehmender Reihenfolge der Wichtigkeit* (3)

    Kardiovaskuläre Krankheiten,
    Hypertonie-Screening und Therapie,
    Krebs-Screening-Programme (spez. Brustkrebs),
    Psychische Erkrankungen
        (einschl. Drogenabusus, Alkoholismus),
    Nierenkrankheiten (wegen Dialyse, Transplantation),
    Übertragbare Krankheiten,
    Prävention von Geburtsdefekten,
    Chirurgie,
    Multiphasic Screening (Prävention),
    etc.

Gebiete, welche für Moral und Ethik besonders wichtig erscheinen, wie Schwangerschaftsabbruch, Familienplanung, Geriatrie, sind bisher kaum untersucht worden. Analysen über Diabetes und

Krebstherapie fehlen ganz! Sehr wenige diagnostische Untersuchungsverfahren sind bis heute einer Analyse unterworfen worden.
Medikamente haben ein ähnlich geringes Interesse diesbezüglich
erlebt (3).

Nutzen durch rationelle Diagnostik

Die Kunst des Arztes besteht darin, mit soviel Daten wie eben
gerade nötig, und mit sowenig Daten wie möglich, eine rationale
Diagnostik und Therapie durchzuführen. Sein Leitsatz heißt
"primum nil nocere"! Wohl ist die Anwendung formaler Entschei-
dungsanalysen für die Interpretation von Testen dem einzelnen
Arzt zu komplex geworden.

Kliniker werfen in Anbetracht der Gefahren bei der aufgezeigten
Entwicklung die Frage nach einer rationelleren Diagnostik immer
wieder auf, doch haben sie wenig dazu beigetragen, das Verhältnis von Nutzen und Aufwand organisatorisch, technisch, wirtschaftlich und menschlich genauer zu umschreiben. Der Analyse
dieses Entscheidungsprozesses widmete das New England Journal
of Medicine 1975 (4-9) eine ganze Nummer, jedoch ohne großen
Widerhall bei den Ärzten zu finden!

Es genügt nicht, rationell zu denken, sondern es müssen auch
rational Diagnostik und Therapie gerechtfertigt werden, d.h.
der Nutzen des Einsatzes von Untersuchungsmaßnahmen muß geleitet
werden durch das Verstehen pathogenetischer und pathophysiologischer Zusammenhänge für einzelne Krankheitsbilder und Funk-
tionsstörungen einerseits, und der Aussagefähigkeit der angewandten Meßmethoden andererseits (10). Die Frage, wie groß der
diagnostische Wert einer bestimmten Untersuchung (z.B. von Glucose) ist, läßt sich nicht direkt aufgrund seiner pathophysiologischen Größe beantworten. Zur Bestimmung der Kosten- und
Nutzenseite einer bestimmten Laboruntersuchung, in der Behandlung einer definierten Erkrankung, muß vom Charakter und vom
Verlauf der Erkrankung unter den bisher gegebenen Voraussetzungen
ausgegangen werden.

Leider ist es aber so, daß sich unser Verständnis über Krankheit und Methoden als Grundlage einer rationalen Diagnostik und
Therapie mit dem Fortschritt unserer Kenntnisse und Möglichkeiten ständig ändert. Wenn heute versucht wird, dem Informationsgehalt von Meßmethoden einen Absolutwert zu geben und die Kosten
dafür dauernd zu senken, kann davon nicht abgeleitet werden, daß
auch der Nutzen eine konstante Größe darstellen muß. Die Erfassung eines Nutzens, ausgehend von Untersuchungsmaßnahmen im Laboratorium und am Menschen, stellt deshalb eine dauernd bleiben-
de Aufgabe dar, welche zu permanenter Diskussion führen muß. So
haben Spitäler, welche der Forschung und Lehre dienen, eine hohe
Verpflichtung, nicht nur die allerneuesten medizinischen Kenntnisse zu vermitteln, sondern auch die Indikation zu stellen zur
Anwendung von Untersuchungsvorgehen unter Einschluß der Bedeutung von Nutzen, Risiko und Kosten.

An der Nahtstelle zwischen qualifizierbarem ärztlichen Handeln
und quantifizierbarer Technologie ergeben sich große Probleme.
Antworten, die wir auf die eingangs gestellte Frage suchen, sind
gleichzeitig eine Aussage über Art und Ethik in der Medizin,
welche sich ein Gesundheitswesen leistet. Der Ausbildungs- und
Erfahrungsstand des beurteilenden Arztes ist dabei ein wichtiger
Faktor für die Bewertung und die Indikationsstellung von Meßmethoden.

So schreibt etwa BUCHBORN (10): Der erfahrene Kliniker braucht
sich oft nicht schematisch an die konventionelle Reihenfolge von
Anamnese - klinische Untersuchung - paraklinische Daten zu halten,
sondern kann im ständigen Wechsel zwischen ihnen Kurzschlußwege
beschreiten, untermischt mit prognostischen Abschätzungen und
therapeutischen Entscheidungen.

Umgekehrt haben Kenntnisse in der Deutung von Meßwerten vielfach
nicht Schritt gehalten mit der Dateninflation, zumal bei selten
bestimmten Parametern. Während früher Fehldiagnosen häufig durch
einen Mangel an methodisch gesicherten Meßdaten verursacht waren,
werden heute aus objektiv richtigen, aber ungenau interpretier-
ten Meßwerten oft falsche Schlüsse gezogen (GROSS) (11). Diese
Unsicherheit in der Beurteilung von Meßmethoden und ihren Ergebnissen löst vermehrt unkritische Laboranforderungen aus, die
nur die Kosten erhöhen, ohne die Effizienz zu steigern (SCHMIDT)
(19).

Betrachten wir ein einfaches Beispiel im Hinblick auf den klinischen Nutzen, wenn alle Patienten bei der Spitalaufnahme einem
Screening unterworfen werden (KORVIN et al.) (12).

Tausend Patienten, welche in einem 575-Betten Allgemeinspital während 6 Mona-
ten zur Aufnahme kamen, wurden je 20 chemischen und hämatologischen Testen
unterworfen. Der potentielle klinische Nutzen wurde beurteilt.

Es ergaben sich 2223 pathologische Laborresultate. 675 waren aufgrund der
klinischen Anamnese vorausgesagt worden, 1325 ließen sich nicht zu neuen
Diagnosen formulieren, aber die übrigen 223 ergaben 83 neue Diagnosen bei
77 Patienten. Eine kritische Evaluation der neuen Diagnosen zeigte aber, daß
diese Diagnosen keinen eindeutigen Nutzen für den einzelnen Patienten erbrachten. Ungefähr 30 Patienten hätten Nutzen aus den pathologischen Befunden ziehen können, wenn sie richtig nachkontrolliert worden wären. 39 weitere zeigten Befunde oder Diagnosen, die für den Patienten bedeutungslos waren, und
bei 14 Patienten wurde ein asymptomatischer, leichter biochemischer Diabetes
entdeckt. Die Autoren kamen zum Schluß, daß labormäßige Screening-Untersu-
chungen pathologische Resultate erzeugen können, daß aber der klinische Nutzen
nicht "beeindruckend" ist. Wenig Nutzen kann also dem zugeordnet werden, was
schon bekannt ist, voraussagbar war, oder nicht behandelbar bleibt. In einigen
Fällen half die Kenntnis der Leber- oder Nierenfunktion bei der Wahl von
Therapiegrößen. Allgemein aber ist festzustellen, daß sich für die Patienten-
behandlung trotz der Großzahl abnormer Laborresultate bei der Spitalaufnahme
wenig gesicherter Nutzen ergab.

Formalisierten Strategien für die rationale Einsetzung von Labordaten in Diagnose und Therapie zu einem vermuteten Nutzen für den
Patienten wird anscheinend immer mehr Wert zugebilligt. Denn man
wird in Zukunft ohne Formalisierung von ausgewogenen Strategien
zur klinischen Problemlösung nicht auskommen.

Sind die Kliniker überhaupt schon in der Lage, Daten selbst zu verarbeiten? Was wäre seitens der Ärzte notwendig, an Fakten heranzukommen, um wiederum in Zukunft Zahlen zu erarbeiten? Klinische Algorithmen zur Auswahl der im Einzelfall optimalen Meßmethoden und sonstigen Untersuchungsverfahren, aber auch therapeutische Konsequenzen, können die einzelnen logischen Schritte in Form von Entscheidungsbäumen darstellen (13). Bei der Aufstellung solcher Bäume müssen die Grenzen in der Komplexität biologischer Zusammenhänge und Wechselwirkungen gefunden werden, um schließlich den Nutzen für die gestellten Aufgaben erkennen zu können.

Beispiel (WOOD et al.) (14)

An 3212 Patienten mit Erkältungskrankheiten wurde das Ärzteverhalten anhand von Algorithmen durch Laien nachgeahmt. Die resultierenden Krankheitsverläufe waren gleich wie diejenigen von 878 Patienten, welche von Internisten betreut wurden, aber die Kosten pro Patient waren 35% niedriger ($15,04 vs $21,98). Die Entscheidungsanalyse hat gezeigt, daß Rachenkulturen nur für einen Teil, durch diskriminierte Analyse identifizierbare Halsweh-Patienten, angelegt werden müssen.

Die Autoren entwarfen ein neues Vorgehen und probierten es prospektiv an zusätzlichen 2637 Patienten aus. Wie erwartet, konnten die direkten Kosten um weitere 40% reduziert werden (auf $8,95 pro Patient). Dies war durch weniger Arztüberweisungen (um 66%) und weniger diagnostische Tests (um 30%) möglich. Allein mit dem Verzicht auf weiße Blutbilder und deren Differenzierungen und auf radiologische Sinusaufnahmen konnte eine 50%ige Reduktion erlangt werden, bei Verzicht auf Rachenkulturen gar von 81%. Das klinische Resultat (Häufigkeit der wiederholten Arztbesuche, Morbidität und Befriedigung des Patienten) blieb dabei unverändert.

Folglich konnten mit dieser neuen Strategie die Untersuchungskosten reduziert werden, ohne den klinischen Erfolg, d.h. den Nutzen für den Patienten, zu beeinträchtigen. Daten von weiteren häufigen Erkrankungen (z.B. Rücken- und Kopfschmerzen) weisen darauf hin, daß Entscheidungsbäume allgemein anwendbar wären!

Screening-Untersuchungen auf 'abnormales' Serum-Thyroxin wurde von EPSTEIN et al. (15) durchgeführt (*Beispiel*):

Medizinische Unterlagen von 91 Patienten mit erhöhtem, und von 20 Patienten mit tiefem Serum-Thyroxin (T4) in ambulanter Behandlung wurden einer Nachprüfung unterzogen, um die Konsequenzen dieser Abweichung festzustellen. Es konnte keine Bestätigung einer signifikanten Proportion von Patienten mit unerwarteten T4-Abweichungen gemacht werden. Der Vorhersagewert eines erhöhten T4 für Hyperthyreose erwies sich als ca. 2%; der Vorhersagewert eines tiefen T4 für Hypothyreose erwies sich als ca. 30%. Nachuntersuchungen und Vorgehen, Schilddrüsenerkrankungen zu diagnostizieren und auszuschließen, kosteten $14.920 für die 3603 durchuntersuchten Patienten, oder $3,09 pro Patient. Eine Gesundheitwirksamkeitsanalyse deutet an, daß Diagnose und Therapie für diese Patientengruppe ein Total von 6,61 Gesund-Jahren (Jahre ohne Krankheit) produzierte, zu einem Kostenpunkt pro Gesund-Jahr von $2474. Die Autoren schließen daraus: Im Vergleich mit den Kosten und Erträgen von anderen, weitverbreiteten diagnostischen und therapeutischen Vorgehen, erscheint das Miteinbeziehen des T4 in ein Screeningverfahren bei ambulanten Patienten als effizient und nützlich.

Hier ergibt sich für die Datenverarbeitung in der klinischen Medizin eine sehr anspruchsvolle Zukunftsaufgabe, wobei nicht lediglich die Kostenerfassung für Krankenhaus und Versicherung im Vordergrund bleiben darf. Es muß gelingen, nicht nur die laborchemischen Bestimmungsmethoden und andere apparative Meßverfahren weiter zu verbessern, medizinische Kenntnisse zu erweitern und zu vermitteln, sondern durch Präzisierung von Diagnostik und Therapie einen definierbaren Nutzen für den einzelnen Patienten zu erkennen und ihn dauernd zu verbessern unter weitgehender Beschränkung der notwendigen Datenflut.

Zur Qualität der medizinischen Versorgung

Im Zusammenhang mit den Maßnahmen zur Kostendämpfung im Gesundheitswesen stellt sich immer öfters die Frage, ob die Kosten des Gesundheitswesens in einem angemessenen Verhältnis zum Nutzen und damit auch zur Qualität der "Gesundheitsleistungen" stehen (16). Dabei geht es einerseits darum, offensichtlich unnötige (ohne Nutzen) und kostenfördernde Maßnahmen abzubauen. Durch Sparmaßnahmen darf aber andererseits die Qualität der medizinischen Versorgung nicht eingeschränkt werden.

Die Qualität der medizinischen Versorgung wird stets definiert im Hinblick auf Ziele, die beim einzelnen Patienten erreicht werden sollen. Die Qualität der Zielerfüllung (Ergebnisqualität) muß von der Qualität des Zielerreichungsprozesses (Mittelqualität) unterschieden werden.

Die Frage von Effizienz und Qualität sind voneinander nicht zu trennen, da Art und Umfang, der für den Patienten erbrachten diagnostischen und therapeutischen Leistungen gleichzeitig das Behandlungsergebnis beeinflussen. Effizienzüberlegungen schließen gleichzeitig auch Qualitätsüberlegungen ein, und umgekehrt.

Die Beurteilung der Qualität der Zielerreichung kommt weitgehend einer Beurteilung des Behandlungsergebnisses im Hinblick auf den Gesundheits- und Zufriedenheitszustand des Patienten gleich. Davon ist auszugehen, um zu beurteilen, ob eine medizinische Leistung gut oder schlecht ist (16). Hier zeigt sich aber auch die Problematik und die Schwierigkeit der Qualitätsbeurteilung.

So schreibt EICHHORN (16): Die Schwierigkeiten, die Veränderungen des Gesundheitszustandes der Patienten exakt und operational zu definieren und zu messen, sind der Grund dafür, daß man bisher im allgemeinen diese Überlegungen um die Veränderungen des Gesundheitszustandes der Patienten nicht als eine Variable, sondern als eine Konstante angesehen hat. Man hat also bei sämtlichen Patienten eine nicht genau definierte Veränderung des Krankheitszustandes und Wohlbefindens unterstellt, ohne für den Einzelfall das Behandlungsziel genau zu bestimmen, den Grad der Zielerreichung zu messen und die Versorgungsqualität zu beurteilen. Es leuchtet daher ein, daß sich bei einer derartigen Betrachtungsweise der Kontrolle die Zielerreichung auf den quantitativen Bereich (Art und Zahl der versorgten Patienten) reduziert hat.

Die Bemühungen, diese sehr groben und ungenauen Zielüberlegungen zu konkretisieren, müssen einer sorgfältigen Dokumentation der Veränderungen im Krankheits- und Gesundheitszustand des Patienten im Hinblick auf sein physisches, geistiges und soziales Wohlbefinden unterzogen werden. Eine derartige Befund- und Ergebnisdokumentation könnte einen Hinweis dafür geben, was der diagnostische und therapeutische Prozeß letztlich bewirkt hat.

Die Bemühungen um eine Sicherung von Qualität und Effizienz der medizinischen Versorgung konzentrieren sich auf den Behandlungsprozeß: d.h. auf eine Beurteilung von Art, Umfang und Ablauf der bei der Patientenversorgung erbrachten diagnostischen und therapeutischen Leistungen.

Welche Form der Qualitätsbeurteilung und gleichzeitig der Effizienzbeurteilung ist Voraussetzung? Eine regelmäßige Dokumentation mit der Darstellung des Ablaufes von Diagnostik und Therapie und der dabei verordneten Leistungen ist nötig. Auf diese Art und Weise kann festgestellt werden, welche diagnostischen Verfahren der behandelnde Arzt in welcher Häufigkeit anwendet und welche Therapie er bevorzugt.

Hier ist die Frage nach der Organisation zur Erreichung dieses Zieles zu stellen. Es darf kaum erwartet werden, daß der Kliniker selbst bei der Datensammlung günstigere Voraussetzungen mitbringt als der Soziologe oder der Ökonom. Es ist deshalb anzustreben, daß gemeinsam vorgegangen wird: Labor, Datenverarbeitung, Verwaltung, Soziologe, Ökonom und Arzt müssen sich finden. Klinische Befunde und Labordaten müssen greifbar und verarbeitbar für die Datenbank prospektiv gesammelt werden, und die Wertungen im Hinblick auf den Nutzen am Patienten vorbereitet sein.

Eine Optimierung der Nutzen/Risiko- oder Nutzen/Kostenrelation ist von der Klinik anzustreben. Doch der Mangel an gesicherten Unterlagen macht es bis heute noch nicht möglich, Nutzen, Risiken und Kosten von Meßmethoden unmittelbar zueinander in Beziehung zu setzen und zur Beurteilung der Effizienz heranzuholen. Es wirkt sich dabei erschwerend aus, daß in die Nutzenfunktion von Meßmethoden sehr unterschiedliche Größen eingehen, so z.B. die durch ihre erfolgreiche Anwendung gewonnenen Jahre und die bessere Qualität an Leben, oder auch die Belästigung und Gefährdung des Patienten durch das ärztliche Tun, usw. So hat man etwa versucht, den Nutzen in einem Index aus "gesunden Mannjahren" anzugeben, verhinderte Invalidität aufzulisten, in die Gesamtkostenrechnung die Arbeitskapazität miteinzubeziehen. Doch sind derartige Rechnungen der schwierig zu beschreibenden Währung wie "Lebensdauer" und "Lebensqualität" in Geldquantitäten oder umgekehrt nicht allgemein möglich, eigentlich nie statthaft.

Erwähnt sei hier der Glaube an eine primitive Kosten-Nutzen-Analyse, welche im Dritten Reich zur Vernichtung von 275.000 chronisch kranken Patienten führte, welche den Staat mehr kosteten, als man glaubte, daß sie wert waren (17)!

Schließlich wird jede Aussagefähigkeit von Meßwerten mit Abgrenzung von normal zu pathologisch fraglich. Sie müssen je nachdem beurteilt werden, ob Kosten oder Risiken höher zu veranschlagen sind. Eine unterlassene oder eine unnötige diagnostische Maßnahme mit entsprechender Nichterkennung und Nichtbehandlung einer Erkrankung hängt somit vom falsch-positiven oder falsch-negativen Resultat ab.

Diese Überlegungen führen zur Frage über den Nutzen, resp. die Wertigkeit von Meßmethoden in der klinischen Diagnostik, über das "WIE" man diese Wertigkeit selbst bemessen oder objektivieren kann. Die Beantwortung muß weitgehend subjektiv erfolgen, wenn sich auch wenigstens von Superspezialisten zunehmend ähnlich lautende Beurteilungen für bestimmte Krankheiten erhalten lassen. Dabei überschneiden sich die Folgen solcher Beantwortungen in ihrer ökonomischen, sozialen, medizinischen, psychologischen und ethischen Mannigfaltigkeit.

Zum Thema "Klinischer Nutzen"

Kehren wir nochmals zu der zentralen Frage zurück: Was verstehen wir unter klinisch faßbarem Nutzen? Bei Nutzen denken wir an Vorteile. Diese können direkt oder indirekt sein. Worauf bezieht sich der Nutzen?

Kategorien von klinischem Nutzen

Beruhigung des Patienten und des Arztes,
Abkürzung von Krankheit,
Verkürzung krankhaften Lebens mit Schmerzen,
Verhinderung von Krankheit,
Verkürzung von Krankenhausaufenthalten,
Einsparung von Kosten für Patient und Allgemeinheit.
Erhaltung der Arbeitsfähigkeit,
Erhaltung einer residuellen Arbeitsfähigkeit,
Verhinderung von Invalidität,
Verlängerung des Lebens (in Mannjahren),
Erhöhte Lebensqualität,
etc.

Können wir den Nutzen faßbar bewerten? Die Kosten sind einer monetären Bewertung leicht zugänglich. Dabei ist aber zu beachten, daß sich Löhne und Preise für Untersuchungen dauernd verändern. Größen wie Leben und Gesundheit sind jedoch äußerst schwierig abstrakt zu bewerten. Soll man wirklich die Zahl der geretteten Lebensjahre abschätzen und mit dem erwarteten zukünftigen Erwerbseinkommen multiplizieren, um daraus einen Nutzen zu errechnen? Soll für die Reduktion der Morbidität als Nutzen auf ähnliche Weise der eingesparte Produktionsverlust berechnet werden? Es handelt sich dabei doch zugegebenermaßen nur um eine Hilfskonstruktion. Gesundheit wird ja nicht nur zur Verbesserung und Verlängerung der Erwerbsfähigkeit nachgefragt; sie besitzt auch einen Eigenwert. Kann neben diesem Konsumaspekt der geldmäßig meßbare Nutzen in einer Zahl von geretteten Lebensjahren (in Mannjahren aufsummiert für die gesamte Gesellschaft) und die Reduktion der Funktionsbeeinträchtigung (ebenfalls in Mannjahren) ausgewiesen werden? Diese Berechnung macht man schließlich nur deshalb, um Nutzen und Kosten einander vergleichbar zu machen. Die Kosten-Nutzen-Analyse soll glaubhaft machen, daß, wenn der Barwert des Nutzens größer als der Barwert der Kosten ist, sich aus gesellschaftlicher Sicht die Einführung z.B. eines neuen Labortests lohnt. Schlußendlich müssen solche Entscheidungen einem politischen Urteil vorbehalten bleiben. Hier muß erwähnt werden, daß bei Versicherungen und Gerichten diese Art von Beurteilung von Leben bei Entschädigungen, Genugtuungen und Vorsorge, Schaden usw. schon lange angewandt wird.

HORISBERGER (18) schreibt: Trotz Einschränkungen kann eine Kosten-Nutzen-Analyse bis auf weiteres zur Ergänzung der rein medizinischen Betrachtungsweise dienen. Als Makroinstrument angewandt (mit Blick auf Sozialprodukt, Arbeitskraft, Fiskalpolitik), ist sie aber zu grob; als Mikroinstrument (mit Blick auf Einzelpraxis, einzelnes Spital, Familie) ist sie zu fein. Der rein ökonomische Ansatz ist zu eng, vollumfängliche Systemanalysen sind oft zu teuer. Die Schwierigkeiten liegen weniger in der Bewertung der Kosten einer Laboruntersuchung als in der kostenadäquaten Bewertung eines medizinischen und sozialen Nutzens. Entscheidend für den Wert der Kosten-Nutzen-Analyse sind daher die spezifische Fragestellung und der Lösungsansatz, die in jedem Fall unter Berücksichtigung der medizinischen und sozialen Gegebenheiten neu aufgebaut werden müssen.

Die Nutzen-Kosten-Analyse soll Planer und Entscheidungsträger dazu zwingen, Datenmaterial, das verstreut vorhanden und nicht direkt vergleichbar ist, systematisch und entscheidungsbezogen zu verarbeiten. Bei der systematischen Sammlung von Daten trifft man oft auf bessere Lösungen und Wege, welche vorhandene Schwächen eines Vorhabens verringern können. In methodischer Hinsicht hat aber die Nutzen-Kosten-Analyse viele Schwächen im Hinblick auf die Schwierigkeiten der adäquaten Berücksichtigung von intangiblen Auswirkungen. Eine Nutzen-Kosten-Analyse soll intuitiv gefällte Entscheidungen vermeiden helfen. Sie selbst kann nie ein wertfreies Planungs- und Evaluationsinstrument sein. Sie kann notwendige politische Entscheidungen erleichtern, diese aber schlußendlich nie ersetzen.

Eine scharfe Kritik an der Kosten-Nutzen-Analyse hat kürzlich CENTERWALL (17) veröffentlicht. Der Autor macht darauf aufmerksam, daß zukünftige Nutzen gemessen in Geldeinheiten oder in Lebensjahren weniger wert sind als der heutige Nutzen, weil jener in einer unbekannten Zukunft eintreten wird. 1.000 Dollar heute sind mehr wert als 1.000 Dollar in ein paar Jahren, weil nämlich Geld heute investiert werden könnte und darauf ein Profit erzielbar wäre. Bei ökonomischen Analysen können deshalb zukünftige Gewinne weniger hoch gewertet werden als Gewinne in der Gegenwart.

Sowohl Kosten wie Nutzen sind als subjektive Begriffe zu werten. Deshalb muß der Nutzen-Kosten-Quotient ebenfalls ein subjektiver bleiben. CENTERWALL (17) schreibt, daß analysierende Spezialisten, welche ähnliche Daten mit ähnlichen Voraussetzungen angehen, zu ähnlichen Folgerungen kommen werden. Diese Resultate erzeugen dadurch jedoch noch keine objektive Wertung. Obschon man sich dabei auf die Statistik abstützt, kann die Kosten-Nutzen-Analyse nicht auf statistische Signifikanz getestet werden. Nur objektive statistische Aussagen können auf eine statistische Signifikanz hin untersucht werden. Es ist deshalb nicht möglich zu wissen, ob z.B. ein 2:1 Nutzen-Kosten-Quotient signifikant verschieden ist von einem solchen von 1:1 oder 1:2.

Sollte also das Ziel des Untersuchers eine Reduktion an Subjektivität sein? Das Gegenteil ist der Fall: die Resultate müssen die subjektiven Eindrücke des untersuchenden Arztes widerspiegeln, wenn sie für den Patienten etwas bedeuten sollen!

In einer demokratischen Gesellschaft mag der politische Prozess nicht der humanste Weg oder das rationalste Mittel sein, um Geld im Gesundheitswesen zuzuteilen. Aber es ist wohl der einzige Weg, den wir heute zu beschreiten haben. Die Kosten-Nutzen-Analyse mag diesen Prozeß zu einem besser fundierten machen, aber sie wird den Prozeß selbst nicht verändern können. Für die Entscheidungsträger wird die Durchführung der Analyse wichtig bleiben, weil der Prozeß der Untersuchung den Problemen eine gewisse Struktur gibt, eine offene Beurteilung aller relevanten Komponenten vor einem Entscheid erlaubt, und damit zur ausdrücklichen Behandlung von Schlüsselannahmen zwingt. Ferner wird die Kosten-Nutzen-Analyse in medizinischen Programmen viele Vorteile schaffen (Organisation, Sammlung von Daten, etc.), aber die Kosten-Nutzen-Analyse wird nicht ausformulieren, was schlußendlich zu tun ist. Dieser Entscheid bleibt schlußendlich subjektiv und in den Händen der Ärzte!

Zusammenfassung

Die mir gestellte Aufgabe "Nutzen von Labordaten in der klinischen Betreuung von Patienten" war nicht befriedigend zu lösen. Weshalb? Einerseits, weil sie empirisch nur ansatzweise in der Literatur nachzulesen ist, andererseits, weil sie schlußendlich subjektiv zu beantworten bleibt. Eine objektive Wertung täte not! Es wird aber die Quantifizierung von Nutzen immer äußerst problematisch bleiben. Qualitätskontrollen des ärztlichen Tuns und der primäre Einsatz der Datenverarbeitung unter Einschluß von Soziologen und Ökonomen könnten in der weiteren Zukunft auch für Labordaten eine Nutzenanalyse einmal möglich machen.

Literatur

1. BÜTTNER J (1977) Die Beurteilung des diagnostischen Wertes klinisch-chemischer Untersuchungen. J Clin Chem Clin Biochem 15:1-12
2. WERTMAN BG, SOSTRIN SV, PAVLOVA Z, LUNDBERG GD (1980) Why do physicians order laboratory tests? JAMA 243:2080-2082

3. WARNER KE, HUTTON RC (1980) Cost-benefit and cost-effectiveness analysis in health care. Growth and composition of the literature. Med Care 18:1069-1084

4. INGELFINGER FJ (1975) Decision in medicine. N Engl J Med 293:254-255

5. McNEIL BJ, KEELER E, ADELSTEIN JS (1975) Primer on certain elements of medical decision making. N Engl J Med 293:211-215

6. McNEIL BJ, VARADY PD, BURROWS BA, ADELSTEIN SJ (1975) Measures of clinical efficacy. Cost-effectiveness calculations in the diagnosis and treatment of hypertensive renovalscular disease. N Engl J Med 293:216-221

7. McNEIL BJ, ADELSTEIN SJ (1975) Measures of clinical efficacy. The value of case finding in hypertensive renovascular disease. N Engl J Med 293:221-226

8. NEUHAUSER D, LEWICKI AM (1975) What do we gain from the sixth stool guaiac? N Engl J Med 293:226-228

9. PAUKER SG, KASSIRER JP (1975) Therapeutic decision making: A cost-benefit analysis. N Engl J Med 293:229-234

10. BUCHBORN E (1977) Die Wertigkeit von Meßmethoden in der klinischen Diagnostik. Einführung in das Thema. Verh Dtsch Ges Inn Med 83:587-591

11. GROSS R (1973) Dtsch Med Wochenschr 98:783

12. KORVIN CC, PEARCE RH, STANLEY J (1975) Admissions screening: Clinical benefits. Ann Intern Med 83:197-203

13. STATLAND BE, WINKEL P, BURKE MD, GALEN RS (1979) Quantitative approaches used in evaluating laboratory measurements and other clinical data. Chem Pathol Clin Chem 525-555

14. WOOD RW, TOMPKINS RK, WOLCOTT BW (1979) Cost-containment methods: The role of clinical algorithms. Clin Res 27:287A

15. EPSTEIN KA, SCHNEIDERMAN LJ, BUSH JW, ZETTNER A (1979) The "abnormal" screening serum thyroxine (T4): Analysis of physician response, outcome, cost and health effectiveness. Clin Res 27:78A

16. EICHHORN (1977) Qualitäts- und Effizienzbeurteilung in der Krankenhausversorgung. Dtsch Aerztebl 42:2529-2533

17. CENTERWALL BS (1981) Cost-benefit analysis and heart transplantation. N Engl J Med 304:901-903

18. HORISBERGER B (1979) Inwiefern läßt sich der therapeutische Wert von Arzneimitteln mittels Kosten-Nutzen-Analysen bestimmen? Hexagon Dig 7/6

19. SCHMIDT FW (1973) In: Optimierung der Diagnostik (Hrsg. H. Lang, W. Rick, L. Roka). Berlin-Heidelberg- New York: Springer 1973

Diskussion

BREUER:
Vielen Dank, Herr DUBACH, für die interessanten Ausführungen,
vor allem für die klare Definition Ihrer Vorstellungen zur Kosten-Nutzen-Analyse und für das persönliche Bekenntnis am Ende
Ihres Vortrages. Es sollte ein wesentlicher Gesichtspunkt unserer Diskussion sein, diesen Begriff des Nutzens - oder der Wirksamkeit, wie heute morgen definiert wurde - näher zu beleuchten.
Wenn man in den Besprechungen mit der Weltgesundheitsorganisation
und Regierungsstellen immer wieder auf den Begriff der Kosten-
Nutzen-Analyse zurückgeführt wird, dann wird die ganze Problematik klar: was die politischen Stellen anstreben ist, nicht nur
den Begriff der Kosten zu definieren, sondern auch den Begriff
des Nutzens bzw. der Wirksamkeit klar definierbar zu machen und
damit die Beurteilung des ärztlichen Handelns in die Hände von
Nicht-Ärzten zu überführen. Ich glaube, darin liegt eine große
Gefahr.

GUDER:
Herr DUBACH hat in sehr allgemeiner Form die Grenzen der Nutzen-
berechnung dargestellt. Wir haben aber beim letzten Merck-Symposium ein Beispiel diskutiert, das ich gerne noch einmal aufgenommen hätte und zu dem Herr DUBACH eventuell etwas sagen kann:
die Aufenthaltsdauer im Krankenhaus als möglicher Meßparameter
für den Nutzen. Wenn man davon ausgeht, daß es dem Patienten
oder zumindest der Gesamtökonomie nutzt, wenn er kürzer im Krankenhaus liegt, dann müßte man sich noch einmal die Fragestellung
von Herrn SIEGENTHALER vorlegen: ob es vertretbar ist, daß vor
der Untersuchung des Patienten ein Grundspektrum von Laboruntersuchungen angeordnet wird, um einen Tag Liegedauer zu sparen.
Es wurde damit begründet, daß eine Stunde eines klinisch tätigen
Arztes für die Anamnese teuerer wäre als 12 Laboruntersuchungen.

DUBACH:
Die Aufenthaltsdauer von Patienten in Spitälern ist nicht allein
abhängig vom Nutzen eines Aufenthaltes, sie ist auch nicht unbedingt nur abhängig von der Art der Krankheit, sondern meistens
heute - wenigstens in der Schweiz - bedingt durch die zur Verfügung stehenden Betten. Ich glaube, wenn Patienten aufgenommen
werden und ein Screening-Verfahren durchgeführt wird, um Geld
zu sparen, dann müßte man diese Patienten eigentlich vorunter-
suchen und sich dann erst entscheiden, ob man sie überhaupt ins
Spital aufnimmt, z.B. in einer Triage-Station, wie wir das in
Basel machen, wo die Patienten innerhalb von Stunden wieder ent-
lassen werden können, wenn keine Lebensbedrohung vorliegt.

SCHÖLMERICH:
Herr DUBACH, man kann ja das gesamte Problem der Kosten-Nutzen-
Analyse nicht sehen, ohne auch auf das System der sozialen Sicher-

heit zu blicken. Ich möchte deshalb fragen, ob die Angaben, die
Sie für den konkreten Fall Erkältungskrankheiten in den Vereinig-
ten Staaten gemacht haben - nämlich Reduktion der Kosten durch
Verzicht auf Blutbild und Rachenabstrich - ob dies die monetäre
Gesamtbelastung des Patienten wiedergibt oder ob es sich um die
Sachleistungen handelt. Das ist ein wesentlicher Gesichtspunkt,
denn heute morgen haben wir gehört, daß die Reduktion von Laborleistungen um 50% nur eine Kostenersparnis von 7% ergibt und daß
die Laborleistungen am Ende nur 0,5% der Gesamtkosten darstellen.

DUBACH:
Dabei sind Honorar und Sachleistungen eingeschlossen. Die Kosten
sind außerordentlich gering, weil man nichtärztliches Personal
eingesetzt hat. Dieses führt die Behandlung genau gleich gut aus
wie ein Arzt.

LAUE:
Ich möchte zwei Punkte ansprechen, die mich sehr bedenklich ge-
stimmt haben. Wir sitzen hier am grünen Tisch und diskutieren
über die Kosten, sprich den Geldbeutel des Staates und des Patienten, und wir diskutieren über den Nutzen, also was der Patient wirklich - subjektiv gesehen - haben will. Über die Kosten
verfügt letztendlich der Arzt ganz wesentlich. Aber er ist ja
nicht so kostenbewußt wie der Einkäufer im Supermarkt, der seine
Ware nach dem Preis auswählt. Der Patient selbst weiß gar nichts
über die Kosten. Das Geld ist also im Arzt-Patienten-Verhältnis
praktisch ausgeschlossen, und das ist sicher ein Grund für die
Kostenexplosion, daß keiner mehr ein Gefühl für die "Preise" hat.
Wir Ärzte sind natürlich auch deshalb in einer schwierigen Situation, weil wir letzten Endes in medizinischen Fragen der Vor-
mund des Patienten sind. Ich glaube, man muß versuchen, im Arzt-
Patienten-Verhältnis die Verantwortung und Entscheidung des Patienten, auch in Kostenfragen, zu stärken. Das heißt, wir müssen
die subjektiven Wertungen des Patienten auch berücksichtigen.

BREUER:
Danke,Herr LAUE, das ist ein Punkt zur Konkretisierung des Begriffes Nutzen bzw. Wirksamkeit. Herr DUBACH hat gesagt: "Gesundheit hat ihren eigenen Wert", das impliziert ja eine Entscheidung
des Patienten über den subjektiven Wert der Gesundheit für ihn
selbst.

BÜTTNER:
Durch die schöne Übersicht von Herrn DUBACH ist meines Erachtens
ganz deutlich geworden, wie komplex die ganze Angelegenheit ist,
und ich möchte vorschlagen, daß man die Diskussion entsprechend
den Kategorien, die Sie für den Nutzen genannt haben, aufteilt.
Sie haben zu Recht gesagt, daß man definieren muß, auf wen der
Nutzen sich bezieht. Das kann der Patient sein, das kann der
Arzt sein, das kann die Volkswirtschaft sein oder das Gesundheitswesen insgesamt: das sind ganz wesentliche Unterschiede. Soweit
ich es sehe, ist der Ansatz, der sich auf das gesamte Gesundheitswesen bezieht, derjenige, der sich am leichtesten bearbeiten läßt.
Das ist die Makro-Ökonomie, von der wir heute morgen gehört haben,
welche die Politiker interessiert, wenn sie die Ressourcen zu ver-
teilen haben. In diesem Globalsystem kann man meines Erachtens

mit einer Kosten-Nutzen-Analyse durchaus arbeiten. Es gibt ja
auch eine ganze Reihe von Ansätzen dazu.

Dieses System bewegt sich aber doch weitgehend außerhalb der
ärztlichen Entscheidung im Einzelfall. Die ärztliche Entscheidung
im Einzelfall bezieht sich auf den Nutzen, den der einzelne Patient hat. Und da wird die Sache schwierig. Wie ich aus Ihren
Ausführungen entnommen habe, fehlen noch tragfähige Ansätze. Da
geht vieles Subjektive ein, wie Herr LAUE eben sagte. In meinem
Referat über den Nutzen heute Nachmittag, von einer ganz abstrak-
ten, mathematischen Basis, werde ich zeigen, welche Verfahren man
anwendet, um diese Subjektivität bei der Nutzenbewertung in den
Griff zu bekommen. Das ist aber in der Praxis so schwierig, daß
man es im Einzelfalle bei der konkreten Behandlung von Patienten
noch nicht realisieren kann. Daher meine ich, daß der Hauptzweck
der Kosten-Nutzen-Betrachtung derzeit in der Makro-Ökonomie liegt,
in der Mikro-Ökonomie nur in Teilgebieten, z.B. wenn es sich um
Neueinführung von Tests handelt.

DENGLER:
Ich möchte gerne das an sich schon komplizierte Gebilde, das
Herr DUBACH uns gezeigt hat, noch etwa weiter komplizieren. Denn
der Kosten-Nutzen-Effekt von Laboruntersuchungen hängt ja in einem weiteren Netz von Kosten und Nutzen verursachenden medizinischen Faktoren. Wenn ich im Wirtschaftsministerium wäre und es
würde mir jemand den Kuchen von 100% hinzeichnen, den die Kranken-
häuser kosten, und davon einen Ausschnitt von 2,8%, die auf das
Zentrallabor entfallen, wovon noch 40% an das Personal gebunden
sind, dann würde ich sagen: "Nächster Punkt der Tagesordnung".
Insofern glaube ich, daß dieses Problem gar nicht isoliert von
seiten der Labordiagnostik gesehen werden darf.

Man kann das am besten an drei Beispielen darstellen: Einmal die
Erkältungskrankheiten. Daß ein normaler Schnupfen nicht zum Arzt
muß, das wissen wir; aber unsere Sozialordnung schreibt vor, daß
man krank geschrieben sein muß: also muß man zum Arzt gehen. Wenn
dieser jetzt auch noch ein Blutbild macht, kann man fragen, zu
wessen Nutzen? Aber ein Zweck des Arztbesuches ist auch, daß man
einen Schein bekommt: "arbeitsunfähig". Das ist etwas, was unserer medizinischen Verantwortung gar nicht mehr untersteht, sondern längst Arbeitsrecht ist. Der Arztbesuch ist also nur noch
zum Teil diagnostisch-therapeutisch motiviert.

Zweites Beispiel: Wenn wir von großen Kosten verursachenden
Dingen sprechen, dann meinen wir z.B. Kuren und Sanatoriums-Aufent-
halte. Um jemand zur Kur fortschicken zu können, braucht man natürlich nicht nur einen allgemeinen Eindruck, sondern es muß
auch irgendetwas an Diagnostik substantiiert sein und da genügen nicht nur Laborbefunde, es muß ein Röntgenbild, ein EKG etc.
dabei sein. Hier handeln wir wiederum mehr nach Verwaltungsvor-
schriften als aus medizinischer Notwendigkeit. Insofern ist der
Nutzen - und da stimme ich Herr BÜTTNER teilweise zu - mehr unter
dem Sozialaspekt zu sehen.

Und jetzt kommt mein eigentlicher Punkt als Arzt: Wir sind uns
alle einig, daß das Conn-Syndrom bzw. das Phäochromozytom sicher-

lich weniger als 0,5%, vielleicht 0,1%, der Hochdruckkranken
ausmacht. Diagnostik ist in beiden Fällen teuer, wobei ich wiederum nicht an das Labor denke. Das ist nur ein kleiner Kostenanteil, aber es kommt ein Computertomogramm, in aller Regel eine
Angiographie und auch die Operation hinterher dazu. Ein operier-
tes Conn-Syndrom hat aber ein normales Leben vor sich. Sozial-
medizinisch schlägt das nicht zu Buche. Als Arzt haben wir aber
ganz klar eine Entscheidung zu treffen: Werde ich dem individuellen Patienten gerecht oder werde ich der Allgemeinheit gerecht?
Da fühlen wir uns doch - und ich meine, das ist unsere Aufgabe -
verpflichtet, dem individuellen Patienten gerecht zu werden.
Solche Probleme, glaube ich, sind die Nahtstelle, wo wir rein
ärztlich handeln müssen, auch wenn wir allgemeinwirtschaftlich
gesehen unwirtschaftlich handeln. Ob Sie bei einem Patienten
eine GOT bestimmen lassen, damit er weiß, wieviel er trinken
darf, ist eine ganz andere Frage. Das heißt, es gibt von klaren
Entscheidungen bis zur Grauzone alle Möglichkeiten, und abgesehen von den wenigen glasklaren Fällen werden wir es doch immer
als unsere Pflicht ansehen, als Arzt *für* den Patienten Stellung
zu nehmen (Beifall).

LANG:
Herr DUBACH, Sie haben in Ihrem hervorragenden Referat die Forderung aufgestellt, daß man für die Entscheidung formalisierte
Strategien braucht. Sie haben dann die ganzen Schwierigkeiten
dargestellt und zum Schluß als Ihre eigene Meinung gesagt, daß
die subjektive Beurteilung doch stärker eingeht. Wenn man das,
was Herr DENGLER eben so prägnant über die ärztliche Entscheidung
sagte, mit einbezieht, muß man fragen: Wieweit ist es realistisch,
formalisierte Strategien entwickeln zu wollen? Das ist eine Frage,
zu der hier einige Meinungen sicher erwünscht wären.

DUBACH:
Es gibt sicher eine Diskrepanz zwischen diesen beiden Polen.
Formalisierte Strategien sind im Unterricht über Komplexe von
medizinischen Entscheidungen für die Lehre und die Ausbildung
der Assistenten dringend notwendig, wobei jeder Arzt die Möglichkeit erlernen sollte, einen gewissen Spielraum über diese Strategien hinaus sich zu erhalten. Herr HAECKEL hat darauf hingewiesen, daß innerhalb solcher Strategien eine Therapie an einem
bestimmten Punkt abgebrochen wird, oder ein anderer Weg einge-
schlagen wird. In Amerika gibt es Spitäler, an welchen Assistenten einen Knopf drücken zur Darstellung eines Schemas zur Abklärung einer Hypertonie auf dem TV-Schirm, wobei all die Modali-
täten, die er dort beachten muß, genau festgelegt sind, so daß
er nicht einen unsinnigen Wust von Untersuchungen durchführt.
Aber die Subjektivität muß auch hier angeschlossen sein an eine
formalisierte Strategie.

Damit kommen wir zu einem Punkt, den ich auch erwähnt habe, die
formalisierte Qualitätskontrolle. Nur damit läßt sich an einem
Spital oder Ausbildungsinstitut kontrollieren, ob eine gewisse
Qualität eingehalten wird, und ob sich alle an diese Qualitäts-
forderungen halten. Die Qualitätskontrolle ist im ärztlichen Bereich etwas außerordentlich Wichtiges geworden, vielleicht nicht
für seltene Krankheiten, sondern eher für die häufigen: für Dia-

betes, Hypertonie, für die chronischen, rheumatologischen Erkrankungen. Ich kann Ihnen dazu ein Beispiel geben aus unserer Medizinischen Poliklinik über die Hypertoniekontrolle. Wir sind erschüttert, welche Non-Compliance wir feststellen müssen bei den Ärzten, obschon wir immer wieder Reinforcement, d.h. Wiederholung der Regeln vornehmen. Ich denke, daß an ähnlichen Institutionen, in vielen ärztlichen Bereichen diesbezüglich ähnlich schlechte Resultate herauskommen würden. Deshalb sind Qualitätskontrolle mit formalisierten Strategien als eine Notwendigkeit zu fordern!

WERNER:
Ich habe zwei methodische Bemerkungen: Erstens ist Kosten-Nutzen-Analyse nur ein Werkzeug und wertneutral. Wenn man dieses Werkzeug auf die letzten menschlichen Fragen wie Überleben, Glück, Zufriedenheit anwendet, dann kommen die Schwierigkeiten nicht vom Werkzeug, sondern von der Fragestellung her. Zweitens befaßt sich Kosten-Nutzen-Analyse mit einem Quotienten, den Zähler wie Nenner beeinflussen. Hier wurden ausschließlich Schwierigkeiten bei der Analyse von Kosten besprochen. Analoge soziale und ethische Probleme bestehen aber bei der Analyse vom Nutzen medizinischer und ärztlicher Dienste, dem Nenner des Kosten-Nutzen-Quotienten. Ich glaube daher, das primäre Problem ist, die rechte Fragestellung finden, wo die Kosten-Nutzen-Analyse ein adäquates Werkzeug ist.

SCHMIDT:
Ich glaube, Herr WERNER, daß Sie nicht recht haben. Die Kosten-Nutzen-Analyse ist meines Erachtens nicht neutral, sondern sie wird immer mehr zu einem politischen Werkzeug. Und ich unterstütze, was Herr DENGLER gesagt hat, daß wir mit allem Nachdruck daraufhinweisen sollten, daß die Kosten der Laboruntersuchung für die Makro-Ökonomie so klein sind, daß wir gar kein bevorzugtes Objekt einer Kritik im Rahmen der Kosten-Nutzen-Analyse sind. Aber der Beifall, den Herr BROD nicht nur bei uns daheim, sondern auch in der Presse findet und finden wird, zeigt, daß wir ganz deutlich falsch beurteilt werden.

Zur Mikro-Ökonomie: Ich bin, Herr DUBACH, genauso unzufrieden wie Sie über die Messung des Nutzens der Laboruntersuchungen, besonders was in amerikanischen Arbeiten publiziert wird. Zum Beispiel der Vorhersagewert von Testergebnissen: zum Glück bekomme ich für meine Voraussagen eine Bestätigung und ich bin glücklich, ein zweites Bein in der Diagnose zu haben, um nicht auf einem stehen zu müssen. Oder der "Nutzen" der Diagnose für den Patienten: Das kann auch eine negative Größe sein, wenn man z.B. ein ausgedehntes Melanom mit Metastasen diagnostiziert. Oder aber wenn die Diagnose für den Patienten bedeutungslos ist, bedeutet es noch lange nicht, daß sie auch für die Umgebung bedeutungslos wäre: Ich würde gerne wissen, ob meine Frau ein HBsAg-Carrier ist oder nicht. Ich meine, hier fehlt es wirklich noch an Überlegung, welche Größen als Maß für den Nutzen für den Einzelpatienten wirklich sinnvoll sind.

VOIGT:
Ich glaube, die Liegezeiten in den Krankenhäusern sind ein sehr gutes Beispiel dafür, daß die allgemeine Kosten-Nutzen-Analyse

zu Ergebnissen führt, die man vorher gar nicht unterstellt hat.
Es ist z.B. in Eppendorf so, daß die Zentralisierung die Liegezeiten in der Chirurgie um einen Tag verkürzt. Das Resultat ist,
daß die Tagessätze höher werden, weil der Patientendurchsatz
schneller erfolgt. Die Frage ist jetzt: Ist das ein erwünschter
Effekt oder nicht? Ich will das nicht weiter diskutieren, aber
Spezial- oder Hochleistungskrankenhäuser müssen Betten freihal-
ten für besondere Erkrankungen, sie sind dann aufgrund solcher
Kosten-Nutzen-Analysen natürlich teurer und werden in der Öffentlichkeit als überhöht kostspielig abqualifiziert.

Noch ein Wort zu dem, was Herr SCHMIDT sagte: Ich habe vor kurzem
die Antrittsvorlesung eines Neurochirurgen gehört, der sich mit
der Frage befaßte: Ärztliche Aufklärungspflicht versus nil nocere.
Da wurde sehr gut herausgearbeitet, daß der Fortschritt in der
Medizin vor allem ein naturwissenschaftlicher ist, daß aber die
daraus abgeleitete Aufklärungspflicht inhuman ist und daß man
dem Patienten Dinge aufbürdet, die er praktisch nicht entscheiden kann, z.B. die Frage, wie er es beurteilen würde, nach einer
Operation halbseitig gelähmt zu sein. Wenn ich das auf unser
heutiges Thema übertrage, auf die Frage etwa, wieweit man mit
dem Patienten Nutzen-Fragen diskutieren kann, so glaube ich, daß
wir ihn schlichtweg überfordern. Ich bin mit Ihnen, Herr SCHMIDT,
der Meinung, daß hier zwei Komponenten sind. Die eine Komponente
ist die der Labordaten etc., die wir wahrscheinlich messend in
den Griff kriegen können; für die andere, die menschliche Komponente, die Herr DENGLER so klar angesprochen hat, wurde der Begriff der individuellen ethischen Komponente geprägt. Ich glaube,
das ist ein Wort, das an dieser Stelle auch auftauchen sollte.

WITT:
Ich wollte in dieselbe Richtung gehen und einen Tatbestand an-
führen, der in der pädiatrischen Diagnostik häufig auftritt und
ein Beispiel für die Unwägbarkeit eines Nutzens ist: Im Screening-
Verfahren für Stoffwechselstörungen erhält man häufig falsch positive Befunde. Man könnte bei einem positiven Screening-Befund
einfach warten, bis eine Screening-Kontrolle - die sehr billig
ist - erfolgt ist, ohne dem Patienten zu schaden. Man nimmt dafür aber in Kauf, daß die Eltern über viele Tage beunruhigt sind,
und man wird sich in jedem Fall die Entscheidungsfreiheit nehmen,
eine sehr kostspielige Analyse zu machen, nämlich den direkten
Nachweis, ob ein Stoffwechseldefekt vorliegt oder nicht. Wir
können nicht wollen, daß uns diese Entscheidungsfreiheit genommen wird.

SEIDEL:
Ich glaube, wir sind mit diesem Thema in einem echten Dilemma
und wir müssen versuchen, etwas pragmatischer zu werden. Es ist
hier ein Quotient erstellt worden, dessen einer Teil sehr gut
meßbar ist; die Kosten, die kann man in DM, Schilling oder Dollar
ausdrücken. Den Wertmaßstab für den Nutzen zu finden, ist sehr
viel schwieriger. Wenn wir versuchen, den Nutzen unter klinisch-
chemischen Gesichtspunkten zu betrachten, müssen wir uns die
Frage stellen, *wo* können wir nutzen und *wie* ist dieser Nutzen
meßbar. Ich meine, es gibt hier zwei wesentliche Bereiche: Das
eine ist der Krankheitsfall, hier wird sich die Klinische Chemie daran messen müssen, ob sie in der Lage ist, die Sicherheit

des ärztlichen Handelns zu erhöhen oder sogar das ärztliche Handeln in irgendeiner Weise zu leiten. Der zweite Bereich ist die Präventiv- oder Vorsorgemedizin; hier wird man sie daran messen müssen, wie früh sie in der Lage ist, chronische Krankheiten zu erkennen, bevor sie für den Arzt manifest werden.

HAECKEL:
Erlauben Sie mir eine Bemerkung: Ich habe den Eindruck, als ob in der Diskussion die Prämissen für die Kosten-Nutzen-Analyse bei vielen Fragestellungen nicht beachtet werden. Wenn man sich mit Sozialökonomen darüber unterhält, stellt sich heraus, daß die Kosten-Nutzen-Analyse eigentlich nur bei sehr wenigen Fragestellungen angewendet werden kann. Für die globale Frage der Testreduktion z.B. ist die Kostenanalyse überhaupt gar nicht geeignet. Wenn man eine spezielle Fragestellung zur Effizienz von zwei Tests stellt, dann fragt der Sozialökonom als erstes: Haben Sie eine vergleichbare Wirksamkeit? Wenn die vergleichbare Wirksamkeit nicht gegeben ist, z.B. weil der Patient schneller gesund wird, ist nach Urteil des Ökonomen eine Kosten-Nutzen-Analyse nicht sinnvoll.

Eine Frage an Herrn DUBACH bezüglich der Aufzeichnung des Nutzens: Ich habe noch nicht ganz verstanden, wie Sie sich das vorstellen. Wer soll den Nutzen aufzeichnen, der behandelnde Arzt, der Institutsleiter, oder wie stellen Sie sich in der Praxis einer Klinik die statistische Erfassung des Nutzens vor?

DUBACH:
Sie stellen eine sehr praktische Frage, die ich versucht habe, zu umschiffen, weil sie sehr schwierig zu beantworten ist. Aber ich stelle mir vor, daß im Spital der Zukunft nicht nur der Arzt und der Klinische Chemiker und die großen Gruppen der Spezialisten arbeitet, sondern wir auch Hilfe von wissenschaftlich motivierten Ökonomen und Soziologen und Mathematikern haben werden. Diese werden uns helfen, prospektiv Daten aufzulisten und zu analysieren. Diese Arbeitsgruppe soll das ärztliche Gespräch mit dem Patienten und die Bedingungen, die zum Spitaleintritt führen, analysieren. Ferner muß die Zeitspanne der Hospitalisierung auf Nutzen analysiert werden.

KATTERMANN:
Ich wollte eine Bemerkung von Herrn DUBACH noch einmal aufgreifen: Er hatte vorhin den Diabetes mellitus als Beispiel gebracht, bei dem wir eventuell einen Nutzen belegen können. Das war auch, wenn ich es recht verstanden habe, die Aussage einiger Diabetologen bei einer Kleinkonferenz, die Herr KRUSE-JARRES und Herr GUDER am letzten Wochenende in Stuttgart veranstaltet haben. Es wurde gezeigt, daß die Stoffwechselkontrolle des Diabetes wesentlich besser wurde, wenn man Patienten zu einer effektiven Harnzucker-Selbstkontrolle bringt. Es kam als weiterer Punkt hinzu, daß die Motivation des Patienten, seinen Diabetes unter Kontrolle zu halten, wesentlich besser war, wenn er ein Hilfsmittel, sei es Testtablette oder Teststreifen, zur Verfügung hat. Das Problem in diesem Zusammenhang kam auf, als man diskutierte, wieviel Blutglukose-Bestimmungen man pro Tag oder pro Woche braucht, um einen Diabetiker gut einzustellen. Es zeigte

sich, daß noch erhebliche Meinungsverschiedenheiten bestehen, und ich glaube, es wäre ein guter Ansatz, bei einer Krankheit mit einer sehr langen Laufzeit, wie dem Diabetes, Nutzen-Überlegungen zu quantifizieren. Zu Herrn SEIDEL also noch die Ergänzung: die Klinische Chemie wird auch daran gemessen, was sie für die Therapie und Verlaufskontrolle, nicht nur für die Früherkennung und Diagnose, leistet.

DUBACH:
Der Diabetes ist ein gutes Beispiel dafür, wie die Qualitätkontrolle des ärztlichen Tuns eine eminente Bedeutung bekommen kann. Wahrscheinlich lassen sich die Diabetiker umso besser einstellen, je geschickter eine didaktisch geschulte Persönlichkeit, unabhängig davon, ob das ein Arzt ist, den Patienten hilft. Es ist wahrscheinlich gar nicht so wichtig, daß hier primär eine Kosten-Nutzen-Analyse gefordert wird, sondern eine Veränderung der Strategien bei der Ausbildung der Patienten zur Beherrschung ihrer Krankheiten. Denn der Diabetes ist eine chronische Krankheit, die sie eigentlich allein weitgehend selbst bewältigen sollten. Es ist abzusehen, daß sich das ärztliche Vorgehen beim Diabetes mellitus völlig verändert in der Zukunft, wobei die Qualitätskontrolle besonders wichtig ist.

BÜTTNER:
Es wird ja ganz deutlich, daß wir im mikro-ökonomischen Bereich sehr kleine Brötchen backen müssen, sonst kommen wir mit diesem Werkzeug nicht zurecht. Es gibt einen Punkt, zu dem ich gerne die Meinung der Kliniker hören würde: Die Risikoabschätzung bei invasiven Tests. Dort läßt sich der Nutzen einigermaßen sicher formulieren und man könnte das als Entscheidungshilfe benutzen. Ich weiß nicht, Herr SCHMIDT, inwieweit z.B. die Entscheidung Punktion versus nicht invasive Methoden in der Leberdiagnostik angewendet wird.

SCHMIDT:
Die Entwicklung geht stark zu Gunsten der nicht invasiven Methoden; ich kann meine Leute schon nicht mehr richtig im Laparoskopieren ausbilden.

BÜTTNER:
Da ist offensichtlich ein Überlegungsprozess abgelaufen, der genau dem entspricht, was wir hier diskutieren, nur in einem sehr engen Rahmen. Hier wird der Nutzen ganz konkret gesehen: Risiko als negativer Nutzen.

BORNER:
Ich habe immer noch das Problem, den nicht-ökonomischen Nutzen wirklich zu quantifizieren. Um es ganz konkret zu sagen: ich habe jahrelange Erfahrung in Haushaltsdebatten und dort geht es darum, daß letzten Endes Nicht-Mediziner entscheiden, was man z.B. an Investitionen tätigt. Dabei ist die Tendenz, sich auf die Makro-Ökonomik zurückzuziehen und zu sagen, am Brutto-Sozialprodukt bringt es dies und das. Letzten Endes entscheiden nichtmedizinische Argumente. Das Problem ist für mich, den medizinischen, also nicht-ökonomischen Nutzen, besser zu qantifizieren, um eine Argumentationshilfe zu haben.

BREUER:
Das ist ja der Punkt, über den wir jetzt diskutieren. Ich fürchte
nur, daß wir heute noch keine eindeutige Arbeitsanleitung heraus-
geben können.

DENGLER:
Herr DUBACH, ich hatte während Ihres Vortrages den Eindruck, der
jetzt durch Ihre Diskussionsbemerkung verstärkt wurde, daß Sie
eigentlich unter der Kosten-Nutzen-Analyse etwas anderes verstehen, als hier von vielen Seiten angesprochen wird. Sie haben nämlich jetzt ausgedrückt, daß Sie eine Analyse des ärztlichen Ver-
haltens anstreben. Das ist ein Punkt, wo wir uns treffen können.
Sie wollen wissen, warum wird jemand ins Spital aufgenommen, warum wird dort dieses und jenes getan. Sie wollen wissen, ob der
Patient zufrieden ist - das ist natürlich ein zwiespältiger Begriff - denn nicht jedem Hochdruckpatienten tun Sie unmittelbar
etwas Gutes, wenn Sie ihm den Blutdruck senken und er schwindelig
wird. Ich glaube, diesen Aspekt könnte man hier als Postulat auf-
stellen. Wir sollen versuchen, rational zu handeln. Wir wollen
unsere Handlungen überprüfen und wir sollen den Nutzen, den wir
meines Erachtens ökonomisch nicht definieren können - höchstens
in einzelnen Punkten - als positives Nebenprodukt ansehen, aber
wir sollen auf eine rationale Medizin dringen. Die *kann* zur Kosteneinsparung führen, sie *muß* es aber nicht. Ich glaube fast,
daß manche scheinbare Diskrepanzen, die hier in der Diskussion
auftauchten, zurückzuführen sind auf ein anderes Verständnis,
das Ihrem eigenen Tun zugrunde liegt, als die eigentliche Kosten-
Nutzen-Analyse.

DUBACH:
Herr DENGLER, Sie haben mich gut interpretiert und ich danke
Ihnen für die Präzisierung und Konkretisierung dessen, was ich
sagen wollte.

Entscheidungsanalyse und Strategiewahl

Moderator: R. Gross

Einige Grundlagen der medizinischen Entscheidungstheorie

R. Gross

In den letzten Jahren ist eine fast erdrückende Fülle von Büchern und Arbeiten zur Entscheidungstheorie erschienen, die in diesem Rahmen auch nicht annähernd aufgezählt werden können. Ich darf deshalb in der Einführung von 2 Voraussetzungen ausgehen:

(1) Ich beschränke mich auf die Anwendung einiger entscheidungstheoretischer Grundlagen der Medizin;
(2) Obwohl ich hier vor Kollegen mit vorzugsweise diagnostischen Anliegen spreche, möchte ich gewissermaßen das Pferd von hinten aufzäumen, von den sich ergebenden Aktionen aus.

Ob diese Aktionen die unmittelbare Behandlung oder weitere diagnostische Maßnahmen betreffen: Die meisten Kranken - übrigens auch die Rechtssprechung - messen unseren Erfolg oder Mißerfolg ausschließlich an den vorbeugenden oder therapeutischen Maßnahmen bzw. deren Unterlassung, ganz unabhängig davon, welche Untersuchungen und Kalküle unseren Entscheidungen vorausgingen.

In den *therapeutischen Nutzen* gehen aber immer 4 Parameter ein (Tabelle 1). Durch Division der maßgeblichen Indizes U_1/S_1 und U_0/S_0 habe ich sie vor Jahren in eine einfache Nutzenfunktion zusammengefaßt (Tabelle 2). Damit wirken der Nutzen einer durch-

Tabelle 1. Parameter des therapeutischen Nutzens

---

1. Nutzen der durchgeführten Therapie (u_1);
2. Nutzen der unterlassenen Therapie (u_0);
3. Schaden der durchgeführten Therapie (s_1);
4. Schaden der unterlassenen Therapie (s_0).

Tabelle 2. Nutzenfunktion

$$U = \frac{u_1 \cdot s_0}{s_1 \cdot u_0}$$

geführten Maßnahme und der Schaden durch Unterlassung gleichsin-
nig im Zähler, der Schaden einer durchgeführten Maßnahme und der
Nutzen durch Unterlassung im Nenner. Mit der Funktion U wird in
etwa die angelsächsische Terminologie der *Nutzen-Kosten-Analyse*
getroffen, wobei dort mit Kosten keineswegs nur der finanzielle
Aufwand gemeint ist, sondern die Gesamtheit der Zeitaufwände,
Belästigungen, Risiken, unerwünschten Wirkungen, kurzum: Alle
negativen Faktoren oder der Nenner in meinem Bruch. Leider ist
der Ausdruck *Risiko* in der Entscheidungstheorie zweideutig und
mißverständlich, mindestens hinsichtlich der Medizin: Er meint
weniger das Risiko für den einzelnen Kranken (wie meist angenommen!), sondern vielmehr *unterschiedliche Wahrscheinlichkeiten*
für den Eintritt bestimmter Ereignisse und Verläufe.

Doch vor weiteren Ausführungen dazu sollten wir nochmals die
heute in der Entscheidungstheorie üblichen formalen Darstellungen
betrachten, die sogenannten Entscheidungsbäume und die Entscheidungstafeln. Wenn wir einen *Entscheidungsbaum* in seiner einfach-
sten Form darstellen (Abbildung 1), so sehen wir hier - bezogen
auf die Behandlungen - nichts anderes als das bekannte Vierfelder-
Schema zwischen "Krankheit da und richtige Behandlung" sowie
"Krankheit nicht da, aber vermeintlich richtige Behandlung".
Hier darf ich nun die klinische Chemie als ein Beispiel unter
den vielen medizinischen Technologien einschalten und sie gewissermaßen in der Mitte eines Entscheidungsbaumes ansiedeln
(Abbildung 2). Wir erheben die Anamnese, haben erste Mutmaßungen
zu dem Was - Wo - Seit wann - Warum - Bei wem? (Tabelle 3).

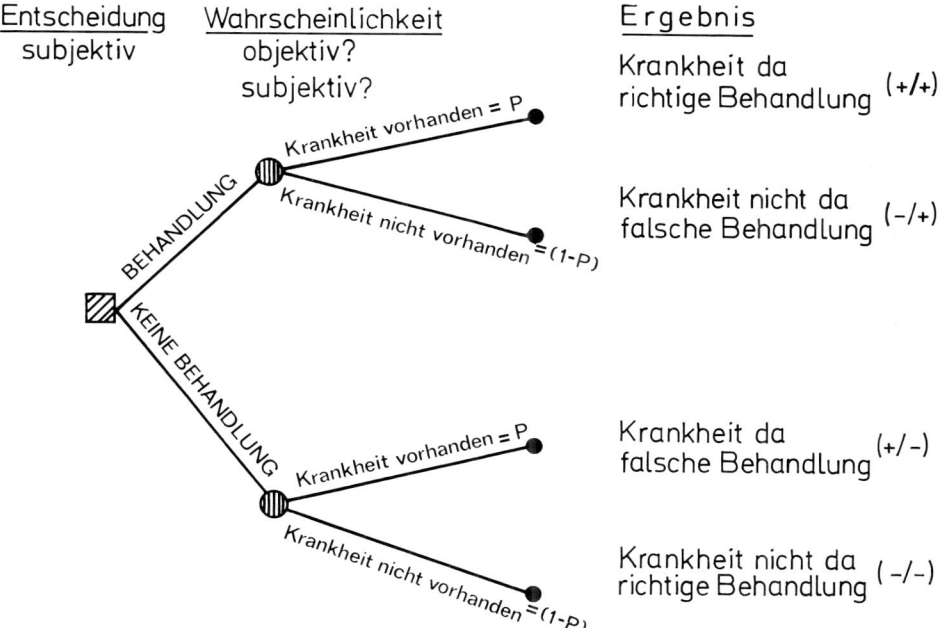

Abb. 1. Einfachstes Modell eines Entscheidungsbaumes mit 4 Möglichkeiten

58

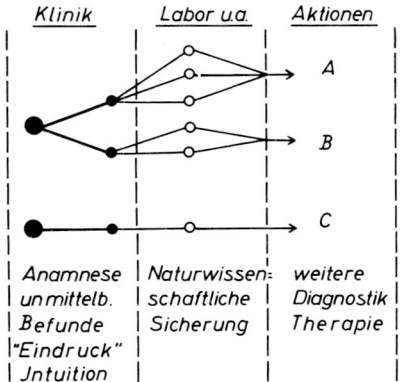

Klinik	Labor u.a.	Aktionen
Anamnese unmittelb. Befunde "Eindruck" Jntuition	Naturwissen- schaftliche Sicherung	weitere Diagnostik Therapie

Abb. 2. Diagnostisch-therapeutische Entscheidungsbäume

Tabelle 3. Inhalt der Diagnose

WAS?	ART DER ERKRANKUNG
WO?	LOKALISATION
SEIT WANN?	DAUER
WARUM?	URSACHE
BEI WEM?	KENNZEICHNUNG DES PATIENTEN

Naturwissenschaftlich-technische Methoden ermöglichen uns in den meisten Fällen probabilistische, seltenen Fällen deterministische diagnostische Entscheidungen und eine Abwägung des Nutzens positiver Aktionen und ihrer Unterlassungen (Abbildung 2). Dabei zeigt die Abbildung 2B klar, daß diagnostische Alternativen einförmig, mit einer oder wenigen - sozusagen pathognomonischen Methoden - zu entscheiden sind, in anderen Fällen durch einen Fächer, wie ihn Abbildung 2A *andeutet*. Dabei sind auch hier noch keine *Gewichtungen* eingeführt, die zu einem Entscheidungsbaum gehören.

Die bisherigen Ausführungen ließen schon erkennen, daß Entscheidungen in der Medizin fast immer ein Produkt *aus der Wahrscheinlichkeit einer bestimmten Störung und dem erwarteten Nutzen oder Schaden einer bestimmten Aktion* - sei sie z.B. weitere, invasive Diagnostik, sei sie Therapie - sind. Dieses Produkt hat die Medizin mit der Volkswirtschaft und vielen anderen Anwendungen gemeinsam. Ein wesentlicher Unterschied besteht allerdings darin, daß fast überall Nutzen und Schaden sich als U bzw. (1-U) ergänzen, während in der Medizin die Situation häufig genau umgekehrt ist: Mit einer eingreifenderen Diagnostik, mit einer höheren Dosierung nehmen die Erfolgschancen, aber auch die Gefährdung der Kranken zu.

Kehren wir nochmals zu den Wahrscheinlichkeiten einer Diagnose zurück (Tabelle 4):

Tabelle 4. Situationen bei der Diagnose

1. Entscheidungen unter Sicherheit;
2. Entscheidungen unter Risiko;
3. Entscheidungen unter Unsicherheit;
4. Entscheidungen unter Spielbedingungen.

Bei den *Entscheidungen unter Sicherheit* besteht völlige Klarheit
über den Ereignisraum. Das Problem vereinfacht sich zu einer
Schätzung des Nutzens jeder Handlung. Umgekehrt gibt es *Entschei-*
dungen unter Unsicherheit, d.h. in der Terminologie der Entscheidungstheorie: Keine vernünftigen Vorstellungen über derzeitige
Zustände oder künftige Ereignisse. Beide Situationen spielen
in der praktischen Medizin eine vergleichsweise geringe Rolle.
Ähnliches gilt für die vierte Variante, den Sonderfall eines
n-Personen-Spiels. Dabei können die Interessen der Kontrahenten
völlig entgegengesetzt sein, wie z.B. im Schachspiel oder (wirk-
lichkeitsnäher und zugleich komplexer) aus kooperativen und kom-
petitiven Elementen gemischt sein, wie z.B. bei den verschiedenen
Automobilherstellern. Sie alle kennen das berühmte Wort Ein-
stein's: "Gott würfelt nicht". In der Medizin ist die sozusagen
"uninteressierte Natur" weder Partner noch Kontrahent. Mit anderen Worten: Die weitaus häufigste und weitaus wichtigste Situation ist Nr. 3 der Tabelle 4, bei der *verschiedenen Ereignissen*
unterschiedliche Erwartungen (lies: Wahrscheinlichkeiten) zugeordnet werden.

Damit können wir eine typische *Entscheidungsmatrix* in der Medizin
betrachten (Tabelle 5): Gegeben seien die Wahrscheinlichkeiten
einzelner Krankheiten pK_i, die möglichen Aktionen a_j, dann lassen
sich mit gewissen mathematischen Umwandlungen numerische *Nutzen-*
funktionen u_{ij} ermitteln.

Tabelle 5. Entscheidungsmatrix

	pk_1	pk_2	...	pk_i	...	pk_m
a_1	u_{11}	u_{12}	...	u_{1i}	...	u_{1m}
a_2	u_{21}	u_{22}	...	u_{2i}	...	u_{2m}
a_j	u_{j1}	... u_{j2}	...	u_{ji}	...	u_{jm}
a_n	u_{n1}	... u_{n2}	...	u_{ni}	...	u_{nm}

Man kann leicht erkennen, daß die Summe einer Zeile den Nutzen
einer Aktion insgesamt ergibt, ganz unabhängig von der Wahrscheinlichkeit der jeweiligen Erkrankungen, daß die Summe einer Spalte
die Prognose insgesamt anzeigt, ganz unabhängig von der Art der
einzelnen Aktionen.

Gerade in der Medizin liegen die *Grenzen solcher Entscheidungs-matrices* in drei Bereichen:

(1) Der Entscheidende ist sich nicht aller möglichen Aktionen und daraus ableitbaren Folgen bewußt.

(2) Er übersieht nicht alle möglichen künftigen Ereignisse - in der Medizin: Verläufe, Komplikationen, individuelle Reaktionen usw.

(3) Manchmal kann das Risiko einer unterlassenen Therapie so groß sein, daß man sich zu einem Verhalten wie bei einer Krankheit mit geringerer Wahrscheinlichkeit entschließen muß.

Tabelle 6. Beispiel der Optimierung einer Diagnose aus Wahrscheinlichkeit und Risiko

Diagnose	Wahrscheinlichkeit	Risiko, wenn behandelt	
		als A (= a)	als B (= b)
Lungeninfarkt (= A)	60%	12%	40%
Bronchuskarzinom (= B)	40%	100%	30%

Wahrscheinlichkeit · Risiko:

$A \cdot a$ = 7,2 % $\}$ Summe 47,2 %
$B \cdot a$ = 40,0 %

$A \cdot b$ = 24,0 % $\}$ Summe 36,0 %
$B \cdot b$ = 12,0 %

Somit:

Wahrscheinlichkeit eines Karzinoms 2 : 3

Für Vorgehen „wie bei Karzinom"
(umgekehrtes Risiko) sprechen 4 : 3

Dazu nur 3 praktische Beispiele:

Zu (2): Die gemeinsame Auswertung von über 1300 Lymphogranulomatosen (zusammen mit SCHMIDT und ZACH) hat uns erkennen lassen, daß Spätbehandelte im Mittel eine bessere Prognose haben. Mit anderen Worten: Die Eigengesetzlichkeit der Krankheit, die eine bestimmte Gruppe spät zum Arzt führt, hat zur Zeit größeren Einfluß auf den Krankheitsverlauf als unsere therapeutischen Maßnahmen. Selbstverständlich beeinflußt solches Verhalten auch die formalen Nutzenfunktionen wesentlich.

Zu (3): Wie Tabelle 6 zeigt, kann die Wahrscheinlichkeit einer
Lungenembolie 1 1/2 mal so groß sein wie die eines Karzinoms.
Trotzdem wird man wegen des ungleich größeren Risikos einer Unterlassung handeln wie bei Karzinom. Das sind keine Rechenspiele
am Grünen Tisch; ich habe einige Jahre, nachdem ich dieses Beispiel durchgerechnet hatte, exakt den entsprechenden Fall in der
Klinik erlebt.

oder:

Jeder verantwortungsbewußte Chirurg wird heute beim Erst-Ulcus
im Magenantrum und höherem Lebensalter handeln wie beim "early
cancer", also resezieren und nicht vagotomieren, auch wenn die
Gastro-Biopsie zunächst keine Tumorzellen erbracht hat.

Die Entscheidungsmatrix gestattet uns im Idealfall, aus einer
endlich großen Zahl möglicher Alternativen durch immer weitere
Einengungen, gerade auch mit Hilfe klinisch-chemischer und anderer
technologischer Methoden, die Entscheidungsfunktionen so einzuengen, daß *Alternativen* und unter diesen *Präferenzen* ermittelt
werden. Ich beschränke mich hier auf die 3 praktisch wichtigsten
Präferenz-Prinzipien.

(1) Das *Dominanz-Prinzip* (dessen mathematische Formulierung
Tabelle 7 zeigt), gilt dann, wenn eine Aktion für kein Ereignis
K zu einem schlechteren Ergebnis führt als irgend eine andere
Aktion. Das Dominanz-Prinzip verlangt in der klinischen Medizin
die (nicht gerade häufige) Situation, daß eine Behandlung für
jede der in Betracht kommenden Krankheiten mindestens nicht
schlechter ist als irgend eine andere.

Tabelle 7. Dominanz-Prinzip

$$a_i \gtrsim a_j, \quad \text{wenn } u_{ik} \geq u_{jk}, \quad \text{für alle } k.$$

(2) Der *Ansatz von Bayes* (Tabelle 8) erfordert Kenntnis über die
Wahrscheinlichkeit der Ereignisse (pK), ist aber von den Aktionen
selbst unabhängig. Er führt zur Auswahl derjenigen Aktion, die
das mittlere Risiko minimiert. Der Nachteil ist die Bedingung
von a priori-Kenntnissen oder deren Vorgabe durch bestimmte Kunst-
griffe, der Vorteil die überlegene Transparenz und Rationalität.
In der klinischen Praxis sind die Voraussetzungen des Bayes-An-
satzes häufig gegeben und werden auch häufig benutzt.

Tabelle 8. Bayes-Prinzip

$$a_i \gtrsim a_j, \quad \text{wenn} \quad \sum_k u_{ik} P_k \geq \sum_k u_{jk} P_k.$$

(3) Das *Minimax-Kriterium* von WALD minimiert den maximal mög-
lichen Schaden ("Minimax") oder maximiert - durch entsprechende
Änderung aller Vorzeichen - den minimalen Nutzen aller in Betracht
kommenden Ereignisse und Handlungen ("Maximin" Tabelle 9). Das
Minimax-Prinzip gibt eine große Sicherheit, gilt aber bei den
Wirtschaftsstatistikern als zu starr und zu pessimistisch.

Tabelle 9. "Minimax-Prinzip"

$$a_i \gtrless a_j, \quad \text{wenn} \quad \min_k u_{ik} \geq \min_k u_{jk}.$$

Ich möchte auf die verschiedenen Modifikationen, z.B. die soge-
nannten *Optimismus-Parameter*, nicht eingehen. Vielleicht gilt
das bekannte französische Sprichwort: Weshalb sollte nicht das
Günstigste eintreten? Wenn wir allerdings morgens einen ersten
Blick in unsere Tageszeitungen werfen, so haben wir für diesen
Optimismus wenig Grund.

In jedem Fall enthalten Entscheidungen immer eine mehr oder min-
der subjektive Komponente, allein schon in der Wahl der Kriterien,
die man anlegen will. Es handelt sich letztlich bei den Entscheidungen um eine *Mischung von subjektiven und objektiven Elementen*,
die durch Formalisierung vernünftig, vergleichbar, anwendbar gemacht werden.

Literatur

GROSS R (1975) Über diagnostische und therapeutische Entscheidungen.
Klin Wochenschr 53:293-305

Anwendung entscheidungstheoretischer Methoden

H. Büttner

Einleitung

Ärztliche Tätigkeit bedeutet Handeln und Entscheiden in komplexen
Situationen. Auch wenn wir uns - wie bei diesem Symposium - auf
den diagnostischen Einsatz klinisch-chemischer Untersuchungen beschränken, so ist doch auch hier die Komplexität so groß, daß wir
"Strategien" für unser Handeln benötigen. Wir verstehen unter
"Strategien" Pläne für ein rationales, d.h. einsehbares und be-
gründbares Handeln. Jede Strategie muß die möglichen Gegebenheiten berücksichtigen. Entsprechend der jeweiligen Situation müssen
unterschiedliche Entscheidungen getroffen werden.

Eine sehr einfache Strategie ist etwa die schematische Festlegung
von Regeln, nach denen die Entscheidungen getroffen werden sollen.
Hierzu ein einfaches Beispiel aus der Klinischen Chemie: eine Entscheidungsregel für die Beurteilung von zwei gleichzeitig ausge-
führten Tests (Tabelle 1).

Tabelle 1

Einfache Entscheidungsregel

Beispiel: Zwei Tests A und B, die positiv
          oder negativ ausfallen können

Entscheidungsregel: Als "positiv" gilt,
          wenn A oder B oder beide
          positiv sind

Eine derartig simple Strategie wird aus ärztlicher Sicht zu
Recht als "zu schematisch" abgelehnt. Die "ideale Strategie",
die wir suchen, sollte unter Verwertung aller vorhandenen Informationen die jeweils beste Entscheidung ermöglichen. Um eine
derartige Strategie zu entwickeln, bedarf es zunächst einer ge-
nauen Analyse der Struktur und des Zustandekommens von Entscheidungen. Mit diesen Problemen beschäftigt sich die *Entscheidungstheorie*, ein mathematische Spezialgebiet, welches im wesentlichen
nach dem 2. Weltkrieg entstanden ist. Die Entscheidungstheorie
hat ihre Wurzeln in der Statistik und verdankt entscheidende
Impulse der mathematischen Theorie von Spielen (vor allem der
Arbeit von J v. NEUMANN u. O. MORGENSTERN (11). Entscheidungs-

theoretische Methoden werden heute vor allem im Bereich der Wirtschaftswissenschaften und des Operations Research verbreitet angewendet. In die Medizin haben sie erst in neuerer Zeit zögernd Eingang gefunden.

Ich möchte im folgenden die Prinzipien und die praktische Anwendung entscheidungstheoretischer Methoden an einigen einfachen Beispielen erläutern und dann die Frage diskutieren, wie diese Methoden in der Klinischen Chemie im allgemeinen und zur Entwicklung von diagnostischen Strategien im besonderen eingesetzt werden können.

Grundlagen entscheidungstheoretischer Methoden

Lassen Sie uns ein typisches Entscheidungsproblem aus der täglichen Arbeit des Klinischen Chemikers als Beispiel betrachten: Ein Analysenresultat kann richtig oder falsch sein. Wir sollen entscheiden, ob eine Analyse wiederholt werden muß (Tabelle 2). Hier sind offensichtlich zwei mögliche *Ereignisse* voneinander zu unterscheiden: "Analysenresultat in Ordnung" und "Analysenresultat nicht in Ordnung". Welches Ereignis eintritt, ist uns nicht genau bekannt, wir haben keinen direkten Einfluß darauf.

Tabelle 2

Entscheidungsproblem : Wiederholung einer Analyse

		Ereignis	
		ϑ_1: Analysenresultat in Ordnung	ϑ_2: Analysenresultat nicht in Ordnung
Entscheidung	d_1: Wiederholung	C_{11} Kosten, Arbeitszeit f. 2. Test, Verzögerung, Kliniker zufrieden	C_{12} Kosten, Arbeitszeit f. 2. Test, Fehlersuche im Labor, Verzögerung, Kliniker zufrieden
	d_2: keine Wiederholung	C_{21} Kliniker zufrieden	C_{22} Konsequenzen für den Patienten, Beschwerden des Klinikers
		$P(\vartheta_1)$	$P(\vartheta_2)$
		Wahrscheinlichkeit	

Wir haben weiterhin zwei alternative Handlungen oder *Entscheidungen* zur Auswahl: "Wiederholung der Analyse" oder "Keine Wiederholung". Daraus ergibt sich die in Tabelle 2 dargestellte Ent-

scheidungstafel (Entscheidungsmatrix). Sie enthält vier mögliche
Konsequenzen.

Unser Problem besteht nun darin, unter Berücksichtigung der Information über die möglichen Ereignisse und der Bewertung der
möglichen Konsequenzen die optimale Entscheidung zu treffen. Die
Entscheidungstheorie versucht, dieses Problem zu lösen, indem
sowohl die Information über die Ereignisse als auch die Bewertung der Konsequenzen quantifiziert werden.

Für das Eintreten der Ereignisse ist dies durch Angabe von Wahrscheinlichkeiten in einfacher Weise möglich ($P(\delta_1)$ und $P(\delta_2)$ in
Tabelle 2). Hier können zwei Sonderfälle abgegrenzt werden (Tabelle 3):

1. Das Eintreten der Ereignisse ist bekannt. Wir sprechen dann
   von "Entscheidung unter Sicherheit" und können unser Problem
   durch einfache algebraische Rechnung lösen.

2. Wir haben keinerlei Informationen über das Eintreten der Ereignisse, d.h. wir kennen die Wahrscheinlichkeiten $P(\delta)$ nicht.
   Diesen Fall der "Entscheidung unter Unsicherheit" werde ich
   im folgenden nicht behandeln.

Tabelle 3. Entscheidungssituationen

DAS EINTRETEN DER EREIGNISSE IST	ENTSCHEIDUNG UNTER
BEKANNT	SICHERHEIT
UNVOLLSTÄNDIG BEKANNT (NUR WAHRSCHEINLICHKEITEN BEKANNT)	RISIKO
UNBEKANNT	UNSICHERHEIT

Für unser Beispiel lassen sich die Wahrscheinlichkeiten $P(\delta)$
etwa aus der Qualitätskontrolle entnehmen. Sie sind in diesem
einfachen Fall unabhängig von den Entscheidungen. Bei komplizierteren Entscheidungsproblemen, besonders solchen, die mehrstufig
ablaufen, haben wir hingegen mit bedingten Wahrscheinlichkeiten
zu tun, die von den Entscheidungen abhängig sind.

Wesentlich größere Probleme ergeben sich, wenn man versucht, die *Konsequenzen* in quantitativer Weise auszudrücken. Konsequenzen lassen sich nur teilweise in Geldbeträgen angeben, häufig handelt es sich um Präferenzen des Entscheidenden, die bewertet werden müssen. Die Entscheidungstheorie hat unter dem Stichwort "Nutzen-theorie" ein System zur Bewertung der Konsequenzen entwickelt, das ich später kurz behandeln werde.

Vorerst wollen wir, um das Beispiel der Analysenwiederholung zu Ende zu bringen, einfache, subjektive Annahmen für die vier Konsequenzen machen. Wir verwenden zur Abkürzung des Zeichen U (für utility = Nutzenwert) und erhalten die in Tabelle 4 dargestellten Zahlenwerte.

Tabelle 4

Entscheidungsproblem : Wiederholung einer Analyse

		Ereignis	
		ϑ_1: Analysenresultat in Ordnung	ϑ_2: Analysenresultat nicht in Ordnung
Entscheidung	d_1: Wiederholung	$U[C_{11}] = 0.9$	$U[C_{12}] = 0.5$
	d_2: keine Wiederholung	$U[C_{21}] = 1.0$	$U[C_{22}] = 0.0$
		$P(\vartheta_1) = 0.95$	$P(\vartheta_2) = 0.05$

$$EU[d_1] = 0.9 \cdot 0.95 + 0.5 \cdot 0.05 = 0.88$$
$$EU[d_2] = 1.0 \cdot 0.95 + 0 \cdot 0.05 = 0.95 \; \star$$

Legen wir nun noch für unsere Entscheidung eine Regel fest, z.B. "wähle die Entscheidung, die den höchsten Erwartungswert für die Utility U liefert", so ergibt sich, daß die Entscheidung d_2 zu wählen ist. Wir sprechen von "Erwartungswerten für die Utility", da das tatsächliche Eintreten einer Konsequenz durch Wahrscheinlichkeiten bestimmt wird.

Bei der Lösung unseres Problems waren wir von einer bestimmten Wahrscheinlichkeit, $P(\delta) = 0,95$, ausgegangen. Es interessiert nun, wieweit sich diese Wahrscheinlichkeit ändern muß, um die Entscheidung d_1 gegenüber d_2 zu bevorzugen, mit anderen Worten, wie "empfindlich" die Entscheidung gegen Änderungen der Wahrscheinlichkeit $P(\delta)$ ist. In Abbildung 1 ist für unser Beispiel eine "Empfindlichkeitsanalyse" graphisch durchgeführt. Es ergibt sich,

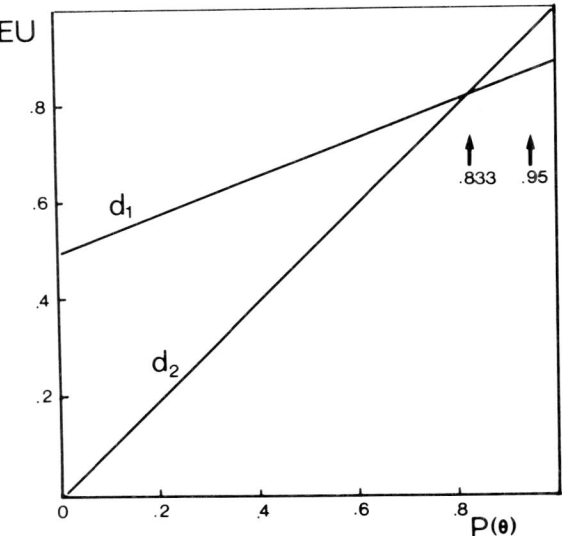

Abb. 1. Epmpfindlichkeits-
Analyse zum Entscheidungs-
problem. Wiederholung einer
Analyse; siehe Tabelle 4

daß wir bei unveränderten Annahmen über die Utilities dann eine
Wiederholungsanalyse durchführen sollten, wenn die Wahrscheinlichkeit für ein richtiges Resultat unter $P(\delta) = 0,833$ gefallen
ist.

Bevor wir uns etwas eingehender mit der Nutzentheorie beschäftigen, fasse ich anhand der Tabelle 5 noch einmal das Wesentliche
über die Struktur und grundsätzliche Lösung eines Entscheidungsproblems zusammen.

Tabelle 5. Bestandteile eines Entscheidungsproblems

Mögliche EREIGNISSE (States of Nature)

Mögliche ENTSCHEIDUNGEN (Decisions)

Mögliche KONSEQUENZEN (Outcomes)

Bestandteile des Entscheidungsproblems sind die möglichen Ereignisse, die möglichen Entscheidungen und die möglichen Konsequenzen. Wir benötigen Informationen über das Eintreten der Ereignisse sowie eine Bewertung der verschiedenen Konsequenzen. Nachdem eine Entscheidungsregel festgelegt ist, kann dann eine rationale Lösung für das Entscheidungsproblem gefunden werden.

Moderne Nutzentheorie

In unserer bisherigen Darstellung entscheidungstheoretischer Methoden mag schon deutlich geworden sein, daß das zentrale Problem in der quantitativen Bewertung der Konsequenzen liegt. Bei der Behandlung des Beispiels "Analysenwiederholung" haben wir dieses Problem durch willkürliche Annahmen bewußt umgangen. Eine Bewertung der Konsequenzen erscheint unproblematisch, wenn es sich um positive oder negative Geldwerte, d.h. um Gewinn oder Verlust bzw. Kosten, handelt. Eine genauere Analyse zeigt hingegen, daß auch in diesem Fall Schwierigkeiten auftreten, die dadurch bedingt sind, daß in Ungewißheitssituationen Geldwerte unterschiedlich eingeschätzt werden ("Risikoscheu" bzw. "Risikofreude").

Darüber hinaus sind bei vielen Entscheidungsproblemen - etwa im medizinischen Bereich - rein monetär auszudrückende Bewertungen eher die Ausnahme. Stattdessen haben wir es meist mit Präferenzen des Entscheidenden zu tun.

Hier setzt nun die moderne *Nutzentheorie* als zentraler Teil der Entscheidungstheorie an mit dem Ziel, eine einheitliche, quantitative, kohärente Bewertung von monetären und nicht-monetären Konsequenzen zu ermöglichen. Der entscheidende Ansatz stammt aus der schon erwähnten mathematischen Theorie der Spiele: Ein Entscheidungsproblem unter Risiko läßt sich nämlich als ein Spiel oder eine Lotterie mit mehreren Ausgängen betrachten. Der Entscheidende entspricht dem Spieler, der gegen den Zufall als neutrale Partei spielt. Die Entscheidungen lassen sich als "Züge" des Spielers, die Konsequenzen als Gewinn (bzw. Verlust) deuten.

Eine besondere Rolle in der Nutzentheorie spielen die sog. *Standard-Lotterien*, die deshalb in Abbildung 2 kurz vorgestellt

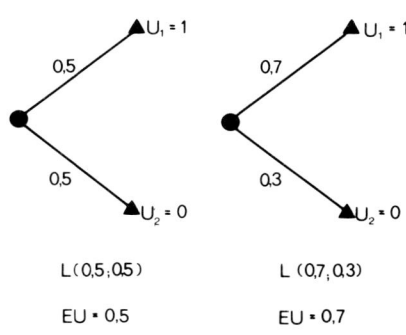

SCHEMA BEISPIELE

Abb. 2. Standard-Lotterien

werden sollen. Bei diesen extrem einfachen Lotterien gibt es nur
zwei Ausgänge: Das beste Ergebnis (Gewinn) wird gleich 1 gesetzt,
das schlechteste Ergebnis (Verlust) gleich O. Es zeigt sich, daß
dann der erwartete Gewinn oder Nutzen ausschließlich durch die
Wahrscheinlichkeit P für das Eintreffen des besten Ergebnisses
beschrieben wird, d.h. der Nutzen wird als Wahrscheinlichkeit
in der für Wahrscheinlichkeiten gebräuchlichen Zahlenskala von
O bis 1 dargestellt. Für die so definierten Nutzenwerte ist ein
System mathematischer Axiome aufgestellt worden. Man verwendet
den von mir schon eingeführten Ausdruck "Utility" zu ihrer Be-
zeichnung.

Ich möchte an einem ganz einfachen Beispiel die Festlegung eines
Nutzenwertes als Utility und die Anwendung der Standard-Lotterie
deutlich machen. In Tabelle 6 ist der Fall angenommen, daß ein
Test mit bestimmten Wahrscheinlichkeiten richtige, falsche und
zweifelhafte Befunde liefert. Wir wollen entscheiden, ob der
Test angewendet werden soll oder nicht. Wir setzen als Nutzenwerte (Utilities) für das beste Ergebnis 1, für das schlechteste O;
offensichtlich sind dies die richtigen und falschen Resultate.
Gefragt ist nun nach der Utility bei Zweifelhaftem Befund.

Tabelle 6. Ermittlung eines Nutzenwertes

	Test-Befund		
	richtig	zweifelhaft	falsch
d_1: Test anwenden	$U_{11} = 1$	$U_{12} = ?$	$U_{13} = 0$
d_2: Test nicht anwenden	$U_{21} = 0$	$U_{22} = ?$	$U_{23} = 1$
	$P = 0,8$	$P = 0,15$	$P = 0,05$

Diesem Problem können wir uns (Abbildung 3) zunächst qualitativ
nähern: Die gesuchten Utilities werden zwischen den Extremwer-
ten, d.h. zwischen O und 1 liegen. Für eine quantitative Bewertung werden wir uns fragen, ob wir den zweifelhaften Befund eher
als ein richtiges oder als ein falsches Ergebnis werten wollen.
Anders gestellt könnte die Frage lauten, welche Wahrscheinlichkeit für einen positiven Befund wir bei einem zweifelhaften Ergebnis noch akzeptieren würden, um den Befund als positiv zu
werten. Das ist aber nichts anderes als der Vergleich mit einer
Standardlotterie.

Unser Bewertungssystem läuft also darauf hinaus, die Wahrscheinlichkeit P_O abzuschätzen, bei der wir indifferent sind, also
weder geneigt sind, "zweifelhaft" als "richtig" noch als "falsch"
zu werten. Diese Wahrscheinlichkeit P_O ist dann die gesuchte

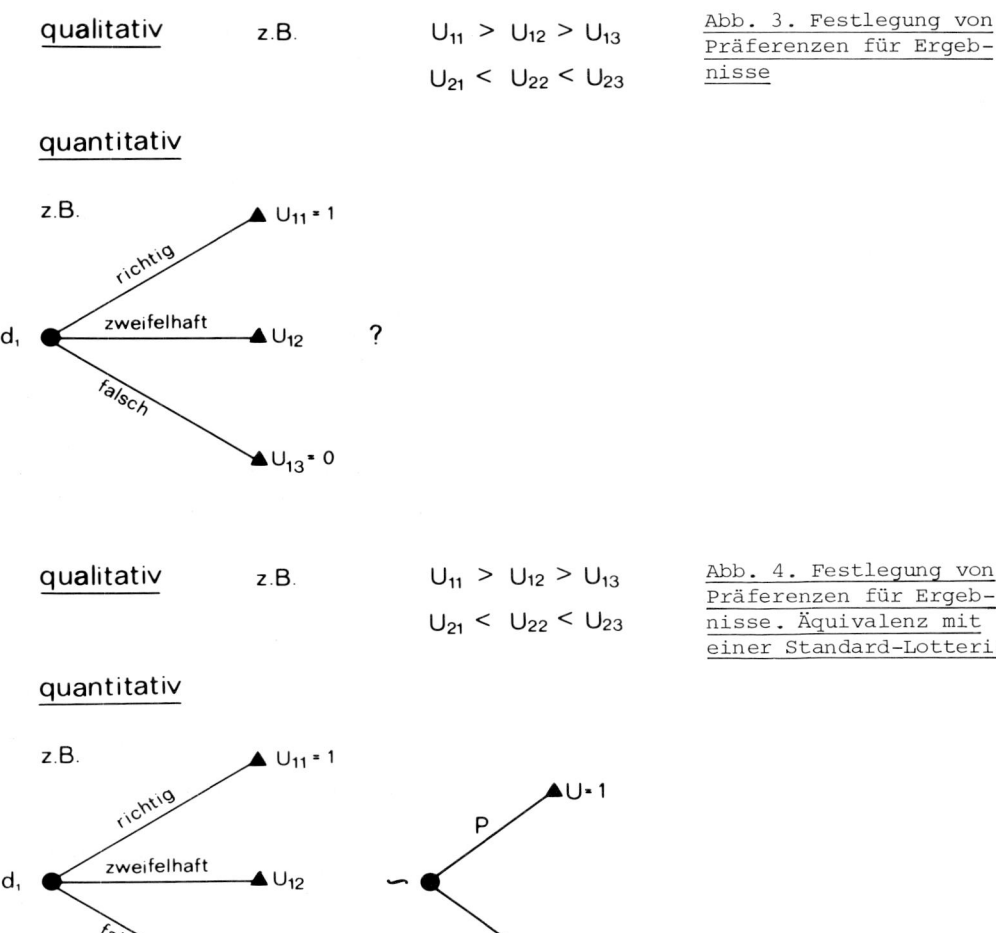

qualitativ   z.B. $U_{11} > U_{12} > U_{13}$ Abb. 3. Festlegung von
                         $U_{21} < U_{22} < U_{23}$ Präferenzen für Ergeb-
                                                        nisse

quantitativ

z.B.
          richtig $U_{11} = 1$
d_1 zweifelhaft U_{12} ?
          falsch
                       $U_{13} = 0$

qualitativ   z.B. $U_{11} > U_{12} > U_{13}$ Abb. 4. Festlegung von
                         $U_{21} < U_{22} < U_{23}$ Präferenzen für Ergeb-
                                                        nisse. Äquivalenz mit
                                                        einer Standard-Lotterie

quantitativ

z.B.
          richtig $U_{11} = 1$ P $U = 1$
d_1 zweifelhaft U_{12} ∽
          falsch   1-P $U = 0$
                       $U_{13} = 0$

Standard-Lotterie indifferent zu U_{12}

Utility für den zweifelhaften Befund. Die Entscheidungsmatrix
für unser Problem erhält jetzt das in Tabelle 7 dargestellte
Aussehen, eine Lösung ist in einfacher Weise möglich.

Ich habe an dieser Stelle die Grundzüge der modernen Nutzentheorie nur andeuten können (eine eingehendere Besprechung findet
sich etwa in 2, 7, 12, 14, für eine Darstellung speziell der medizinischen Problematik sei auf 1, 4, 8, 9, 10 verwiesen). Zusammenfassend nochmals kurz die wichtigsten Besonderheiten:

1. Für die quantitative Angabe von Nutzenwerten wird - ausgehend
von bestimmten mathematischen Axiomen - eine normierte Skala definiert, wodurch die Nutzenwerte den Charakter einer Wahrscheinlichkeit erhalten. Die Endpunkte der Skala sind 0 bzw. 1, doch

Tabelle 7. Ermittlung eines Nutzenwertes

	Test-Befund		
	richtig	zweifelhaft	falsch
d_1: Test anwenden	$U_{11} = 1$	$U_{12} = 0,6$	$U_{13} = 0$
d_2: Test nicht anwenden	$U_{21} = 0$	$U_{22} = 0,4$	$U_{23} = 1$
	$P = 0,8$	$P = 0,15$	$P = 0,05$

Indifferenz zwischen U_{12} und

Standard-Lotterie $L(P, 1-P)$

für $P = 0,6$

können durch lineare Transformation auch andere Zahlenwerte verwendet werden. Die so definierten Nutzenwerte werden als "Utilities" bezeichnet.

2. Utilities können zur Bewertung von monetären wie nicht-monetären Konsequenzen bei Entscheidungsproblemen benutzt werden.
Dabei wird ausdrücklich vermieden, nicht-monetäre Größen einfach in Geldwerte "umzurechnen".

3. Bei der Benutzung von Utilities lassen sich komplexe subjektive Bewertungen auf einfache überschaubare Bewertungen zurück-
führen. Dazu dient u.a. der Vergleich mit "Standard-Lotterien".

Analyse von Entscheidungsbäumen

Für die meisten praktischen Anwendungen der Entscheidungstheorie
ist die Auswertung von Entscheidungstafeln, wie wir sie bei unseren einfachen Beispielen benutzt haben, zu umständlich. Vor allem
bei zusammengesetzten, mehrstufigen Entscheidungsproblemen ver-
liert man schnell die Übersicht. Für solche Probleme eignet sich
die Darstellung des Entscheidungsproblems als sog. Entscheidungsbaum viel besser. Zur Erläuterung des Prinzips greife ich nochmals auf das Beispiel der Analysenwiederholung zurück, das in
Tabellen 2, 4 und Abbildung 1 behandelt wurde. In Abbildung 5
ist dasselbe Problem als Entscheidungsbaum dargestellt. Mathe-
matiker bezeichnen ein derartiges Fließschema als gerichteten
Graphen. Die "Äste" führen zu "Knoten", welche unterschiedliche
Bedeutung haben. An den "Entscheidungsknoten" ist von uns eine
Auswahl zu treffen, an den "Zufallsknoten" tritt hingegen, ohne
daß wir darauf Einfluß haben, eines der möglichen Ereignisse ein.

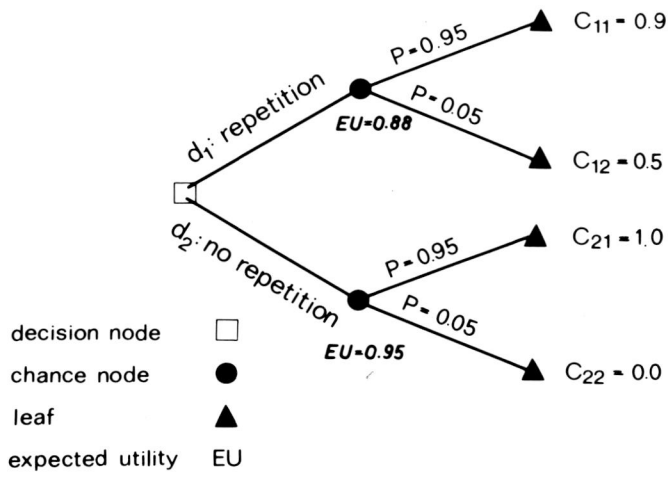

decision node □

chance node ●

leaf ▲

expected utility EU

Den Ästen, die von einem Zufallsknoten ausgehen, können die Wahrscheinlichkeiten $P(\delta)$ zugeordnet werden ("Pfadwahrscheinlichkeiten"). Die Enden oder "Blätter" des Baumes entsprechen den Konsequenzen c_{ij} in unserer Entscheidungstafel. Wir können den Blättern, wie besprochen, Utilities zuordnen. Für die Analyse eines Entscheidungsbaumes gibt es ein einfaches, stufenweises Verfahren ("roll-back analysis"), welches von den Blättern ausgeht und die Erwartungswerte der Utilities für jeden Zufallsknoten ermittelt. Auf diese Weise läßt sich feststellen, welche "Strategie", d.h. welche Abfolge von Entscheidungen am günstigsten ist[1].

Dabei muß wieder eine Entscheidungsregel zugrunde gelegt werden. Neben dem schon benutzten Prinzip "Maximierung der erwarteten Utilities" sind noch verschiedene andere Prinzipien denkbar. Die praktisch wichtigsten sind in Tabelle 8 aufgeführt. Ohne auf Details der für die roll-back analysis notwendigen Rechentechnik näher einzugehen (vgl. dazu etwa 2, 7), möchte ich nun ein komplexeres Problem aus dem Themenkreis "Diagnostische Strategien" als Beispiel analysieren, um Ihnen die Anwendungsmöglichkeiten deutlich zu machen.

Wir wollen annehmen, daß wir für eine bestimmte ärztliche Fragestellung zwei voneinander unabhängige qualitative klinisch-chemische Tests zur Verfügung haben. Wir suchen nach einer optimalen Strategie für die sequentielle Anwendung beider Tests.

Gegeben seien (Tabelle 9) die Testeigenschaften beider Tests sowie die vermutete a priori-Wahrscheinlichkeit der vermuteten Erkrankung (Krankheitsprävalenz $P(D)$). Für die Utilities der möglichen Kon-

---

[1]Der Begriff "Strategie" kann wie folgt definiert werden: Strategie ist eine Vorschrift darüber, wie in den Entscheidungsknoten eines mehrstufigen Entscheidungsproblems verfahren werden soll.

Tabelle 8

PRINZIPIEN FÜR ENTSCHEIDUNGSREGELN

BERNOULLI PRINZIP	MAXIMIERUNG DER ERWARTETEN NUTZENWERTE (EXPECTED UTILITIES)
MINIMAX PRINZIP	MINIMIERUNG DES MAXIMALEN VERLUSTES ("NIL NOCERE")

sequenzen treffen wir die ebenfalls in Tabelle 9 wiedergegebenen Annahmen. Mögliche Strategien könnten sein:

1. Zuerst Test 1, dann Test 2
2. Zuerst Test 2, dann Test 1
3. Es wird nur ein Test (1 oder 2) durchgeführt.

Ein entsprechender Entscheidungsbaum ist in Abbildung 6 konstruiert. Die Ausführliche roll-back-Analyse, die hier nicht dargestellt ist, führt zu der markierten Strategie: Zuerst Test 1, wenn das Ergebnis positiv ist, dann Test 2. Diese Strategie liefert die maximale Nutzenerwartung. Wenn hingegen Test 1 ein negatives Resultat aufweist, kann man auf die Durchführung von Test 2 verzichten.

Probleme der Anwendung der Entscheidungstheorie in der klinischen Medizin

Unsere bisherigen Erörterungen haben wir - um das Prinzip deutlich zu machen - an sehr einfachen Beispielen geführt. Wie steht es nun um die Anwendung in der klinischen Medizin (vgl. hierzu 1, 4, 6, 10, 13, 17, 18)? Hierüber hat in den letzten Jahren eine lebhafte und kontroverse Diskussion vor allem in der amerikanischen Literatur stattgefunden (vgl. 3, 5, 15, 16). Aus dieser Diskussion sollen drei wichtige Fragen kurz gestreift werden:

1. Die Vollständigkeit des benutzten Modells
2. Die Vollständigkeit der Informationen über die möglichen Ereignisse
3. Die adäquate Bewertung der Konsequenzen.

74

Tabelle 9

SEQUENTIELLE UNTERSUCHUNG

BEISPIEL: DURCHFÜHRUNG VON 2 TESTS

GEGEBENE DATEN:

1. KRANKHEITSPRÄVALENZ $P(D) = 0,05$

2. TEST-EIGENSCHAFTEN

	TEST 1	TEST 2
EMPFINDLICHKEIT	0,95	0,80
SPEZIFITÄT	0,70	0,90

3. UTILITIES

ERGEBNIS	UTILITY
KRANKHEIT RICHTIG ERKANNT	300
GESUNDHEIT	50
KRANKHEIT NICHT ERKANNT	- 300
GESUNDHEIT	- 75

Die *Vollständigkeit des benutzten Modells* ist besonders dann
schwer zu erreichen, wenn der Rahmen des Entscheidungsproblems
sehr weit gesteckt wird. Diagnostische Fragen lassen sich besser
bearbeiten, wenn nur engumgrenzte Krankheitsgruppen (z.B. Schilddrüsenerkrankungen, Blutkrankheiten) betrachtet werden. Ein rein
diagnostisches Problem ist leichter anzugehen als eine Verknü-
pfung von diagnostischen mit therapeutischen Problemen.

Ausreichende *Informationen*, vor allem epidemiologische Daten,
sowie Daten über die Eigenschaften der diagnostischen Tests (Validitätsparameter im Sinne des Merck-Symposiums 1979) liegen zwar
zur Zeit meist noch nicht vor, doch bietet ihre Beschaffung keine
grundsätzliche Schwierigkeit.

Die *adäquate Bewertung der Konsequenzen* wirft sicherlich bei
allen Anwendungen der Entscheidungstheorie in der klinischen Medizin die größten Schwierigkeiten auf. Hier stehen wir noch ganz
am Anfang.

Man hat versucht, objektivierbare Größen für die Nutzenbewertung
heranzuziehen, etwa die Lebenserwartung (im Vergleich zur stati-
stischen Lebenserwartung des Gesunden) oder die "Behinderung"
(Disability) (wobei man auf Erfahrungen der Versicherungsmedizin
zurückgreift) (vgl. 1). Die beiden genannten Größen eignen sich
jedoch eher für therapeutische als für rein diagnostische Entscheidungsprobleme.

Bei einem klinischen Entscheidungsproblem wird sorgfältig zu
prüfen sein, wessen Nutzen bewertet werden soll, der des Patienten oder, was bei der Entwicklung von Screening-Strategien in
Betracht kommt, der Nutzen für die Gesellschaft.

Es ist der Einwand gemacht worden, daß die strikt logische und
rationale Lösung der Entscheidungstheorie inhuman und unärztlich
sei. Dem kann entgegnet werden, daß die Nutzenbewertung nach dem
Konzept der Nutzentheorie durchaus die Möglichkeit der individuellen Entscheidung bietet. Der hier gegebene Ermessensspielraum
muß aus ärztlichen wie aus ärztlich-ethischen Gründen genutzt
werden. Damit unterscheidet sich die Entscheidungstheorie auch
von den schematischen, computerberechneten Diagnosealgorithmen,
welche die Klinik zu Recht nicht akzeptiert hat.

Einsatzmöglichkeiten in der Klinischen Chemie

Wo könnte nun die Entscheidungstheorie im engeren Bereich der
Klinischen Chemie und speziell bei der Entwicklung von diagnostischen Strategien eingesetzt werden? Grundsätzlich sind im
klinischen Laboratorium zwei ganz unterschiedliche Anwendungen
denkbar (Tabelle 10):

- Entscheidungen im Zusammenhang mit Organisation und Management
  im Laboratorium
- Entscheidungen im Zusammenhang mit Befunden oder Testergebnissen.

Die erste Gruppe liegt außerhalb unseres Themas und soll hier
nicht behandelt werden.

Bei den Entscheidungsproblemen im Zusammenhang mit Testergebnissen sollte man den Einzelfall, d.h. die Untersuchung und Behandlung des einzelnen Patienten, gesondert betrachten. Hier liegen
derzeit noch kaum Erfahrungen vor. Denkbar wäre etwa eine Entscheidung im Falle risikobehafteter (z.B. invasiver) Tests. Auch
die Bewertung multipler Testergebnisse im Einzelfall könnte sich
für eine entscheidungstheoretische Behandlung eignen.

Als Hauptanwendungsgebiet für entscheidungstheoretische Methoden
eignet sich zur Zeit die Entwicklung von Strategien für den Ein-

Tabelle 10. Einige Anwendungen der Entscheidungstheorie in der Klinischen Chemie

---

Entscheidungen im Zusammenhang mit

1. Organisation und Management im Laboratorium

2. Klinisch-chemische Untersuchungen

    2.1 Patientenkollektive

        z.B. neue Test

            Teststrategien

            Optimierung der Interpretation

    2.2 Einzelfall (?)

---

satz klinisch-chemischer Methoden, d.h. Entscheidungsprobleme, die sich auf Patientenkollektive beziehen. Hier ist zu nennen die Entscheidung über die Neueinführung von Tests oder die simultane bzw. sequentielle Kombination von Tests (Entwicklung von Teststrategien im Sinne des Symposiumsthemas). Das besprochene Beispiel der sequentiellen Durchführung von zwei Tests (Tabelle 9, Abbildung 6) mag diesen Fall in einfacher Weise illustrieren. Auch Entscheidungen, die eine Optimierung der Testinterpretation zum Ziele haben (z.B. Festsetzung der Entscheidungsgrenze bei der Transversalbeurteilung), gehören hierher.

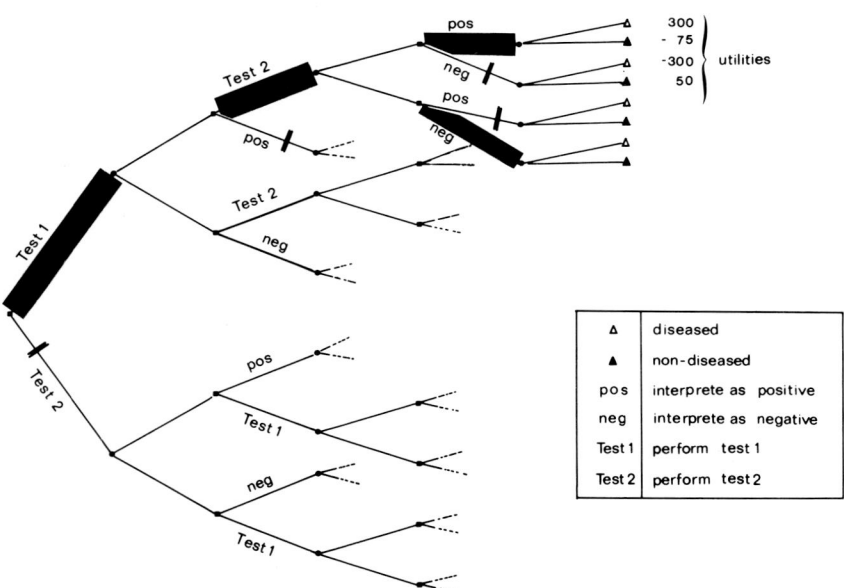

Abb. 6. Sequentielle Untersuchung
Entscheidungsbaum für das Beispiel der Tabelle 9

Zusammenfassung

Abschließend folgen noch einige zusammenfassende Thesen über entscheidungstheoretische Methoden.

1. Die Entscheidungstheorie liefert eine Lösung, die sich bei vernünftiger Setzung der Präferenzen und unter bestmöglicher Nutzung aller Informationen auf logische und rationale Weise ergibt. Das Verfahren könnte als "formalisierter Common Sense" (12) bezeichnet werden.

2. Die unter der Voraussetzung gleicher Präferenzen und gleicher Einschätzung der Unsicherheiten getroffenen Entscheidungen sind kohärent.

3. Komplexe, mehrstufige Entscheidungsprobleme werden auf das einstufige Grundmodell zurückgeführt und dadurch übersichtlich und transparent gemacht.

4. Die entscheidungstheoretische Analyse macht die Struktur eines Entscheidungsproblems deutlich. Sie hat insofern einen besonderen didaktischen Wert und ist für fachliche Trainingsprogramme geeignet.

5. Die axiomatische Nutzentheorie ermöglicht die Berücksichtigung monetärer wie nicht-monetärer Konsequenzen. Sie ist deshalb für die Anwendungen in der Medizin besonders geeignet.

Literatur

1. BARNOON S, WOLFE H (1972) Measuring the effectiveness of medical decisions. Thomas, Springfield
2. BÜHLMANN H, LOEFFEL H, NIEVERGELT E (1975) Entscheidungs- und Spieltheorie. Springer, Berlin Heidelberg New York
3. FEINSTEIN AR (1977) Clinical biostatistics XXXIX. The haze of Bayes, the aerial palaces of decision analysis, and the computerized Ouija board. Clin Pharmacol Ther 21:482
4. GINSBERG AS, OFFENSEND FL (1968) An application of decision theory to a medical diagnosis-treatment problem. IEEE Trans Syst Sci Cybern SSC-4:355
5. INGELFINGER FJ (1975) Decision in medicine. N Engl J Med 293:254
6. KASSIRER JP (1976) The principles of clinical decision making: An introduction to decision analysis. Yale J Biol Med 49:149
7. LINDLEY DV (1971) Making decisions. Wiley, London New York Sydney Toronto
8. LINDLEY DV (1975) The role of utility in decision making. J R Coll Physicians Lond 9:225
9. LINDLEY DV (1976) Cost and utilities. In: DOMBAL de FT, GREMY F (eds) Decision making and medical care. North-Holland, Amsterdam
10. LUSTED LB (1968) Introduction to medical decision making. Thomas, Springfield
11. NEUMAN J von, MORGENSTERN O (1943) Theory of games and economic behavior. Princeton University Press, Princeton
12. NORTH DW (1968) A tutorial introduction to decision theory. IEEE Trans Syst Sci Cybern SSC-4:200

13. PATRICK EA (1979) Decision analysis in medicine: Methods and applications. CRC Press, Boca Raton
14. RAIFFA H (1973) Einführung in die Entscheidungstheorie. Oldenbourg, München Wien
15. RANSOHOFF DF, FEINSTEIN AR (1975) Is decision analysis useful in clinical medicine? Yale J Biol Med 49:165
16. SCHWARTZ WB (1979) Decision analysis. A look at the chief complaints. N Engl J Med 300:556
17. SCHWARTZ WB, GORRY GA, KASSIRER JP, ESSIG A (1973) Decision analysis and clinical judgment. Am J Med 55:459
18. TAYLOR TR (1976) Clinical decision analysis. Methods Inf Med 15:216

Diskussion

GROSS:
Vielen Dank für diese sehr schöne Übersicht, die einerseits von den Grundlagen her sehr gut angelegt war - aus meiner Sicht jedenfalls - und auf der anderen Seite doch eine ganze Reihe von praktischen Anwendungen gezeigt hat.

VOGT:
Ich würde mir untreu werden, wenn ich nicht auf einen Punkt zu sprechen käme, den wir beim letzten Symposium schon diskutiert haben: Den Verlust an Information, wenn quantitative Daten unter Verwendung von Entscheidungsgrenzen behandelt werden. Sie haben mir aber den Wind schon weitgehend aus den Segeln genommen, als Sie Beispiele mit qualitativen Daten brachten. Wenn man mit quantitativen Daten arbeitet, dabei die Information beibehalten möchte und nicht auf qualitative Daten reduziert, wird das Ganze sehr unübersichtlich.

BÜTTNER:
Ihr Einwand ist berechtigt. Es zeigt sich aber, daß man zu einem praktikablen Resultat kommen kann, wenn man einen Mittelweg geht und nicht Ja/Nein-Entscheidungen wählt, sondern mit 5 bis 10 Stufen arbeitet.

GROSS:
Bei Entscheidungsbäumen spielt die Gewichtung eine große Rolle. Das heißt, man ordnet den verschiedenen Alternativen - Gabeln oder Wegen - Gewichte zu. Das Endergebnis ist dann ein Produkt aus den gewichteten Wahrscheinlichkeiten und aus den gewichteten Nützlichkeiten, insofern ist also eine quantitative Beurteilung im gewichteten Entscheidungsbaum durchaus möglich.

VOGT:
Ich weiß nicht, ob ich Sie richtig verstanden habe: Wenn ich gestuft aus quantitativen Daten semiquantitative Daten mache, dann ist der Informationsverlust natürlich nicht so hoch. Aber der entscheidende Punkt liegt nicht in dem Gewicht, das ich dem Parameter zumesse, sondern in der Festlegung der Entscheidungsgrenze. Im Beispiel Phäochromocytom wäre für die Metanephrine 1,3 mg pro Tag eine übliche Entscheidungsgrenze. Wenn ich die Entscheidungsgrenze nun anders lege, dann hat das mit der Gewichtung eigentlich primär nichts zu tun, aber es hat sehr wohl damit zu tun, daß es zu Konsequenzen kommt. Und wenn man die abgestufte Form verwendet, wie sie Herr BÜTTNER vorgeschlagen hat, dann wird das Modell trotzdem sehr komplex und es entsteht ein entsprechender Rechenaufwand.

GROSS:
Das ist richtig.

LAUE:
Ich möchte ein praktisches Beispiel aus der täglichen Arbeit an-
führen: die Hepatitis-Serologie. Dort benutzen wir solche Entscheidungsbäume schon. Die Fragestellung lautet: Liegt eine Hepatitis vor, ist es eine A- bzw. B- oder eine Non-A/Non-B-Hepa-
titis, wie ist die Akuität und die Infektiosität? Wir machen
nicht alle uns zur Verfügung stehenden Reaktionen zugleich, sondern zuerst nur ein oder zwei Reaktionen und je nach Ausfall gehen wir weiter. Wir können damit einen Entscheidungsbaum auf-
bauen, bekommen eindeutige Ergebnisse und arbeiten gleichzeitig
wirtschaftlich.

FRAU SCHMIDT:
Darf ich mit einem Dia auf die Bemerkung von Herrn LAUE eingehen:
die Hepatitis-Serologie. Das ist ein sehr komplexes Beispiel,
denn es bringt nur in begrenztem Umfang eindeutige Entscheidungen.
Alles, was in Abbildung 1 fortlaufend umrahmt ist, stellt eindeutige Entscheidungen dar. Alles, was durchbrochen umrahmt ist,
stellt Wahrscheinlichkeiten dar, zum Teil sehr hohe, und alles,
was nicht eingerahmt ist, bleibt übrig als unsichere Möglichkeiten. Wir handeln zwar so, als ob wir immer Entscheidungen von
Beweiskraft treffen würden. Das Einzige, was wir aber bei Aufnahme des Patienten mit an Sicherheit grenzender Wahrscheinlichkeit feststellen können, ist, ob er eine akute Hepatitis A hat
oder nicht. Alles andere sind nur Wahrscheinlichkeiten.

GROSS:
Ich möchte stärker, als Sie es gerade getan haben, das Subjektive in unserem Vorgehen betonen. Das liegt erstens in der Wahl
des Kriteriums, und zweitens in der Art der Konsequenzen, die
ich daraus ziehe. Letzten Endes sind die Entscheidungsbäume oder
Entscheidungsmatrices keine logischen Deduktionen, sondern es
sind, wie ich es vorhin formulierte, formalisierte Entscheidungs-
hilfen für die subjektive Entscheidung. Die letzte Entscheidung
bleibt Ihnen.

FRAU SCHMIDT:
Die Entscheidungsbäume geben mir Präferenzen für Entscheidungen:
im allgemeinen nicht viel mehr.

GROSS:
Genau: Entscheidungsbäume gehören zur induktiven Logik und haben
mit der deduktiven Logik nichts zu tun!

BÜTTNER:
Ich bin ganz dieser Meinung. Wir sprechen von einer formalisierten Entscheidung, oder anders gesagt: Wenn die Voraussetzungen
die gleichen sind, führt der Entscheidungsvorgang beim zweiten
und dritten Mal zu identischen Ergebnissen.

GIBITZ:
Der Entscheidungsbaum erinnert mich an das botanische Bestimmungs-
buch, wo man durch einfache Ja/Nein-Entscheidungen für einzelne
Merkmale zu Verzweigungspunkten kommt. Die Entscheidung wird dann
auf einer weiteren Stufe vorangetrieben, bis am Ende eines Astes
dieses Baumes die Diagnose steht, d.h. die Pflanzenart. Kann man
das so sehen?

81

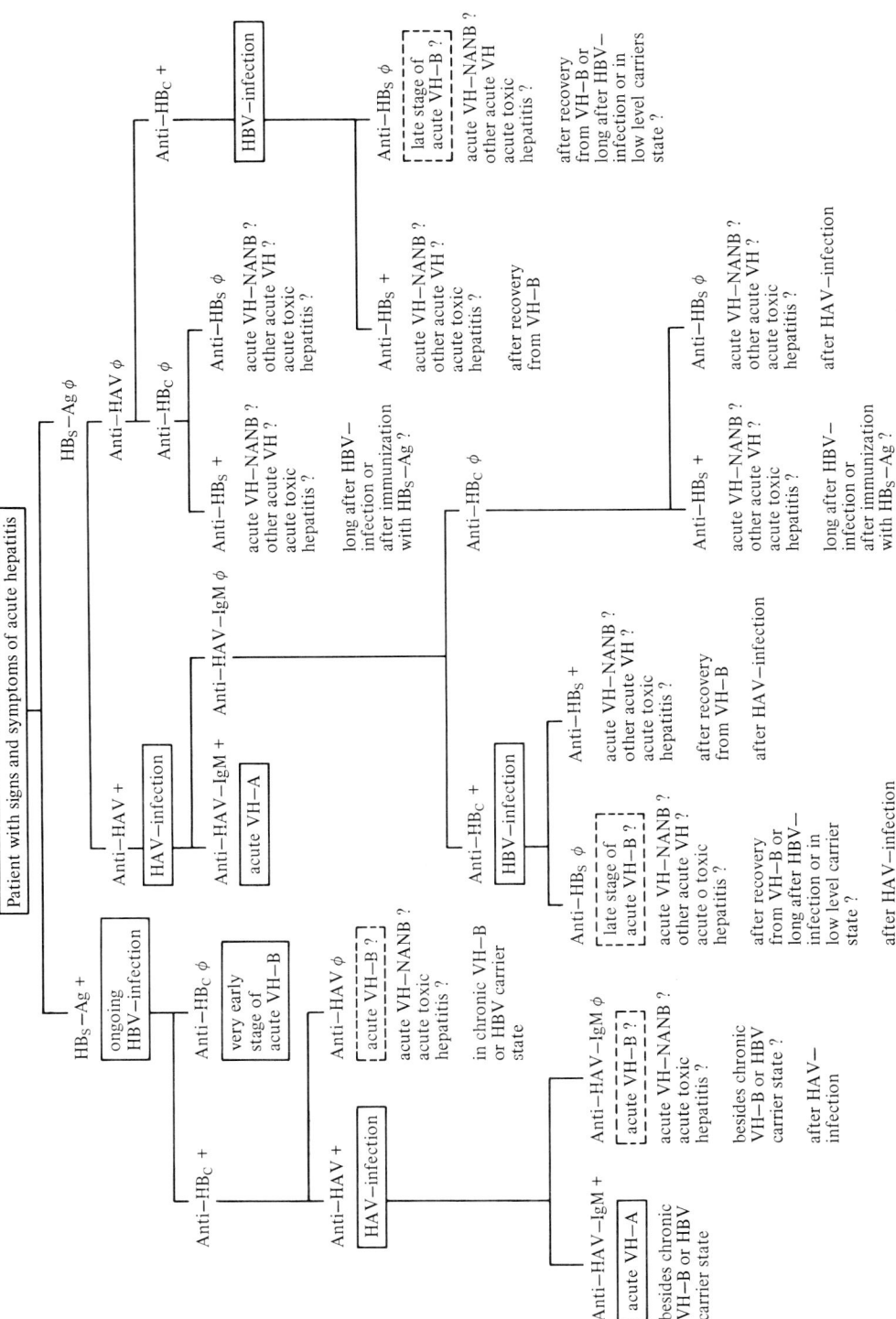

Abb. 1. Entscheidungsbaum für die serologische Differenzierung von Lebererkrankungen

BÜTTNER:
Dies ist eine ganz grundsätzliche Frage: Ist ein solches natür-
liches oder künstliches Klassifikationssystem überhaupt auf Krankheiten anwendbar? Dahinter steckt das Problem, ob Krankheiten
wohlunterschiedene und eindeutig definierbare Einheiten sind
oder ob es sich nur um zweckmäßige Ordnungsbegriffe handelt.
Wir neigen heute zur letzteren Auffassung. Krankheiten als selb-
ständige Entitäten, der sog. ontologische Krankheitsbegriff,
haben in der älteren Medizin eine große Rolle gespielt.

GROSS:
Herr BÜTTNER hat das Wesentliche schon gesagt: Es gibt Situationen, wo Entscheidungsbäume zu keinem Ergebnis führen, wenn nämlich eine Krankheitsbezeichnung im ontologischen Sinne nicht
existiert und es gibt Situationen, wo man bei einer klaren Krankheitsbezeichnung endet, jedenfalls nach unseren heutigen Definitionen. Und auf irgendeine Definition der Krankheiten müssen wir
ja Bezug nehmen.

SCHMIDT:
Etwas ist mir unklar: Unser ganzer Krankheitsbegriff, den wir
auch nicht zu sehr aufweichen wollen, beruht auf Regeln, einer
Sammlung von Symptomen, die in ihrer Regelmäßigkeit erfaßbar
sind. Nun lehrt die Erfahrung, daß wir von diesen Regeln ab-
weichen können, ohne daß sich an dem Ordnungssystem, dem Chitin-
oder Cellulose-Gerüst des "Schmeils" etwas ändert. Wenn wir keinen "Schmeil" hätten in der Medizin, wäre die Medizin nicht lehr-
bar. Wir brauchen ein Grundgerüst, von dem wir ausgehen können,
das dann später durchaus aus persönlichen Erfahrungen weiterent-
wickelt werden kann. Wenn dem nicht so ist, können wir keine
Diagnose mehr stellen, das wäre doch die logische Folgerung
daraus!

STAMM:
Der Unteschied zwischen dem botanischen Entscheidungsbaum und
dem Entscheidungsbaum der Merkmale, den man in der Medizin benutzt, ist doch der: Der botanische Entscheidungsbaum ist entweder ein Ja/Nein-Entscheidungsbaum oder, wenn das Merkmal nicht
einen exakten Zahlenwert hat, dann kann man wenigstens einen
Bereich, etwa 2 bis 4, angeben. Beim medizinischen Entscheidungsbaum handelt es sich hingegen um Wahrscheinlichkeiten.

GIBITZ:
Man wäre auch in der Botanik froh gewesen, gelegentlich eine
Entscheidungshilfe zu haben, denn so klar wie "2 oder 4 Blüten-
blätter" ist die Entscheidung auch dort nicht immer gewesen.

STAMM:
In solchen Fällen macht man eine Schleife in den Entscheidungsbaum, in der Botanik ist das möglich.

GROSS:
Ich möchte daran erinnern, daß LINNÉ letzten Endes sein System
auf solchen Entscheidungsbäumen aufgebaut hat.

GRÄSBECK:
A diagnosis cannot be directly compared with animal or plant
species which are physical realities. Diagnoses and diseases
are rather concepts or ideas than concrete things. Our present
categorization of diseases and diagnoses is the result of a
long historical development, but it is conceivable that in the
future we will categorize in a different fashion. As an example
I want to mention tuberculosis. In the Western world it is today
a disease of the aged, of antisocial persons, including alcohol-
ics and of patients receiving immunosuppressive treatment. Dur-
ing the war and in the developing countries we find it in under-
nourished people. As practically everybody is (or at least was)
infected but very few developed the disease, we can just as well
regard the disease as a manifestation of immunological insufficiency and say that it is an accident that such a person is
afflicted with tuberculosis and not with another infection. The
reason why we call the disease tuberculosis and consider it an
entity is that we can diagnose and treat tuberculosis but today
we cannot treat immunological insufficiency. The choice of the
diagnosis of tuberculosis is therefore a pragmatic one.

The second point I wish to make is that diagnoses can have different levels. I quote an example from my own area of scientific
interest, i.e. megaloblastic anaemias and vitamin B_{12}. Anaemias
can be divided into megaloblastic and other types of anaemias,
the megaloblastic anaemias into vitamin B_{12} and folate deficiency and other conditions. Vitamin B_{12} deficiency can be due to
different factors: nutritional lack, poor absorption, etc. Poor
absorption can be due to lack of intrinsic factor, general
malabsorption, presence of tapeworm selective malabsorption
(Gräsbeck-Imerslund disease), etc. Intrinsic factor deficiency
can in turn be due to congenital lack of intrinsic factor, to
biologically inert intrinsic factor due to aminoacid substitution,
to an autoimmune condition in the gastric mucosa, etc. Since I am
scientifically involved in the field I can go down to the lowest
level and differentiate between the different kinds of intrinsic
factor disturbances. However, in a laboratory with less facilities
one must perhaps be content with just diagnosing vitamin B_{12} deficiency and in a better laboratory one can go a few steps deeper.
We should realize that in laboratory diagnosis there is almost
no end to how deep we can penetrate into the basic pathogenetic
mechanisms. Somewhere here we have a limit between "routine" and
"science". When we discuss the cost benefit of laboratory investigations we should realize that there are economic factors
limiting the depth into which we can investigate a disease by
means of laboratory tests.

GROSS:
That's right. In my opinion you have always to consider your
actual knowledge - the knowledge as a whole and your personal
knowledge - concerning the different causes of diseases. Insofar
decision models are not permanent models, but are always changing
models. But that has nothing to do with the model per se.

BÜTTNER:
Zu der Frage von Herrn SCHMIDT und der Bemerkung von Herrn GRÄS-
BECK: Selbstverständlich ist der Einsatz von Entscheidungsbäumen

in der Diagnostik eine Klassifikation. Das ist völlig unbestritten. Die Frage ist nur, ob man klassifiziert in Gruppen oder Klassen, die man mit empirischen Methoden vorher definiert hat, oder ob man mehr dahinter vermutet, nämlich einen Zusammenhang, wie beispielsweise die Verwandtschaft im Pflanzen- oder Tierreich. Das ist der entscheidende Punkt. Man muß sehr vorsichtig sein mit der Behauptung, daß es einen natürlichen Zusammenhang der Krankheiten gibt. Wir sollten unser Vorgehen so beschreiben, daß man Krankheiten mit empirischen Daten klassifiziert; dann ist die Sache in Ordnung. Man kann dann auch mit empirischen Methoden herauszufinden versuchen, welche der für die Beschreibung verwendeten Eigenschaften oder Kenngrößen ohne Einbuße an Klassifikationsgenauigkeit weggelassen werden können. Auf diese Weise können unnötige diagnostische Untersuchungen erkannt werden.

KELLER:
Nicht nur Entscheidungsbäume, sondern auch Urnenmodelle können für Entscheidungsprobleme herangezogen werden. In Abbildung 2 ist das Problem der Trennung zwischen zwei Populationen mittels einer Entscheidungsschwelle dargestellt. Nehmen wir an, wir haben 1000 schwarze und 50 weiße Kugeln, verteilt in 7 Urnen. Ich setze nun eine Entscheidungsschwelle zwischen den Urnen 4 und 5 zur Trennung der Populationen schwarz und weiß und definiere: links von der Entscheidungsschwelle ist weiß (oder negativ), rechts schwarz (oder positiv). Wenn ich jetzt ausrechne, wie groß die Wahrscheinlichkeit ist, links von der Schwelle eine schwarze Kugel zu ziehen, so ergibt sich die Wahrscheinlichkeit 98,4%. Tatsächlich ist hier aber gar keine Urne vorhanden, aus der ich 98,4% schwarze Kugeln ziehen kann. Das Verhältnis der Wahrscheinlichkeiten kann durch den Likelihood-Quotienten angegeben werden. Verschiebt man schrittweise die Entscheidungsschwelle, so ergeben sich die in der Abbildung eingezeichneten Likelihood-Quotienten. VAN DER HELM und HISCHE (Clin Chem 25 (1979) 985-988) haben vorgeschlagen, die Schätzung der Wahrscheinlichkeiten durch eine Einteilung in Klassen zu verbessern. Noch besser ist es, die Urnen mit nur schwarzen und nur weißen Kugeln wegzulassen. Dann bekommt man tatsächlich eine Approximation durch Geraden im halblogarithmischen Netz (KELLER H, u. GESSNER U, Med Lab 34 (1981) 3-7, 31-39). Man kann also auch ohne Entschei-

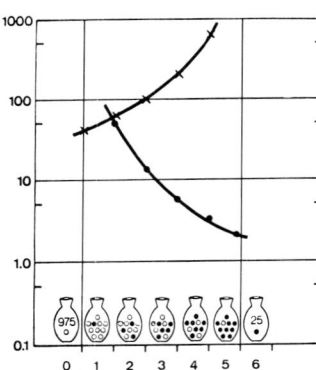

Abb. 2. Trennung von Populationen nach dem Urnen-Modell

85

dungsbaum mit einfachen Likelihood-Berechnungen zu Resultaten
kommen, die es einem erlauben, für jedes Ereignis die Likeli-
hood zu errechnen.

GROSS:
Für den Urnenversuch gibt es zwei völlig verschiedene Modelle,
die in der Praxis meist durcheinander geworfen werden: bei dem
einen Modell werden die Kugeln, die man gezogen hat, wieder zu-
rückgelegt, d.h., die Wahrscheinlichkeit bleibt immer die gleiche. Bei dem anderen Modell werden die gezogenen Kugeln entfernt.
Das verändert von vornherein die Wahrscheinlichkeit. Die Situation, mit der wir es in der Praxis zu tun haben, d.h. in der
medizinischen Diagnostik, entspricht dem ersten Modell, d.h. wir
legen die Kugeln sozusagen wieder zurück.

KELLER:
Die Urnen in meiner Abbildung sollen natürlich nicht 10 Kugeln
enthalten, sondern unendlich viele Kugeln in dem angegebenen
Verhältnis.

FRAU SCHMIDT:
Mich hat das eben beunruhigt, als Sie sagten, wir würden in der
medizinischen Diagnostik so verfahren, daß wir das, was wir
herausbekommen haben, wieder zurücklegen. Ich bin immer davon
ausgegangen, daß wir es umgekehrt machen - aber Sie haben sich
ja viel mehr damit beschäftigt. Darf ich ein ganz einfaches Beispiel bringen: Wenn wir einen männlichen Patienten vor uns haben,
dann können wir ausschließen, daß er schwanger ist. Das ist eine
Entscheidung: er ist nicht schwanger. Wenn wir bei ihm jetzt
eine hohe alkalische Phosphatase finden, dann kommt als Ursache
für diese hohe alkalische Phosphatase eine Schwangerschaft nicht
mehr in Betracht. Diese Entscheidung kommt also gar nicht mehr
vor. Und bei einem Mann von 50 Jahren kann diese hohe alkalische
Phosphatase auch nicht davon kommen, daß er wächst.

Auch diese Erklärungsmöglichkeit fällt also weg. Und daher meine
ich, daß wir nicht immer wieder bei jedem neuen Befund alle Er-
klärungsmöglichkeiten von Anfang an ventilieren müssen, sondern
die Fragestellung engt sich doch immer mehr ein, d.h. gewisse
Möglichkeiten existieren nicht mehr für die Entscheidung.

GROSS:
Sehr richtig: nur handelt es sich hier um ein Mißverständnis:
Ich habe gesagt, daß wir praktisch Alternativen entwickeln, und
aus den Alternativen Präferenzen. Ich habe in meinem Schema über
die Rolle der Klinischen Chemie anzudeuten versucht, daß wir Situationen haben, wo Befunde pathognomisch sind. Z.B. führt die
Untersuchung auf Schwangerschaft bei einem Mann zu einem patho-
gnomischen Ergebnis. Das heißt, Sie können praktisch die Schwangerschaft ausschließen. Sie haben aber in der Klinik immer wieder
mit Situationen zu tun, etwa bei den Autoimmun-Erkrankungen, wo
praktisch keineswegs durch irgendeine Methodik - nehmen wir z.B.
an den Nachweis von Antikörpern gegen die Schilddrüse - ausgeschlossen ist, daß eine Panarteriitis nodosa vorliegt. Insofern
haben wir eine Mischung - um etwas präziser zu formulieren, was
ich vorhin zu Herrn KELLER sagte - wir haben eine Mischung von

86

Situationen, wo wir Kugeln zurücklegen und von Situationen, wo
wir Kugeln praktisch endgültig zur Seite legen.

KELLER:
Ich habe an Frau SCHMIDT eine Antwort und an die Diagnose-Exper-
ten eine Frage: Bei der Diagnose "Schwangerschaft" muß man fragen: Wie ist sie gestellt? Wenn ich z.B. HCG im Urin bestimme
mit einer bestimmten Entscheidungsgrenze, dann ist die Aussage
eine Wahrscheinlichkeit. Und diese Wahrscheinlichkeit wird erhöht, wenn es sich um eine junge Frau handelt. Wenn es sich um
eine Frau zwischen 40 und 50 handelt, kann der Schwangerschafts-
test auch aus anderen Gründen positiv sein. Wenn ich aber mit
Ultraschall untersuche und den Foet sehe, oder wenn ich seine
Herztöne höre, dann liegt unstreitig eine Schwangerschaft vor.
Meine Frage ist jetzt die: Wenn der Zustand oder die Krankheit
erkannt ist, verifiziert ist, ist das dann noch eine Diagnose
oder ist es eine Verifikation? Umgekehrt gefragt: Ist Diagnose
nicht immer eine Aussage, die nur einen Wahrscheinlichkeitswert
hat und nicht identisch ist mit einer Verifikation?

GROSS:
Wenn Sie mich fragen - das habe ich vorhin auch angedeutet, aber
nur sehr kursorisch - würde ich sagen, es ist eine deterministische Entscheidung, wenn wir definitiv sagen können, was ausschei-
det. Wir haben diese Situation früher einmal (GROSS, R In: Optimierung der Diagnostik, Merck-Symposium 1973, S 7) als Dreieck
aufgezeichnet: die Basis hat 100%, die Spitze des Dreiecks hat
0% Ausschlußkraft, dazwischen gibt es dann eine Fülle von Ab-
stufungen und das sind die probabilistischen Modelle. Es ist
eine deterministische Entscheidung, wenn Sie definitiv sagen
können: "Ja oder nein". In den probabilistischen Modellen müssen
Sie angeben, wie wahrscheinlich diese Diagnose ist. Und diese
Wahrscheinlichkeit kann dann wieder differenziert werden, je
nachdem, ob es sich um subjektive Erwartungen handelt, wie es
die moderne Wahrscheinlichkeitstheorie heute annimmt, oder ob
es sich nach VON MISES um Grenzwerte von Häufigkeiten handelt,
denen sich eine unendliche Zahl von Ereignissen nähern würde.

LANG:
Ich habe eine Verständnisfrage zu Ihrem schönen Einführungsrefe-
rat. Sie haben gesagt, daß das Schadens-Minimierungs-Modell eine
negative Tendenz hat und daß man versucht hat, diese durch - Sie
nannten das glaube ich "Optimismus-Parameter" - auszugleichen.
Sind das empirisch gefundene Größen oder sind das verfeinernde
Rechnungen?

GROSS:
Das sind Hilfsrechnungen. Die Entscheidungstheorie ist nicht in
der Medizin entwickelt worden, sondern, wie Herr BÜTTNER das vorhin ausgeführt hat, in der Volkswirtschaft. Das entscheidende
Buch ist dasjenige von J. v. NEUMANN und O. MORGENSTERN "Spieltheorie und wirtschaftliches Verhalten" (3. Auflage, Würzburg
1973. Die englische Originalausgabe erschien 1943). Die medizinischen Anwendungen sind sehr viel später gekommen.

LANG:
Sie sind durch empirische Beobachtungen angepaßt worden?

GROSS:
Ja, das ist richtig.

BÜTTNER:
Die "Optimismus-Parameter" werden angewendet, wenn die "Entscheidung unter Unsicherheit" erfolgt, d.h. wenn wir gar keine a priori-
Informationen haben. Der Fall, den ich behandelt habe, ist der
einfachere Fall der "Entscheidung unter Risiko", bei dem man
a priori-Wahrscheinlichkeiten kennt. In diesem Fall braucht man
derartige Optimismus-Parameter nicht.

GROSS:
Herr BÜTTNER, wir sollten vielleicht zum Schluß noch einmal gemeinsam sagen, für die, die sich nicht eingehender mit diesen
Dingen beschäftigt haben, daß letztlich immer zwei Dinge entscheidend sind: das Produkt aus der Wahrscheinlichkeit eines bestimmten Ereignisses und der Nützlichkeit der jeweils angewandten
Aktion. Dieses Produkt ist praktisch der Nützlichkeits-Wert.

A Strategy for Panel Testing in Clinical Chemistry

M. Werner, G.W. Cole, and S.H. Brooks

In the interest of cost containment in laboratory medicine two
divergent strategies concerning panel testing have been recommended by health care professionals and providers. One group maintains that costs would be less if clinicians ordered laboratory
tests individually and avoided a panel or battery approach. The
rationale is that fewer tests would be ordered and fewer tests
would lower laboratory costs. Another group maintains that analytical mechanization and instrument configuration should deter-
mine test orders. Thus a clinician should order by the instrument,
and analyses from a machine capable of performing say 6 to 20
tests should be ordered as a panel. The cost savings realized
by such automation, it is argued, more than offset the costs of
doing more tests than really needed.

To break the stalemate of these stationary battle positions, we
have proposed a new rationale that justifies profile testing
through the evidence of four incontroversial facts (1):
(1) Mechanization reduces the cost per test, particularly when
more tests are added to an established test or profile. This
point may be stipulated as self-evident. (2) Obstructing this
benefit of technological advance is the almost countless variety
of mixtures in which tests are ordered. Considerable logistical
effort is necessary to cater to these different appetites, but
does the required expense have a medical justification or is it
wasted? (3) Although it is widely believed that laboratory tests
mainly serve as diagnostic aids, most testing in reality is done
to support the management of patients. (4) Contrasting with the
infinite diversity of diagnostic possibilities, the latter has
been reduced to a rather finite number of prototypes. Thus, it
would be reasonable to match standardized management by standardized diagnostic approaches.

The logic of these points leads to the premise that some standardized test panels may be medically justifiable, expedient,
and cost effective. Verification of this hypothesis requires
satisfactory answers to three practical questions: How are clinical tests ordered? Can meaningful panels be defined by objective methods? Does panel testing have a favorable economic
impact?

How are Clinical Chemistry Tests Ordered?

Ordering patterns vary with the population served. This point is evidenced by the different frequencies of test orders originating from hospitalized, emergency room and clinic patients as well as by the varying use of tests in adults and in neonates (2). Each institution, therefore, needs to develop the test panels best suited to local conditions. This requires statistical analysis. First, all orders for laboratory work submitted over a defined period, say, a month, have to be collected. Next, every different test combination ordered is identified. Finally, the number of requests for each is determined.

Figure 1 shows the results of such an analysis at the 500 bed George Washington University Medical Center. We counted almost 400 different test combinations ordered over a sample period of one month. The plot relating the number of test combinations to the frequencies of their occurrence produced a biexponential curve. At least half of the test combinations were ordered but once, about 60 test combinations but twice, and about 50 but three times. Similar findings were obtained at the University of Alabama Hospitals in Birmingham (3). These statistics evidence two points. On the one hand, there is an inexhaustible number of rarely requested test combinations. On the other hand, the bulk of laboratory work falls into a restricted number of recurrent test combinations. It is intuitively apparent that any effective standardization must take these frequent orders as point of departure.

We next analyzed the most popular orders for test combinations of different size at the two investigated hospitals, one offering both a six and a twelve test battery as panels, the other not.

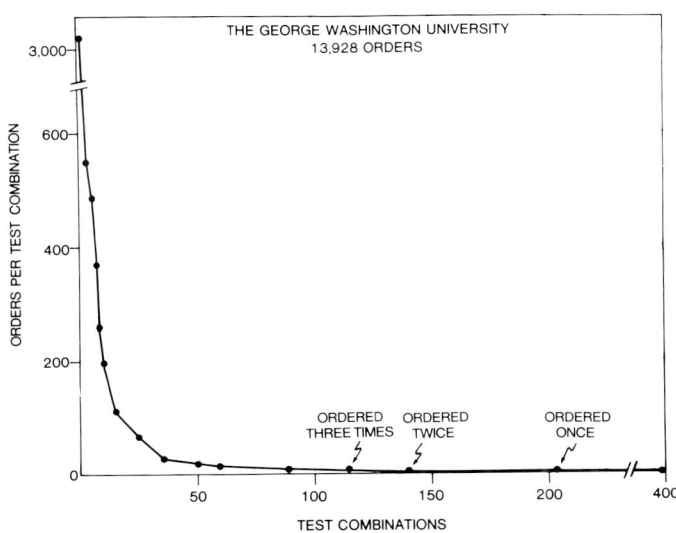

Fig. 1. Relationship between number of test combinations and orders per test combination found among all work requests to clinical chemistry submitted at a university medical center

In both, the most frequent ordered single test (glucose), combination of six tests (electrolytes, creatinine, BUN), seven tests (electrolytes, creatinine, urea nitrogen, glucose), and eight tests (electrolytes, creatinine, urea nitrogen, calcium, phosphorus) were the same. On the other hand, enzyme assays represented the most prevalent two test combination (CK, CK-MB) and four test combination (AST, CK, CK-MB, LD) at one institution, while the corresponding entries at the other institution were the combination of creatinine and BUN and the combination of four electrolytes. The SMA 12/60 panel dominated larger test requests in one hospital, while batteries of 9, 10 and 14 tests were ordered more frequently in the other institution where this instrument was not used. These patterns demonstrate that differences are not only caused by the varying needs of the populations served, but by the analytical capabilities of the laboratory as well.

To systematically analyze orders for laboratory work, tests can be plotted on an orthogonal grid against the different combinations in which they are ordered (Table 1). These data highlight the variability of individual diagnostic habits. Still, prevalent behavior patterns are recognizable and differ at the two studied institutions. Thus, three elements contribute to the variability of test orders, the needs of the patient population, analytical capability and the habits of the ordering physicians.

However, allowing discrepancies in one or two tests among otherwise overlapping orders, seven similar test combinations could be intuitively identified by their frequencies at both institutions. Each of these panels addresses a pathophysiologically defined issue: (1) an electrolyte panel comprising sodium, potassium, carbon dioxide, and chloride, (2) a fluid balance panel comprising the electrolyte panel, urea nitrogen, creatinine, and glucose, (3) a bone panel comprising calcium and phosphorus, (4) a renal panel composed of the fluid balance panel and the bone panel, (5) a cardiac panel comprising CK, CK isoenzymes, AST, and LDH, (6) a liver panel comprising total and direct bilirubin along with alkaline phosphatase (plus LDH at the University of Alabama, plus ALT at The George Washington University), and (7) a lipid panel comprising cholesterol and triglycerides (plus lipoprotein electrophoresis at the George Washington University).

These analyses confirm the crucial premises of our original hypothesis. Namely, for a given patient population, the largest portion of test requests is associated with a small number of pathophysiological issues, and much of the variability observed among these orders is simply due to analytical capabilities and diagnostic habits.

Table 1. Types and frequencies of test combinations ordered in clinical chemistry at The George Waschington University Medical Center

Potassium	Electrolytes	Glucose	Creatinine	BUN	Calcium	Phosphorus	AST	CPK	CPK-MB	LDH	Percent of total orders
X	.	.	.	.	.	.	.	.	.	.	2.65
.	.	X	.	.	.	.	.	.	.	.	17.01
.	.	.	X	.	.	.	.	.	.	.	2.96
.	.	.	.	.	X	.	.	.	.	.	0.71
X	.	.	.	.	X	.	.	.	.	.	0.21
X	.	X	.	.	.	.	.	.	.	.	0.15
.	.	.	X	X	.	.	.	.	.	.	0.54
.	X	.	.	.	.	.	.	.	.	.	0.63
.	X	.	X	X	.	.	.	.	.	.	22.64
.	X	X	X	X	.	.	.	.	.	.	3.93
.	X	X	X	X	X	.	.	.	.	.	1.02
.	X	.	X	X	X	.	.	.	.	.	1.32
.	X	.	X	X	X	X	.	.	.	.	0.53
.	X	.	.	.	X	.	.	.	.	.	0.21
.	.	.	.	.	X	X	.	.	.	.	0.41
.	.	.	.	.	.	.	X	.	.	.	0.29
.	.	.	.	.	.	.	.	X	.	.	0.16
.	.	.	.	.	.	.	.	X	X	.	0.58
.	.	.	.	.	.	.	X	X	X	X	1.83

Can Meaningful Panels be Defined by Objective Methods?

Grouping tests into panels causes two types of discrepancies
with requests that freely combine assays: positive discrepancies
when more tests are executed than ordered; negative discrepancies when fewer tests are executed. The subjective creation of
panels described above allowed only positive discrepancies to
occur and provide the clinician at least as much information as
he requested. However, the number of discrepancies can be made
to vary as the number of panels is traded off against the number of discrepancies. Performing all tests on all samples is
equivalent to imposing a single panel and results in a maximum
of positive discrepancies. Honoring every request unchanged is
equivalent to an infinity of panels and avoids all discrepancies. A key rationale of panel testing assumes that between
two extremes, there exist sets of panel combinations that allow
requests to be accommodated with a reduced number of positive
and negative discrepancies. To define optimal panels of tests
according to various specifications, Boolean factor analysis of
the statistical data base can be used, where a panel is equivalent to a "factor" (4). This may serve two purposes. First,
subjective analysis can be verified objectively, or second,
the labor of analyzing orders can be left to a machine.

The medical validity of the panels defined by this approach
was evaluated on the data collected at the University of Alabama
in Birmingham which at that time used no equipment for panel
testing. The results of a first analytical pass in which 11
factors were identified are shown in Table 2. Glucose, alkaline
phosphatase isoenzymes and uric acid assays were broken out as
single test factors, leaving eight factors which combined several
tests. One factor each was identical to the electrolyte and the
bone panel identified subjectively. The fluid balance panel could
be constructed from three factors, electrolytes, glucose, urea,
and creatinine, and the renal panel by combining the four factors
embracing the fluid balance and the bone panel. The factor corresponding to the heart panel differed from it by not including
either AST or GGT. Total protein and protein electrophoresis,
and the combination of LDH and LDH-isoenzyme were each broken
out as two test factors.

Subsequent analytical passes expanded the number of factors
eventually as use of the same assays in different combinations
increased. Thus, AST appeared in the cardiac panel, the liver
panel, and in combination with LDH as a separate factor. Clearly,
as Boolean factor analysis progressed, two events asserted them-
selves: On the one hand, fragmentation in factors comprising
but one or two tests occurred, and on the other hand, a reduction of discrepancies was bought at the price of increasing the
number of factors.

Table 2. Boolean factor analysis of clinical chemistry requests, first analytical pass

Variable	Factors		
1. Sodium	10000	00000	0
2. Potassium	10000	00000	0
3. Chloride	10000	00000	0
4. CO_2	10000	00000	0
5. Creatinine	01000	00000	0
6. BUN	01000	00000	0
7. Glucose	00100	00000	0
8. Cholesterol	00010	00000	0
9. Triglyceride	00010	00000	0
10. Lipoproteins	00010	00000	0
11. AST	00001	00000	0
12. CPK-iso	00001	00000	0
13. CPK	00001	00000	0
14. Protein EL	00000	10000	0
15. Protein TOT	00000	10000	0
16. Uric acid	00000	01000	0
17. ALT	00000	00100	0
18. Bilirubin DIR	00000	00100	0
19. Bilibrubin TOT	00000	00100	0
20. AP	00000	00100	0
21. AP-iso	00000	00010	0
22. Phosphorus	00000	00001	0
23. LDH	00000	00000	1
24. LDH-iso	00000	00000	1
25. Calcium	00000	00001	0

Does Panel Testing Have a Favorable Economic Impact?

Over the period of this study, the University of Alabama Medical Center passed from a test request system in which no fixed panels were offered to a system in which some 13 test combinations became available as panel orders on the basis of the analysis described above. At the same time, price incentives were introduced to favor the panel ordering.

To avoid dollar and cent issues, prices were expressed as Relative Unit Values (RUV), with the charge equal to 1 RUV for most tests, but 2 RUV for isoenzyme, electrophoretic, triglyceride and high density lipoprotein assays. When tests were ordered as one of the fixed panels, a rebate in RUV cost was granted. Thus, four assays ordered as the electrolyte panel cost 2 rather than 4 RUV. Such discounting ranged up to 12 RUV when the liver and renal panels were ordered together (i.e., 5 instead of 17 RUV).

RUV cost of laboratory work in the period of November 12-25, 1978, before panels were available, and in the period of November 10-23, 1980, after the introduction of panels, were assessed. To facilitate comparison, clinical services were analyzed individually, findings were normalized by expressing them as RUV charges per patient day, and the discount given for ordering panels was applied in the control period as well, even though these panels had not yet been fixed.

Findings for the General Surgery Service are given in Table 3. Actual charges are given side-by-side with charges resulting from a minimal cost strategy of mixing profiles and individual tests to obtain at least all requested information. These data allowed two conclusions: (1) introduction of profiles reduced *both* profiles and individual test charges, but (2) a minimal cost strategy would have required a still wider use of profiles in 1980. Findings in other services were similar, but in some instances, the introduction of profiles increased the charges for test panels while it reduced individual test charges more. Still the overall result was a reduction in total charges.

Table 3. Mean actual relative unit value charges for patient day for the General Surgery Service, 1978 and 1980. Charges for the earlier control period credited the panel discounts where appropriate although no fixed panels existed. Actual charges and charges resulting from an optimal mix of profiles and individual tests are given

Year	Procedure	Mean relative unit value charges per patient day			
		Actual	Best	Difference	
1978	Profiles	.912	1.462	(+)	.550
	Tests	1.339	.405	(-)	.934
	Totals	2.251	1.867	(-)	.384
1980	Profiles	.835	1.029	(-)	.194
	Tests	.828	.337	(-)	.491
	Totals	1.663	1.366	(-)	.297

The Relevance of Panel Testing

We believe the central cause of waste of laboratory resources is their malutilization, rather than their overutilization (5). To improve utilization, a variety of approaches has been suggested. Such proposals fall into three categories.

First, some bookkeeping manipulation of reports may be performed, say, the flagging of abnormal results, the listing of reference values or of qualifying comments side-by-side with patient findings. Individual results suffice for this approach, and no personal attention by a physician is necessary if the message is stamped on the report, transmitted by preprinted form, or generated by computer.

Second, utilization can be assisted by an implicit or an explicit interpretation, say, grouping data by system or organ, by displaying them in ways that suggested diagnostic possibilities, or by adding interpretative comments to reports. These approaches usually necessitate the results of multiple tests.

Third, a strategy can be developed for performing additional or sequential studies automatically. This approach can be based either on individual tests or on test batteries, but some follow-up by a physician and sequential analyses performed over a period of time are required. Thus, the more significant improvements in the use of laboratory information seem to require multiple pieces of information, whether they be panels of tests or sequential tests.

National surveys have detailed the actual use of interpretative reporting (6-8). The frequency of such assistance varied widely among laboratory procedures, but as the examples of these data show, single results generally were not used for interpretative comments, even if the test is pathognomonic such as alpha-1-antitrypsin or cholinesterase assay. Similarly, assays that almost unavoidably are part of a sequential workup, such as individual hormone assays, metabolic and nutritional studies, were unlikely to carry interpretative comments. Multiple results reported at the same time, such as isoenzyme separations, were the most likely to prompt interpretation.

These observations allow several conclusions: First, systematic interpretative reporting mainly is used to reduce multiple laboratory data to clinically relevant information. For this purpose, interpretative reporting is only as effective as the test strategy which precedes it, and the design and use of test panels becomes crucial. Second the laboratory physician is more likely to enhance the use of laboratory information through the design and use of appropriate test panels than through personal scheduling of sequential tests, even though interpretative reporting cannot substitute for such consultation. Therefore, it is apparent that important medical activities of pathologists are predicated on the systematic use of test panels.

To condense these issues into their most succinct form we would simply add a fifth point to the rationale for panel testing formulated at the outset of this study. Namely, *panel testing enhances proper data utilization as it catalyzes interpretative reporting.*

Practical Conclusions

In this study we show that it is less expensive to do only the tests requested when but one or two tests are ordered and needed by the clinician. On the other hand, we show that larger test panels organized to match the clinicians' usual requirement can be defined.

Therefore, we conclude that it is economically incorrect to assume that cost savings can only be realized if tests are ordered individually, or in panels which conform to the configuration of analytical instruments. Clinicians should be given the option to order tests individually or in panels that closely match their clinical needs. Those needs can best be defined by an analysis of how clinicians actually order tests in a given setting.

With proper cost accounting and realistic charges, it would become evident to clinicians that it is almost always more economic to pick a prestructured panel that conforms closely to habit when multiple tests are needed.

References

1. WERNER M, ALTSHULER CH (1981) Cost-effectiveness of multiphasic screening: Old controversies and a new rationale. Hum Pathol 12:111-117
2. WERNER M (1976) Economics of microassays in the clinical laboratory. In: WERNER M (ed) Microtechniques for the clinical laboratory: Concepts and applications. John Wiley, New York, pp 405-516
3. COLE GW (1980) Biochemical test profiles and laboratory system design. Hum Pathol 11:424-434
4. Gestrichen
5. WERNER M, ALTSHULER CH (1979) Utility of multiphasic biochemical screening and systematic laboratory investigations. Clin Chem 25:509-511
6. SPEICHER CE, SMITH JW Jr (1980) Interpretative reporting in clinical pathology. JAMA 243:1556-1560
7. BENEZRA N (1981) Interpretative reporting. How far do labs go? Med Lab Observ 13:33-39
8. BENEZRA N (1981) Interpretative reporting. Overcoming the obstacles. Med Lab Observ 13:43-48

Diskussion

GROSS:
Vielen Dank, Herr WERNER, für diesen faszinierenden, ich möchte
fast sagen provokativen Vortrag. Ich darf ihn zur Diskussion stellen und bin sicher, daß eine Reihe von Fragen und Einwänden kommen wird.

VONDERSCHMITT:
Ich bin in der glücklichen Lage, die beiden Laboratorien in
Zürich und Basel sehr gut zu kennen, und ich kann das, was Herr
WERNER aus den Staaten berichtet hat, für diese beiden Labora-
torien eigentlich bestätigen: in Zürich wurden keinerlei Block-
analysen angeboten, während in Basel ein SMAC stand, der mit 18
Parametern lief. Es ist interessant, daß die Anforderungen in
Zürich - obwohl immer einzelne Analysen angefordert wurden - mit
denen in Basel ziemlich genau übereinstimmten.

Ich habe mich in Basel mit Herrn DUBACH oft darüber unterhalten,
ob es sinnvoll sei, Profile anzubieten. Ich würde es begrüßen,
wenn er dazu auch Stellung nehmen könnte.

DUBACH:
Die Zeiten der Streitgespräche zwischen der Klinischen Chemie
und der Medizinischen Poliklinik sind nun vorbei, aber Sie werden
sich erinnern, daß ich als Kliniker mich vehement gegen das Über-
angebot aus dem "Supermarkt Klinische Chemie" gewehrt habe. Wir
haben eine prospektive Studie gemacht (CHRISTEN CH, DUBACH UC,
Schweiz Rundschau Med (Praxis) 69 (1980) 1302-1311), in der wir
nur Einzeltests verlangten und keine Blockanalysen, und wir haben herausgefunden, daß uns die Blockanalyse nicht mehr bietet
als die Einzelanalysen. Im Hinblick auf die Tatsache, daß in der
Praxis eine eher positive Haltung zum Verordnen von vielen Einzel-
parametern besteht, sollten wir unsere Assistenten nicht zur Verordnung vieler unnötiger Laboruntersuchungen erziehen. BUN, Chlo-
rid, LDH-Isoenzyme, die LDH-Bestimmung überhaupt, sind völlig
obsolet; wenn ein SMA gleichzeitig die GOT und GPT bestimmt, so
zeigt das eine unwissenschaftliche, obsolete Einstellung der
Ärzte und der Klinischen Chemiker.

Wir haben herausgefunden, daß wir bei Einzelanforderungen weniger
angestrichen haben, und daß die großen Blockuntersuchungen uns
viel Material liefern, das für den Patienten - mit Ausnahme von
2 Fällen - nichts weiter gebracht hat.

BÜTTNER:
Wir sind in der Medizin seit der Französischen Revolution Empi-
riker. Aber ich wäre nie soweit gegangen wie Herr WERNER, das
Anforderungsverhalten des Klinikers empirisch zu ermitteln und
das Angebot des Labors danach auszurichten. Das ist eine extreme
Lösung, der ich nicht zustimmen kann. Wir haben doch durch die

Arbeit der naturwissenschaftlichen Medizin pathophysiologische
Zusammenhänge aufgeklärt, auf die wir uns stützen können. Und
ich sehe nicht, daß in dem System von Herrn WERNER die pathophysiologischen Zusammenhänge überhaupt noch eine Bedeutung
haben. Herr HAECKEL hat eine sehr interessante Studie über das
Anforderungsverhalten veröffentlicht. (HAECKEL R u. POCKLINGTON P,
Dtsch Ärzteblatt 77 (1980) 2729-2730; GIT-Labor-Medizin 1980,
392-392). Herr SCHMIDT hat uns damals bei der Durchführung be-
raten. Es kam heraus, daß psychologische und gerätetechnische
Momente von großem Einfluß auf das Anforderungsverhalten sind.
Ich halte es für absolut falsch, daß der Klinische Chemiker die
Zufälligkeiten seiner Geräteausstattung dem Kliniker aufoktroy-
iert. Wenn wir die pathophysiologischen Zusammenhänge bei der
Anforderung außer Acht lassen, fallen wir im Grunde in eine
vorwissenschaftliche Medizin zurück, indem wir empirisch zusammen-
hanglose "Zeichen" sammeln, die dann eine Diagnose ergeben sollen.

BREUER:
Die Gewohnheiten der Ärzte sind für jeden Klinischen Chemiker
ein zentrales Problem. Wir haben uns mit dieser Frage einmal am
Rande befaßt, und die Ergebnisse sind ähnlich wie die, die Herr
BÜTTNER erwähnt hat. Wir haben festgestellt, daß die Anforderungsgewohnheiten der Ärzte in erster Linie abhängen vom ausgedruckten
Angebot. Das heißt also, je umfänglicher der Anforderungszettel
ausgestattet ist, umso größer ist die Zahl der angeforderten Bestimmungen. Wenn man in einer Experimentalphase zu einem Zettel
übergeht, der keinerlei Angaben enthält, dann reduziert sich das
angeforderte Spektrum auf wenige Bestimmungen.

Zweitens hängt es entscheidend vom Chef ab. Wir haben festgestellt
es gibt Chefs, die grundsätzlich 20 Bestimmungen anfordern, andere fordern vielleicht eine Bestimmung an. Ich habe genauere Untersuchungen vorliegen, daß bestimmte Gruppen von Patienten klinisch-
chemisch überhaupt nicht mehr untersucht werden, je nach Meinung
des zuständigen Chefs.

Drittens und das ist eine Erfahrung, die mich eigentlich zutiefst
deprimiert - das Anforderungsverhalten der jungen Ärzte hängt mit
Sicherheit nicht von den Kenntnissen ab, die wir ihnen im Kurs
für Klinische Chemie, Hämatologie und im Verlauf der Klinischen
Ausbildung vermittelt haben. (Beifall)

Rückfragen bei den jüngeren Ärzten haben ergeben, ich kann natürlich nur für meinen Arbeitsbereich sprechen, d.h. die operativen Fächer, daß die Kenntnisse aus der Ausbildung sich gegen
Null bewegen - Ausnahmen bestätigen natürlich die Regel -, so daß
wir uns ernsthaft überlegen müssen, welche Schritte man tun kann,
um auf diesem Gebiet zu einer mehr rationalen denn emotionalen
Bestellgewohnheit zu kommen. Ich finde, daß unsere großen An-
strengungen im Zusammenhang mit der Ausbildung sich bisher jedenfalls nicht auszahlen. Die Frage ist natürlich, was man in der
Zukunft tun soll und vielleicht ist es eben so, und das deutet
ja auch Herr BÜTTNER an, daß wir von der Laboratoriumsseite aus
versuchen müssen, durch permanente Rückfragen das Gespräch mit
den klinischen Kollegen zu suchen und durch Fortbildungsvorträge

während der Weiterbildung, Anforderungsgewohnheiten zu induzieren,
die kompatibel sind mit den modernen Erfordernissen der Natur-
wissenschaften.

GROSS:
Ich darf ein Beispiel geben: Mir fällt immer auf, wenn ich als
Konsiliarius in den operativen Fächern tätig bin und z.B. im
Zuge der Diagnostik einer Lebererkrankung sage: "bestellt die
alkalische Phosphatase", dann bestellt man automatisch auch die
saure Phosphatase mit.

GUDER:
Herr WERNER, ich habe den Eindruck, daß das, was bei Ihnen aus
dem Kliniker herauskommt, das ist, was Technicon vorher hinein-
programmiert hat und nicht, was die Kliniker im Studium gelernt
haben. Wir haben nie ein Programm angeboten, haben aber dennoch
aufgrund unserer Anforderungsanalyse eine Liste zusammengestellt,
die bei Anforderungen von bis zu 6 Parametern noch wirtschaftlich
ist: Der Unterschied zu der amerikanischen Kalkulation scheint
mir der zu sein, daß die zusätzlichen Parameter in Deutschland
andere sind, die entsprechend kostenhöher sind, wie z.B. die enzymatische Harnsäure-Bestimmung oder die enzymatische Choleste-
rin- oder Triglycerid-Bestimmung, die einen so großen Kostenfaktor darstellen, daß wir es uns nicht leisten können, derartige
Untersuchungen nicht-angefordert mitzumachen.

HAECKEL:
Ich glaube, daß für die Profilgruppen - und hier interessiert
uns ja nur das sogenannte "gezielte Profil" - zwei Gründe sprechen: Einmal hat es einen didaktischen Wert, zum Beispiel die
"Enzymplatte" abzubauen, und der zweite Grund ist, die Anforderungen für den Anforderer rationeller zu gestalten, so daß er
eben nicht die einzelnen Tests anstreichen muß. Ich glaube aber
nicht, daß Profilgruppen ein Mittel sind, um Geld zu sparen und
zum anderen glaube ich nicht, daß sie ein Mittel sind, um die
Anforderungszahl zu reduzieren. Wenn ich auch hier auf unsere
eigenen Erfahrungen zurückschaue (HAECKEL R, POCKLINGTON P;
GIT-Labor-Medizin 1980, 392-396): Wir haben vor einiger Zeit
plötzlich umgestellt vom Profil auf rein selektive Anforderung.
Die Gesamtanalysenzahl hat sich dabei nicht wesentlich verändert.
Ein anderer Gesichtspunkt, auf den Herr SCHMIDT bei uns immer
hinweist, ist: Die Psychologie der Anfordernden sollte mehr berücksichtigt werden. Als wir vom Profil auf rein selektives Anfordern umgestellt haben, stellten wir fest, daß bestimmte Untersuchungen plötzlich um den Faktor 10 anstiegen und zwar nur dadurch, daß wir sie an eine andere Stelle des Anforderungsbogens
gesetzt hatten (die Osmolalität stand jetzt auf dem früheren
Platz des Kalium).

LANG:
Die Diskussion läuft jetzt in die Richtung diskriminierte versus
indiskriminierte Analyse. Das ist nicht, was wir hier diskutieren sollten: wir wollen diskutieren, ob man mit Hilfe von empirischen oder rationalen Methoden sinnvoll Testprofile definieren
kann. Es liegt ein Vorschlag von Herrn WERNER auf dem Tisch und
der nach meiner Ansicht einzig relevante Einwand, der gemacht

worden ist, kam bisher von Herrn BÜTTNER, der gesagt hat, Herr WERNER stütze sich auf rein empirische Daten und die Pathophysiologie wird nicht berücksichtigt. Hier sollten wir den Faden weiterspinnen und nicht wieder die Frage diskutieren, an der wir uns das letzte Mal schon festgebissen haben, ohne sie allgemein verbindlich beantworten zu können.

SEIDEL:
Es fehlen mir noch 2 Informationen. Sie haben uns im ersten Diapositiv Ihre Verteilungskurve gezeigt, die 150 Analysen im Monat enthielt, die nur zweimal vorkamen sowie 200, die nur einmal vorkamen, das wären allein 450 Spezialanalysen. Das ist eine Palette, die ungewöhnlich groß ist. Der zweite Punkt ist die organisatorische Notwendigkeit, welche die Blockanalytik mit sich bringt. Sie haben in der Aufzählung Ihrer Profile häufig 6er und 12er Profile in der obersten Priorität gezeigt und darunter stand immer noch Glukose. Glukose, haben Sie uns außerdem gesagt, ist mit Sicherheit der häufigste Parameter. Organisatorisch ist mir unklar, warum Sie, wenn das so häufig ist, die Glukose nicht in eines dieser Profile einbauen.

SCHMIDT:
Was ich nicht verstanden habe, Herr WERNER, ist folgendes: Sie stiegen in Ihr Thema ein mit dem Satz, den ich so schön fand, daß ich ihn mir notiert habe: "Merkwürdigerweise verwendet der Kliniker intuitiv bereits bestimmte Testbatterien." Sie haben das so übernommen und ihm angeboten und 1980 hat der Internist dann das Spiel gut begriffen, welches *er* ja begonnen hatte und welches Sie ausgewertet haben, richtig?

Lassen wir jetzt einmal die Testbatterien weg, denn die sind natürlich schon eine kritische Größe, eine Aufoktroyierung ihres technischen Potentials auf den armen Kliniker. Es bleibt letztlich schon eine gewisse sinnvolle Zuordnung von Tests. Wir alle bedauern, daß zum Teil überschüssige und überflüssige Tests angefordert werden, darüber ist nicht zu diskutieren, das muß ich als Kliniker weinend zugeben. Das führt entweder zu der Folgerung: Was sollen diese Tests überhaupt, laßt uns bitte zum Stethoskop zurückkehren. Oder aber wir suchen Möglichkeiten und damit hat Herr WERNER angefangen. Lassen Sie uns dem armen Kliniker, der entweder von Ihnen so schlechten Unterricht bekommt, daß er es nicht begriffen hat oder zu wenig Unterricht bekommt, eine Hilfe geben. Oder meinen Sie, daß diese ganzen Tests, die Sie produzieren, gar nichts taugen. Dann können wir mit der Diskussion aufhören. Wenn Sie aber meinen, daß sie was taugen, dann sollte man sie besser verkaufen. Und wenn der Kliniker zu dumm ist, dann muß man ihm eben eine Schiefertafel geben und ihm das säuberlich aufschreiben, nur muß ich dann an Sie die Frage richten: Können Sie denn Ihre Tests verkaufen? Steckt denn genügend Potential und Interpretationsmöglichkeit dahinter?

KNEDEL:
Der Vortrag hat mich nicht überzeugt, im Gegenteil, ich nehme eine konträre Haltung ein. Sie sind einen völlig anderen Weg gegangen und dieser Weg ist sicher der untauglichste, denn er geht von einer vorgegebenen apparativen Technologie aus, wie sie in

Amerika üblich ist und leider auch nach Europa importiert wurde. Eine taugliche Möglichkeit zur Ermittlung eines korrekten, strategischen Anforderungsverhaltens gibt es nur, wenn jede denkbar notwendige diagnostische Strategie anzufordern ist und wenn die apparative Technologie in der Lage ist, von dem selektiven Einzelbefund bis zu den aus selektiv wählbaren Methodenkomplexen in einem lernenden System im Kontakt zwischen Klinischem Chemiker und Kliniker immer wieder zu einer besseren Optimierung des Anforderungsverhaltens zu führen. Das ist der Grundsatz, nach dem wir vorgegangen sind. Wir haben 7 Jahre lang gewartet mit der Beschaffung von Geräten, bis zu dem Augenblick, wo wir Geräte haben, die in diese Organisation passen. Wir haben die Möglichkeit jeder denkbaren notwendigen Kombination. Die Einzelanforderung, die der Kliniker zu machen hat, muß zugleich das Bewußtsein und die Verantwortung dafür implizieren, daß er diesen Test nicht nur ökonomisch, sondern auch hinsichtlich seiner Notwendigkeit, seiner Interpretierbarkeit und seiner Verwendungsfähigkeit durch ihn selbst, versteht. Nur wenn ein solches System, das praktikabel ist, durchgeführt wird, können wir hinterher mit mathematischen Algorithmen auch ermitteln, ob wir in diesem lernenden System in Fortführung der Arbeit zu einer besseren, gezielteren, optimierten, auf den klinischen Fall angewandten Diagnostik kommen. Wir werden von zwei Systemen wegkommen: 1. von dem apparativ vorgegebenen Anforderungsverhalten und 2. von der Tatsache, daß wir an dem Anforderungsprofil, das wir bekommen, zwar erkennen welcher Arzt es angefordert hat, aber nicht, was dem Patienten fehlt.

WISSER:
Ich beglückwünsche Herrn WERNER, weil er das Problem gelöst hat, die Kosten zu senken. Das Dumme an der ganzen Sache ist nur, daß bei uns die Kosten trotz Mechanisierung steigen. Entweder ist irgendwo ein Rechenfehler darin oder etwas anderes stimmt nicht. Man hört immer den üblichen Satz: "Mechanisierung senkt die Kosten". Natürlich senkt sie die Kosten, aber wenn ich von einem Test, der 1,- DM kostet, eine Million mache, kostet das am Schluß mehr, als wenn ich nur 10.000 Tests mache, die 10,- DM kosten.

GIBITZ:
Ich möchte auch nochmal auf die ökonomische Seite zu sprechen kommen. Sie haben gesagt, Herr WERNER, daß Sie einen ökonomischen Anreiz gesetzt haben, indem Sie das, was Sie mit einem Punkt bewertet haben, in der Kombination mit einem halben Punkt bewertet haben. Meine Frage ist nun die: Sind Ihre effektiven Kosten tatsächlich auch um die Hälfte zurückgegangen? Das kann ich mir nicht recht vorstellen. Es hat eher den Anschein, daß Sie hier einen Anreiz gesetzt haben, um das Profil sozusagen schmackhaft zu machen und dabei vielleicht sogar einen ökonomischen Verlust in Kauf genommen haben, den Sie im Sinne einer Umsatzsteigerung wieder hereingebracht haben, weil Sie letzten Endes dann mehr Untersuchungen gemacht haben, als vorher. Aber einen echten ökonomischen Gewinn kann ich auf den ersten Blick hier nicht erkennen.

DENGLER:
Ich möchte Herrn WERNER zur Seite treten. Erstens hat er gesagt, es war billiger. Sie haben ihn angegriffen und er wird antworten,

ob es billiger war. Aber während ich hier Meinungen höre, hat
er Zahlen gebracht. Zweitens, gegen die sehr defätistischen
Äußerungen zur Medizin, die ja seit der französischen Revolution auch auf dem klinischen Sektor einiges dazugelernt hat,
frage ich mich, ist denn das wirklich so dumm, wenn ich bei
einem Nierenpatienten Harnstoff, Kreatinin, die Elektrolyte machen
kann. Ich meine, hier sind doch Muster einfach durch Krankheiten
vorgegeben. Ich brauche nur einen Schritt weiterzugehen und es
wundert mich eigentlich, Herr SCHMIDT, daß Sie nicht auf Ihre
schönen Daten vom letzten Symposium zurückkommen. Sie haben gesagt: Mit y-GT, Cholinesterase, GOT und ein paar anderen Parametern kann ich, je nachdem wie breit ich die Palette mache,
80 oder 99% der Leberkrankheiten erfassen. Wenn man jetzt das
präformierte, vorwissenschaftliche - das nehmen wir gerne auf
uns - Profil, das Herr WERNER bestimmt, kombiniert mit der ex-
post-Kritik (z.B. Austausch einer Bestimmung gegen eine andere)
dann käme man doch zu einer vernünftigen, einerseits informations-
trächtigen, andererseits billigeren Strategie. Wir diskutieren
hier auf einem sehr hohen Niveau, in der Praxis nivellieren sich
sehr viel Unterschiede ein. Die Erfassung eines gewissen präfor-
mierten, ja gar nicht immer so dummen Anforderungsverhaltens,
kombiniert mit einer später erfolgenden Kritik aus pathophysiologischer Sicht wäre ein relativ naheliegender Ansatzpunkt, wie
man weiterkommen könnte.

SCHMIDT:
Ich danke für die Unterstützung.

BÜTTNER:
Herr DENGLER, Sie haben mich an einem Punkt mißverstanden. Ich
habe nicht gesagt, daß man überhaupt nicht mit Profilen arbeiten
soll, sondern ich habe mich nur gegen die empirische Ableitung
der Profile aus dem Anforderungsverhalten von Ärzten gewandt.
Ich habe vorgeschlagen, stattdessen aus pathophysiologischen
Überlegungen Profile abzuleiten.

DENGLER:
Ist die Bestimmung der Elektrolyte, des Kreatinins und des Harn-
stoffs beim Nierenkranken apparativ beeinflußt oder nicht? Da muß
ich doch eigentlich sagen: nein.

BÜTTNER:
Bei diesen kleinen Profilen ist das nicht eine Frage der Apparate.
Die Frage ist doch, leite ich eine Strategie ab, indem ich einfach das Anforderungsverhalten der Kliniker als Maß nehme oder
setze ich mich hin, denke über pathophysiologische Zusammenhänge
nach, komme dann zu einem Profil und teste dieses Profil. Ist
das nicht der bessere Weg?

DENGLER:
Auf diese Weise haben die Kliniker doch vorher auch schon gedacht.

BÜTTNER:
Ja, aber das Konzept wurde verwässert, denn praktisch wird das
Anforderungsverhalten nicht so sehr durch den Chef oder durch
die Oberärzte bestimmt, sondern ganz wesentlich durch die jungen

Ärzte, die noch in der Ausbildung sind. Diese Erfahrung gewinnt man aus der Analyse des Anforderungsverhaltens.

GROSS:
Ich freue mich über diese engagierte Diskussion!

SCHÖLMERICH:
Es gibt ja doch sicher Gruppen, die klar definiert sind und bei denen es naheliegt, ein Profil anzuwenden, z.B. in der gesamten präventiven Medizin.

BÜTTNER:
Diese Gruppen sind ja auch unbestritten!

SCHÖLMERICH:
Dann gibt es eine zweite Gruppe, z.B. bei der präoperativen Diagnostik. Wir haben ein Programm in der Urologie, das sehr gut funktioniert, wo man wirklich eine kleine Batterie macht und damit das Operationsrisiko einigermaßen festlegen kann. Das wäre also in Ihrem Sinne pathophysiologisch begründet.

FRAU SCHMIDT:
Ich möchte zurück an den Anfang des Vortrages von Herrn WERNER und gewissermaßen die andere Seite der Medaille nochmal ansprechen: Es wird etwas angefordert, dann wird ein Befund erhoben und dieser Befund wird irgendwie eingebaut in die Diagnostikspirale. Zu diesem Punkt hat Herr WERNER auch einen Vorschlag gemacht. Er hat gesagt, wir müssen zu einer interpretativen Befundmitteilung kommen und ich würde ihn gerne fragen, wieweit er da gehen würde, was er darunter versteht und ob er ein oder zwei konkrete Beispiele dafür geben möchte.

GROSS:
Wir müssen zum Ende der Diskussion kommen und ich möchte Herrn WERNER bitten, alle gestellten Fragen nach Möglichkeit zu beantworten - was sicher einen Kurzvortrag bedeutet.

WERNER:
Ich bin sehr beruhigt durch diese Diskussion. Ich wußte, daß mein Vortrag provozierend sei, aber hier höre ich nur Beifall und Beistimmung (Heiterkeit) anstatt heftige Kritik zu bekommen. Mein Ausgangspunkt war ja der, die Diskussion über die Anforderung von Untersuchungen auf Fakten herunterzuschrauben, da wir einfach nicht auf der konzeptionellen Ebene der großen Theorie stehen bleiben können. Ich habe streng wissenschaftlich gesammelte, harte statistisch geprüfte Daten dargelegt. Man kann natürlich sagen, daß dieses Vorgehen intuitiv falsch sei, aber dann muß doch mindestens irgendwann einmal der Beweis geliefert werden, daß die Daten auf falschen Prämissen basieren oder falsch gesammelt wurden. In diesem Sinn möchte ich sagen, der Ball ist jetzt in der anderen Ecke. Ich habe deshalb diesen Weg gewählt, weil das Problem der Testbatterien von unserem Gesichtspunkt aus kardinal ist für die Zukunft des Klinischen Chemikers. Es ist ökonomisch kardinal, weil es uns erlaubt, moderne Maschinen in Verwendung zu bringen und es ist vom fachlichen her kardinal, weil es uns erlaubt, interpretativ tätig zu werden. Jedesmal,

wenn wir versucht haben, das Angebot von Testbatterien auszuwei-
ten, sind wir in Amerika auf sehr starken Widerstand der Ökonomen, der Politiker und der Kliniker gestoßen. Es war für mich
außerordentlich beruhigend, heute hier besonders starke Unterstützung von den Klinikern gefunden zu haben. Also wenigstens in
diesem Sinne habe ich die richtige Strategie gewählt.

Nun zu den spezifischen Punkten: Die Kostenreduktion ist gegeben.
Ich kann's nicht anders sagen, die Daten ergeben nichts anderes. Wenn ich jedem Kliniker alle Analysen, die er anfordert -
und dazu noch mehr - ausführen kann und dabei noch Geld spare,
wie kann man gegen ein solches Konzept sein, wenn Kosteneindäm-
mung dringlich ist? Dann die Tatsache, daß wir zuviel Befunde
produzieren: Natürlich wären Erziehung und Pathophysiologie eine
bessere Lösung, aber wir leben doch in einer realen Welt und in
realen Zeiträumen. Diese Erziehung kann relativ rasch geschehen:
1978 in Alabama eingeführt, 1980 meßbarer Erfolg - 2 Jahre! Aber
an vielen Institutionen treten meine Kollegen schon seit Jahren
an den Kliniker heran, ohne einen ähnlichen Erfolg aufweisen zu
können. Dann die Frage: Ist diese Methode irgendwie starr? Nein.
Ich habe ja in meiner Darstellung betont, daß jede Institution
die eigenen Profile herstellen soll. Wenn die Profile auf rein
pathophysiologischer Basis hergestellt werden können und klinisch akzeptiert werden, dann ist das vielleicht der bessere
Weg. Ich selber sehe mein Konzept als ein Übergangsstadium an.
Dieses Übergangsstadium bringt mir sehr rasch Glaubwürdigkeit
beim Kliniker und Freundschaften und Arbeitsverbindungen zum
Kliniker. Das spätere Ziel ist, langsam diese panels zu modifi-
zieren, so daß sie dann besser pathophysiologische Bedingungen
reflektieren. Wenn ich aber sofort beginne mit meiner eigenen
Interpretation, dann habe ich eine ungeheure Erziehungsarbeit
zu tun. Ich kann und will dem Einzelarzt nicht verbieten, so
anzufordern, wie er will. Und wenn er meine pathophysiologischen
Profile nicht akzeptiert, dann fährt er weiter fort, irgendeine
verrückte Kombination zu bestellen, die nur 1% oder 1/4% aller
Anforderungen ausmacht. Wenn ich ihm aber von vornherein entge-
genkomme und das gebe, was er von vornherein schon macht, dann
habe ich einen "running start". Weiterer Einwand: daß das Anforderungsverhalten durch die Technicon-Mentalität hereinprogram-
miert sei. In der University von Alabama gab es keine Technicon-
Geräte und es wurden keine Profile angeboten. Trotzdem war die
Anforderungsstruktur zum Verwechseln ähnlich mit der an der George
Washington University, wo wir seit 8 Jahren Profile ausführen.
Das Wesentliche, was wir lernen müssen, ist, daß der Kliniker
Anforderungsgewohnheiten hat und daß diese Anforderungsgewohnheiten zum Teil bedingt sind durch das Patientengut, zu einem Teil
durch das Instrumentarium, das wird nicht bestritten, und zu einem
Teil durch die subjektive, historische Entwicklung an den verschiedenen Institutionen, wo verschiedene Traditionen bestehen. Natürlich haben verschiedene Chefs verschiedene Anforderungsgewohnheiten. Die sind aber nicht nur durch persönliche Idiosynkrasien gegeben. Ich habe gezeigt, wie die Anforderungsstruktur in Hämatologie und Onkologie verschieden ist von allgemeiner Chirurgie. Dann
zum Informationsgehalt der Batterien: Der Informationsgehalt der
Batterien ist sicher so gut wie der von kleineren Testkombinationen, aber er erlaubt zusätzlich in einer systematischen Art und

Weise Interpretationshilfe zu leisten. An unserer Institution
erfolgt die Interpretationshilfe hauptsächlich durch das System
der kritischen Werte, wo wir beim Auftreten gewisser Extremwerte
aktiv den Kliniker anrufen und den Fall mit ihm diskutieren. Wir
beabsichtigen, die interpretative Auswertung durch Mikroprozes-
soren und Kleinprogramme einzuführen. Ein erstes Programm ist
z.B. für die Differentialdiagnose der Eisenmangelanämien und ein
anderes Programm für die Dosierung von Gentamycin und Tobramycin
vorgesehen. Ein weiterer Punkt: Mehr Mechanisierung senkt die
Kosten nicht. Wir haben erlebt, daß unser Finanzhaushalt für das
Jahr, wenn man es für Inflation korrigiert, in den letzten 10
Jahren recht stabil geblieben ist, daß aber das Angebot von Tests
jedes Jahr zunimmt. Mit anderen Worten, wir können genau durch
die Mechanisierung eine dauernde Kostensenkung erzielen, die uns
erlaubt, Neues zu unternehmen und an den Patienten weiterzugeben.
Aus ökonomischen Gründen wollen wir die Vielfalt der Probenent-
nahmen reduzieren auf 1/10 des bisherigen Systems. Das alte System mit 400 verschiedenen Testkombinationen erfordert einen sehr
komplizierten Apparat von Blutentnehmern. Die Leute müssen ange-
lernt werden, sie müssen Instruktionsmaterial haben, es muß Qualitätskontrolle stattfinden, das Probenmaterial, das auf den Stationen genommen wird, muß wieder umsortiert werden, denn die Bestimmungen werden nicht nach Patienten, sondern nach Methoden
durchgeführt. Und nachdem alle Daten angefallen sind, muß nochmals umsortiert werden, denn der Bericht geht wieder nach Patienten geordnet heraus. Wenn man die Anforderungen direkt durch-
schleust, dann könnten sehr, sehr große Kostenreduktionen anfal-
len.

Eine zweite Quelle für Kostenreduktion ist, daß mit den Profilen
teilweise doch weniger Analysen angefordert werden, in absoluten
Einheiten gezählt.
(Beifall)

GRÄSBECK:
Let me please comment on the strategy problem from the point of
reference values, in which field I have been active.

My first point is that it should be possible to increase the
discrimination power of laboratory tests by reducing biological
variation. This is done by standardizing the individual and the
specimen collection procedure, $e.g.$ by having the subject to sit
for 15 min before specimen collection to produce hemodynamic
equilibration as suggested by the Scandinavian Committee on Reference Values (Scand J Clin Lab Invest, Suppl 144, 1975).

My second point concerns the reporting, display and interpretation of results. Traditionally we report the results and provide
a health-related reference interval (roughly corresponding to
the traditional normal range). This leads the physician to interpret the results in a simplistic plus or minus fashion, $i.e.$the
value lies outside or inside the interval. Preferably we should
report the results together with the distribution of the reference values so that we force the physician to interpret the results
in a more relativistic manner and to avoid simple yes - or - no
attitudes. In fact a good physician uses several decision limits:

one perhaps leading to a control (repeat) investigation, one leading to a start of therapy, and finally one extreme limit leading to emergency intervention. There are several ways of reporting data in a fashion avoiding limits, e.g. the way described in Figure 1.

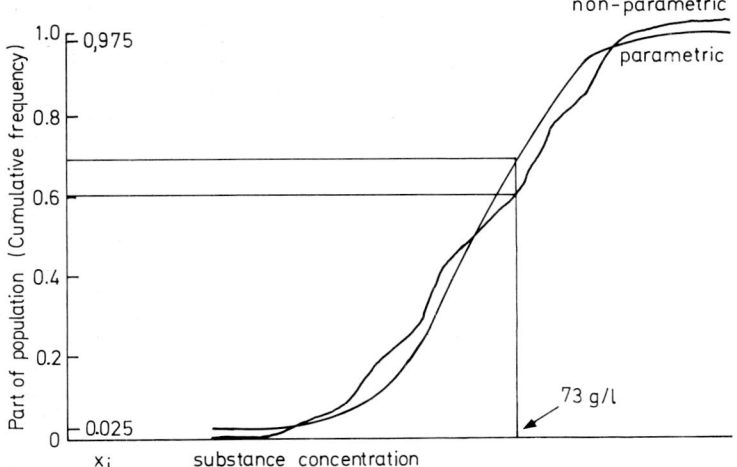

Fig. 1. Comparison of cumulative distribution curves constructed by parametric and non-parametric methods. Hypothetic example: Total serum protein concentration. Abscissa: Measured value. Ordinate: Cumulative frequency of reference values (parametric from −∞ to +∞, non-parametric from 0 to 1.0)
From: Finska Läkaresällskapets Händlingar 123, 65 (1979)

The third point I wish to make is that laboratory data (and preferably all clinical observations) should be integrated and interpreted in a multivariate fashion. In fact clinical decisions are based on intuitive multivariate analyses performed by the physician. It is desirable that as much as possible of this interpretation is done objectively, and this necessitates use of a computer. I agree with Donald YOUNG (Clin Chem 22, 1555, 1976) who writes that interpretative work is a very important task for which we can utilize the computer in the clinical setting. The display and reporting problems have also been discussed by DYBKAER and myself in the book GRÄSBECK & ALSTRÖM (Eds.) "Reference Values in Clinical Laboratory Medicine", John Wiley & Sons, London, in print.

Theoretically the use of individual reference values may also aid clinical decision making and perhaps save costs. Individual values are remarkably stable as the intra-individual biological variation is much smaller than the inter-individual one. If the clinician knows that an individual normally has an unusual value, a wrong decision may be prevented. On the other hand, if an individual value starts to deviate from the usual level, this observation may lead to a clinical decision, though the value may still be within the population-based health-asociated reference interval.

GROSS:
Vielen Dank, dieser Nachmittag fing sehr theoretisch an und hat sehr provokativ geendet; er hat uns allen viel Gelegenheit zum Nachdenken gegeben. Natürlich ist manches wieder aufgerührt worden, was wir beim letzten Mal unter dem Gesichtspunkt der diskriminierten und indiskriminierten Analyse gesagt haben, aber unter neuen Aspekten und vor allem mit einer übergeordneten Zielrichtung.

Beispiele aus dem klinischen Einsatz

Moderator: D.J. Vonderschmitt

Modell Nutzen

Die hochdosierte Methotrexat-Therapie als Behandlungskonzept *

U. Göbel, D. Schwamborn und H. Jürgens

Der Folsäure-Antagonist Methotrexat (MTX) ist eines der ersten
Zytostatika, die bei der Behandlung bösartiger Erkrankungen ver-
fügbar waren. Seit der Entdeckung durch Sidney FABER im Jahre
1948 (3) hat sich der Anwendungsbereich für MTX ständig erweitert.
Weiterhin ist MTX das Medikament, dessen Dosierungschema sich im
Laufe der Jahre am stärksten geändert hat (Tabelle 1).

Tabelle 1. Dosierung, Indikation, Serumspiegelbestimmung und Schutztherapie
(Rescue) von Methotrexat

Dosierung	Indikation (z.B.)	Rescue	Spiegelbestimmung
konventionell 20 mg/m^2	ALL NHL	–	–
mittelhoch (MHDMTX) $0,5$–1 g/m^2 evtl. mit MTX intrathekal	Meningiosis Medulloblastom	+	(+)
hoch (HDMTX) > 1 g/m^2	Osteosarkom Nasopharynx-Ca Hirntumoren germ cell tumor Histiocytosis X	+++	+++

Die niedrigdosierte MTX-Therapie wird heute noch mit Erfolg bei
Kindern mit akuter lymphatischer Leukämie (ALL) und Non-Hodgkin-
Lymphom (NHL) in der Dauerbehandlung eingesetzt.

Die mittelhochdosierte Methotrexat-Behandlung wird meist in Form
einer 24-stündigen Dauerinfusion verabreicht und hat ihr Indika-
tionsgebiet bei der Behandlung der Meningiosis leucaemica und
des Medulloblastoms: Häufig findet eine Kombination mit einer
intrathekalen Methotrexatgabe statt (4). Grundlage dieser Behandlungsform ist, durch einen gleichmäßig hohen Serumspiegel das

---

*Mit Unterstützung der Deutschen Krebshilfe e.V.

Abfließen des Methotrexats aus dem Liquor zu verzögern und damit
eine länger anhaltende zytostatische Wirkung im Liquorbereich
zu erhalten. Schon in diesem Dosisbereich ist zur Vermeidung
einer gefährlichen Toxizität die Methotrexatwirkung durch eine
Schutztherapie (Rescue) zu neutralisieren.

Die sogenannte hochdosierte Methotrexat-Therapie (HDMTX) wurde
Ende der sechziger Jahre von DJERASSI (1) und später von JAFFE
(7, 8) sowie ROSEN (14, 15) zur Behandlung von soliden Tumoren
eingesetzt, die gegen konventionelle Methotrexatgaben primär
resistent waren oder im Verlauf der Therapie eine Resistenz
entwickelt hatten. Die üblicherweise verabreichten MTX-Dosen bei
dieser Therapieform bewegen sich zwischen 1000 und 12.000 mg/m^2;
der Indikationsbereich umfaßt Weichteilsarkome, akute lymphati-
sche Leukämien, Non-Hodgkin-Lymphome, Bronchialkarzinome, Tumoren im HNO-Bereich, Hirntumoren, einige gynäkologische Tumoren
und das Osteosarkom (Literatur bei 16). Die größten Erfahrungen
liegen bei der Behandlung des osteogenen Sarkoms vor (Literatur-
übersicht bei 12), so daß das Therapiekonzept der HDMTX-Therapie
an diesem Krankheitsbild dargestellt werden soll.

Osteogenes Sarkom: Grundlagen
Das osteogene Sarkom ist die bösartige Wucherung der knochenbil-
denden Zellen mit einem unterschiedlichen histologischen Bild,
bei dem Osteoblasten, Osteoklasten oder Chondroblasten das Bild
beherrschen können. Ihr gemeinsames Kriterium ist die krankhafte
Bildung von Osteoid (6). Die Geschlechtsverteilung zeigt keine
wesentlichen Unterschiede zwischen dem männlichen und weiblichen
Geschlecht. Der Altersgipfel liegt zwischen 8 und 18 Jahren, bei
Mädchen im Mittel 2 Jahre früher als bei Jungen. Im Jahr ist mit
65 Neuerkrankungen in der Bundesrepublik Deutschland zu rechnen. Die Lokalisation der Tumoren bevorzugt die langen Röhren-
knochen. Lebensentscheidend für die Patienten ist nicht das un-
gehemmte Wachstum des Primärtumors, sondern das Auftreten von
Lungenmetastasen, die zu einer vollständigen Lungeninsuffizienz
führen können (Abbildung 1). Selbst wenn zum Diagnosezeitpunkt
keine Lungenmetastasen nachweisbar sind, führen die unsichtbaren
Mikrometastasen ohne effektive Chemotherapie bei 75-90% der Patienten zum Tod (Tabelle 2). Die in dieser Tabelle aufgeführten
Behandlungsergebnisse zeigen, daß durch Entfernung des Primärtumors durch Amputation das tödliche Schicksal der Patienten
in der überwiegenden Mehrzahl nicht abgewendet wird. Dies ist
die wesentliche Grundlage für eine systemische adjuvante Chemotherapie.

Die hochdosierte Methotrexat-Behandlung

Die Methotrexatwirkung besteht in einer Blockade der intrazellu-
lären Dihydrofolsäurereduktase und führt damit zu einer Verarmung der Zellen an aktiver Folsäure (Abbildung 2). Hierdurch
fehlt der nötige Cofaktor der Thymidylatsynthetase mit dem Resultat einer gestörten DNS-Synthese. Weiterhin kommt es zu einer
Verarmung an Methyldonatoren im C1-Pool und damit zu einer Syn-

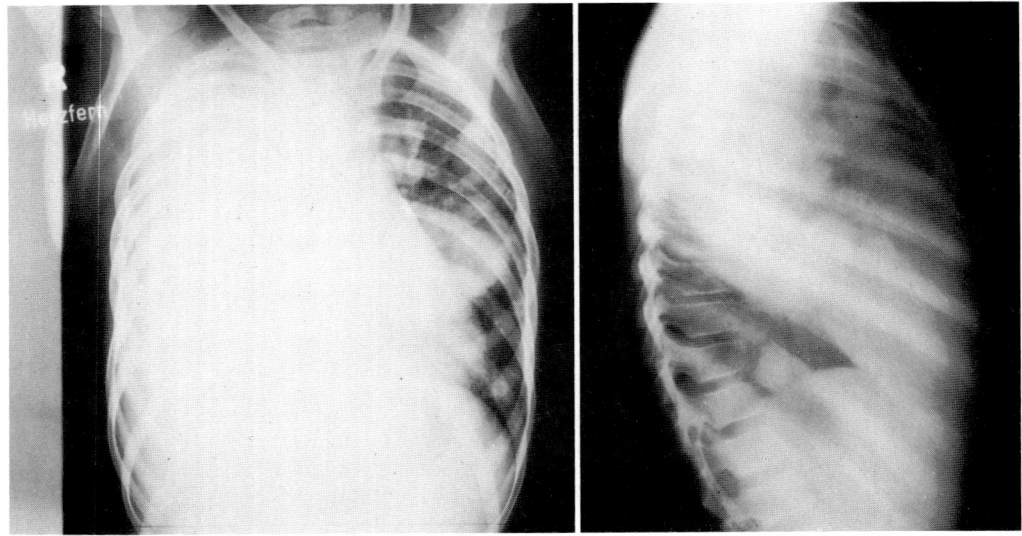

Abb. 1. Multiple Lungenmetastasen bei einem 14-jährigen Jungen mit osteogenem Sarkom der rechten Tibia 8 Monate nach Diagnosestellung und Amputation

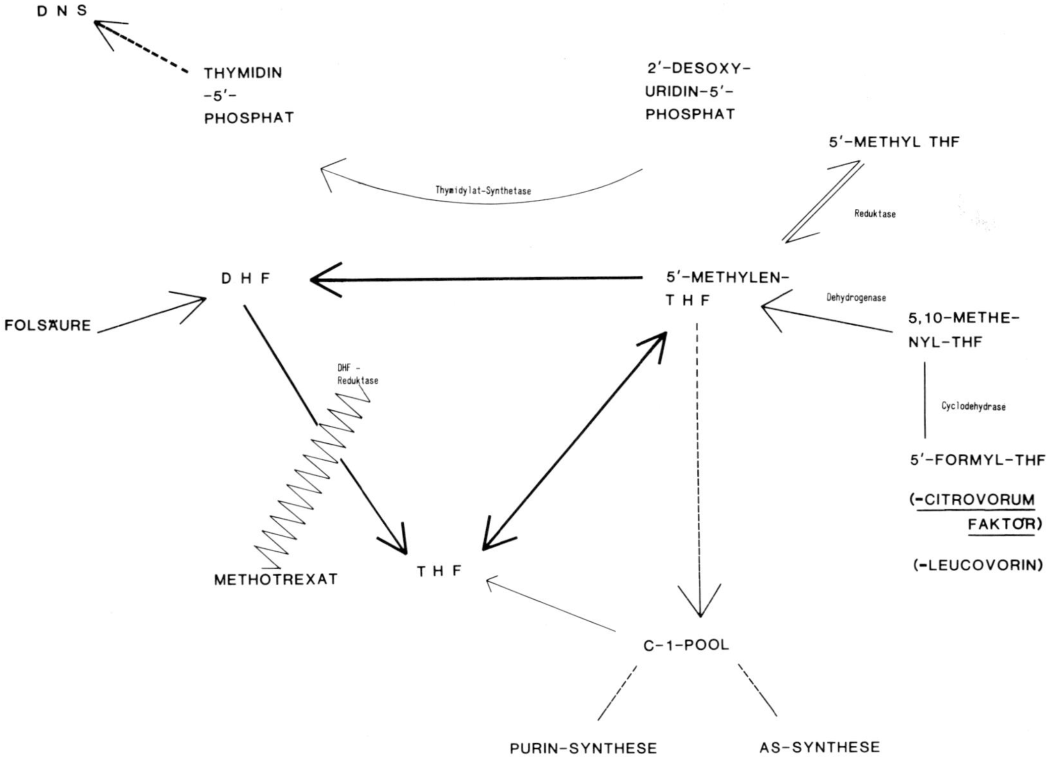

DNS

THYMIDIN
-5'-
PHOSPHAT

2'-DESOXY-
URIDIN-5'-
PHOSPHAT

5'-METHYL THF

Thymidylat-Synthetase

Reduktase

DHF

FOLSÄURE

5'-METHYLEN-
THF

Dehydrogenase

5,10-METHE-
NYL-THF

DHF-
Reduktase

Cyclodehydrase

5'-FORMYL-THF

(=CITROVORUM
FAKTOR)

(=LEUCOVORIN)

METHOTREXAT

THF

C-1-POOL

PURIN-SYNTHESE

AS-SYNTHESE

Abb. 2. Stoffwechselwirkungen von Methotrexat und Citrovorum-Faktor-Rescue

Tabelle 2. Langzeitergebnisse bei Patienten mit osteogenem Sarkom nach
Amputation oder Exartikulation (nach HUVOS (6))

Autoren	Land bzw. Klinik	Jahr	Patienten-zahl	Fünfjahres-überlebensrate (%)
MEYERDING	USA	1938	166	23,4
GESCHICKTER and COPELAND	USA	1949	268	19,0
HELLNER	Göttingen W. Germany	1951	35	11,7
TRACEY et al.	USA	1957	13	15,4
MONDOLFO et al.	Argentina	1960	72	13,3
GEDERLÖF et al.	Karolinska Institute, Stockholm	1960	27	11,0
LINDBOM et al.	Sweden	1961	78	16,6
TUDWAY	England	1961	51	22,0
WEINFELD and DUDLEY	Massachusetts General Hospital	1962	79	16,5
MCKENNA et al.	Memorial Hospital, New York	1966	82	20,8
DAHLIN and COVENTRY	Mayo Clinic	1967	282	25,0
DENOIX et al.	Institut Gustave-Roussy, Paris	1970	80	20,8
MARCOVE et al.	Memorial Hospital, New York	1971	145	17,4
SWEETNAM et al.	England	1971	61	23,0
NEUMANN and FLEISSNER	Leipzig, E. Germany	1974	22	18,0

thesehemmung bestimmter Aminosäuren und des Purins. Die Wirkung
von Methotrexat kann durch Gabe von Leucovorin oder Citrovorum-
Faktor aufgehoben werden, so daß sich diese Substanz besonders
gut für die Rescue eignet.

Die rationale Grundlage für die hochdosierte Methotrexat-Behandlung beruht auf mehreren Beobachtungen (Übersicht bei 16): So
können einige Tumorzellen resistent gegen Antifolate werden durch
die vermehrte Synthese von Dihydrofolsäurereduktase. Im Einzelfall wurde auch die Synthese einer abnormen Dihydrofolsäurereduktase beobachtet, die nicht durch MTX hemmbar war. Die dritte und
meist favorisierte Möglichkeit besteht in einem primären oder

sekundären Mangel des aktiven Transportsystems für MTX in die
Tumorzelle. Hier gelangt MTX nur durch passive Diffusion in die
Tumorzelle, die durch eine Erhöhung des MTX-Spiegels im Serum
deutlich verbessert werden kann. Da MTX und 5-Methyl-Tetrahydro-
folsäure durch den gleichen Transportmechanismus in die Zellen
befördert werden, kann durch eine niedrigdosierte Citrovorum-
Faktor-Rescue eine Schädigung der gesunden Zellen verhindert
und eine selektive Zytotoxizität für die Tumorzellen erreicht
werden.

Nebenwirkungen der HDMTX-Therapie

Bei verzögerter Elimination von MTX oder unzureichender Citrovorum-Faktor-Rescue ist mit schweren Toxizitätszeichen zu rechnen (Tabelle 3). Übelkeit und Erbrechen sind gewöhnliche Nebenwirkungen der Methotrexat-Therapie, als eindeutige Toxizitäten
sind ein lichtabhängiges Exanthem, eine ausgeprägte Folliculitis,
eine aphthöse oder ulcerierende Stomatitis und die Knochenmarksdepression zu werten. Die Lebertoxizität wird regelmäßig durch
einen passageren Transaminasenanstieg erkennbar. Die Knochenmarkstoxizität im peripheren Blut ist als kritisch zu werten,
wenn sie am 6. oder 8. Tag auftritt. Gerinnungsstörungen und
Blutungen können unterschiedliche Ursachen haben wie Produktions-
koagulopathie infolge Leberschädigung, Thrombozytopenie infolge
Myelosuppression oder Verbrauchskoagulopathie durch allgemeine

Tabelle 3. Nebenwirkungen und Komplikationen der hochdosierten Methotrexat-
behandlung mit Citrovorum Faktor Rescue

Symptom	Auftreten nach Behandlung
Übelkeit, Erbrechen Durchfall	0 - 3 Tage
Exanthem (Lichtexposition) Folliculitis	1 - 5 Tage
Fieber	1 - 9 Tage
Stomatitis	3 - 5 Tage
Knochenmarksdepression	7 - 10 Tage
Lebertoxizität	1 - 10 Tage
Gerinnungsstörungen	1 - 10 Tage
Nierentoxizität	0 - 7 Tage
Neurotoxizität akut	0 - 3 Tage
chronisch	Tage - Monate

Zellschädigung (5). Kurz nach der Infusion kann es, besonders
bei unzureichender Alkalisierung, zu einem akuten Nierenversagen
durch auskristallisierendes Methotrexat kommen. Besonders gefürchtet ist die chronische Neurotoxizität, die zum vollständigen
Bewußtseinsverlust oder zur völligen Demenz im Einzelfall führen
kann. Die Vermeidung gefährlicher Methotrexat-Nebenwirkungen
steht im Vordergrund der klinischen Behandlungsbemühungen. Immerhin gab DJERASSI (2) die Letalität der HDMTX- und Citrovorum-
Faktor-Therapie mit 5% an.

Routinediagnostik bei der HDMTX-Therapie
===

Grundvoraussetzung für eine risikoarme Durchführung der Behandlung ist eine engmaschige Methotrexat-Serumspiegelbestimmung
und eine auf den Ablauf der Behandlung abgestimmte Schutztherapie mit Citrovorum Faktor. Bei einem normalen Behandlungsverlauf sinken die MTX-Spiegel innerhalb von 72 Stunden in den
nicht mehr zytotoxischen 10^{-7} mol/l-Bereich ab und eine erfolgreiche Rescue spiegelt sich an einem 5-Methyl-Tetrahydrofolsäure-
spiegel wider, der zwischen 24 und 48 Stunden den abfallenden
Methotrexat-Spiegel übersteigt (Abbildung 3). Da 5-Methyl-Tetra-
hydrofolsäure und Methotrexat beim Eintritt in die Zelle um den
Carrier-Mechanismus konkurrieren, ist eine erfolgreiche Rescue
nur bei der hier aufgezeigten Konstellation gewährleistet. Einer

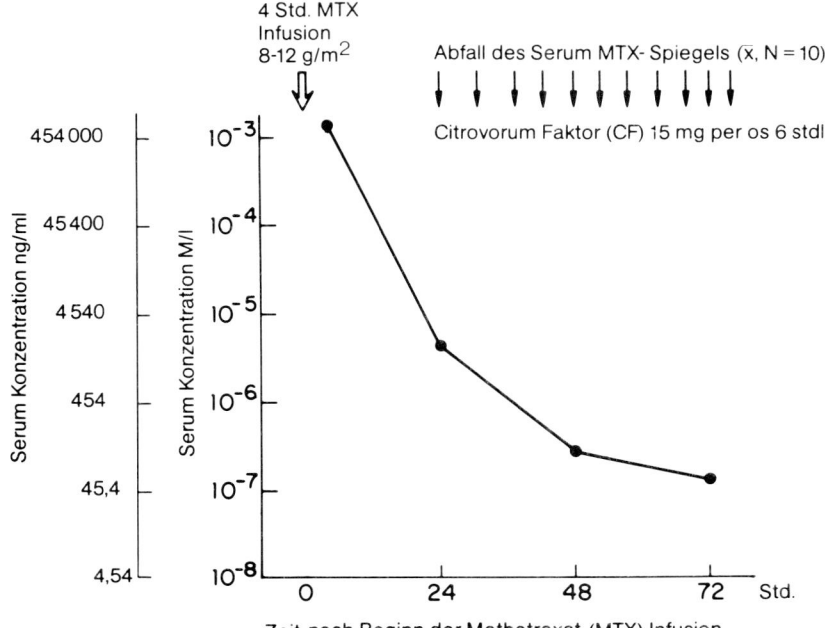

Abb. 3. Serumspiegel von Methotrexat während der hochdosierten Methotrexat-
Behandlung mit Citrovorum-Faktor-Rescue

116

verzögerten Ausscheidung mit langanhaltend erhöhtem Methotrexat-
Spiegel muß daher mit einer massiv erhöhten Leucovorin-Rescue
begegnet werden (Abbildung 4).

Für den klinischen Alltag hat sich eine standardisierte Verordnung der HDMTX- und Citrovorum-Faktor-Therapie bewährt, durch
die Schwestern und Ärzten der Behandlungsverlauf erleichtert
wird (Tabelle 4). So wird nach festem Schema vor jeder HDMTX-
Therapie eine umfangreiche klinisch-chemische Labordiagnostik
durchgeführt, die als Grundlage für die Verlaufsbeobachtung
dient.

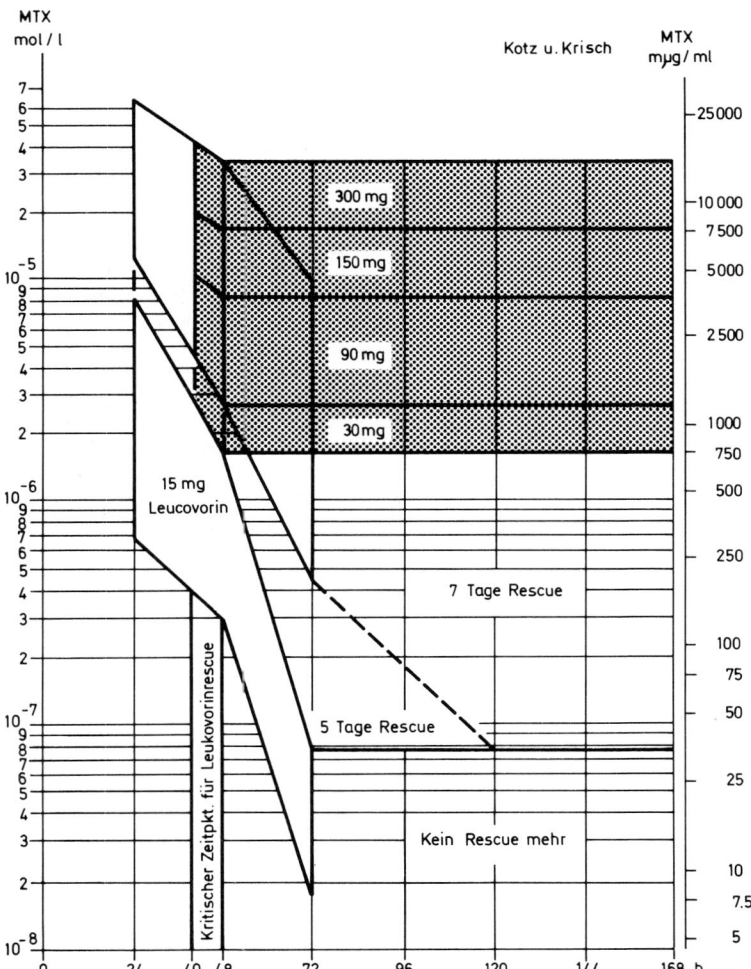

Abb. 4. Auszuwählende Leukovorin-Dosis in Abhängigkeit vom gemessenen
Serum-Methotrexat-Spiegel
(nach KOTZ et al. (13)). Im schraffierten Feld ist die alle 3 Stunden
intravenös zu verabreichende Dosis angegeben, die bei entsprechend hohen
Methotrexat-Spiegeln zusätzlich zu den 6-stündlich oral zu gebenden Dosen
verabreicht werden müssen

Tabelle 4. Ärztlicher Verordnungsbogen für die Durchführung der hochdosierten Methotrexatbehandlung mit Citrovorum-Faktor-Rescue

**MEDIZINISCHE EINRICHTUNGEN
DER UNIVERSITÄT DÜSSELDORF**
Kinderklinik B
Hämatol.-Onkolog. Abteilung

Datum:

Name:

HIGH DOSE METHOTREXAT VERORDNUNGEN

1) Blutabnahmen und sonst. Untersuchungen
   - Mtx und Folsäurespiegel nach 0, 6, 24, 48, 72, 96 Std.
   - tgl.: Harnstoff-N, Kreatinin, E'lyte, SGPT, 24 Std. Urin f. Kreat.Clearance
   - zusätzlich am 1. Tag jeder Behandlung: Bilirubin, SGOT, alk. Phosphatase. Harnsäure

2) Vincristin 1,5 mg/m^2 = _____ mg IV _____ Std. vor/nach Mtx. Inf.

3) VOR HDMTX: _____ml Glucose 5 % / NaHCO$_3$ 6% 1:1 in ____Std.

4) METHOTREXAT
   _____ g/m^2 = _____ g gelöst in _____ ml Glucose 5 % / ml NaHCO$_3$ 6% / 500 ml über _____ Std.

5) ALKALISIERUNG (Urin PH > 7)
   - _____ Tabl. NaHCO$_3$ 1 g alle 6 Std. PO
     (sinkt Urin PH < 7 extra Dosis PO)
   - im Bypass IV 250 ml Glucose 5 % und 250 ml NaHCO$_3$ 6%, Tropfgeschwindigkeit je nach Urin PH, Urin PH MUSS > 7 sein.

6) LEUCOVORIN RESCUE
   - ____ mg Leucovorin PO 6stündlich
     Beginn: 24 Std. nach Beginn der HDMTX Infusion
     Ende: Mtx Spiegel < 1.0x10^{-7} M/l
   - _____ mg Leucovorin IV/IM 3 / 6 stündlich
   - _____ mg Leucovorin / 24 Std. als Dauerinfusion

7) FLÜSSIGKEITSZUFUHR
   - 1. Tag _____ ml IV 1 + 1 Lsg.   ca _____ ml PO
     + 10 ml KCL 7,45 %ig / 500 ml
     + 5 mg Lasix / 500 ml
   - ab 2. Tag: _____ ml IV 1+1 Lsg.   ca _____ ml PO
     + 10 ml KCL 7,45 %ig / 500 ml
     + 5 mg Lasix / 500 ml

8) ALLOPURINOL
   50 / 100 mg 3 x tgl.

9) ANALGETIKA

10) ANTIEMETIKA

Durch eine Bicarbonat-Infusion wird der Urin des Patienten alkalisiert, diese Alkalisierung wird während und nach der MTX-Infusion durchgeführt, um die oben erwähnte Auskristallisierung des Methotrexates in den Nierentubuli zu verhindern. Die Flüssigkeitszufuhr wird vom 2. Tag auf 3 Liter/m^2 erhöht, um eine rasche Elimination von MTX zu gewährleisten. Von Anfang an besteht eine Allopurinol-Behandlung zur Vermeidung einer Urat-Nephropathie.

In einem schematisierten Beobachtungsprotokoll (Tabelle 5) kann die Dosierung von Citrovorum Faktor, Allopurinol und Bicarbonat

118

Tabelle 5. Beobachtungsprotokoll zur Dokumentation der klinischen Befunde
während der hochdosierten Methotrexatbehandlung mit Citrovorum-Faktor–Rescue

**MEDIZINISCHE EINRICHTUNGEN
DER UNIVERSITÄT DÜSSELDORF**
Kinderklinik und Poliklinik

HIGH DOSE METHOTREXATE

BEHANDLUNGSPROTOKOLL UND BILANZBOGEN

NAME: DATUM:

HDMTX ___ g von ___h bis ___h

	LEUCOVORIN ___ mg 6stdl.	ALLOPURINOL ___ mg 3x/Tg	NAHCO$_3$ ___ Tbl. 6stdl.	EINFUHR IV	PO	AUSFUHR	URIN PH
1. TAG				Σ			±
2. TAG				Σ			±
3. TAG				Σ			±

entsprechend den klinischen und klinisch-chemischen Untersuchungs-
befunden individuell und von Tag zu Tag geändert und übersichtlich dokumentiert werden. Weiterhin werden die intravenöse und
die orale Flüssigkeitszufuhr sowie die Flüssigkeitsausfuhr und
der Urin-pH genau registriert.

Das klinisch-chemische Untersuchungsprogramm umfaßt
- den MTX-Spiegel zumindestens täglich, zur Steuerung der Citrovorum-Faktor–Rescue.

- ein ganzes Blutbild zur Erkennung einer Kochenmarkstoxizität, die am 6. - 8. Tag nach Behandlungsbeginn durch eine Leukozyto- oder Thrombozytopenie erkenntlich würde.

- GOT und Bilirubin täglich, um den leberschädigenden Effekt zu erkennen. Bei einer Transaminasenerhöhung auf mehr als 1000 U/l während einer Behandlung ist eine Verdoppelung der Standarddosis von Leucovorin auf 30 mg alle 6 Stunden indiziert.

- Das wahre Kreatinin im Serum und die Kreatinin-Clearance sollten täglich bestimmt werden, um eine drohende Toxizität bei verzögerter Methotrexat-Ausscheidung frühzeitig erkennen zu können. Lebensbedrohlich ist eine Einschränkung auf weniger als 40 ml/min. In dieser Situation ist eine massiv erhöhte Leucovorin-Rescue, eine massiv forcierte Diurese oder die Dialyse-Behandlung erforderlich.

- Die alkalische Phosphatase ist bei einem Drittel der Patienten initial erhöht und kann bei diesen Patienten als Tumormarker dienen: Bei erfolgreicher Behandlung nimmt die alkalische Phosphatase rasch ab, der Wiederanstieg zeigt ein Rezidiv an.

Kombinations-Chemotherapie beim osteogenen Sarkom

Die besten Therapieergebnisse zur Behandlung des primären osteo-genen Sarkoms stammen von ROSEN (14, 15), der die in Monothera-piestudien als wirksam erkannten Zytostatika in klinischen Thera-piestudien kombinierte und die Zytostatika nach Tolerabilität und Effektivität dosierte. Eingesetzt werden neben dem hochdo-sierten MTX noch Adriablastin, Bleomycin, Cyclophosphamid, Akti-nomycin D und Cis-Platinum. Die Effektivität der Therapie-Proto-kolle wird durch die life table-Analyse überprüft (Abbildung 5). Durch Intensivierung der Therapie konnte die rezidivfreie Über-lebensrate von 50% auf 80% erhöht werden. Diese überragenden Therapieerfolge kommen im Rahmen cooperativer Therapiestudien auch den deutschen Patienten zugute: 1977 wurde von der Deutschen Gesellschaft für pädiatrische Onkologie ein cooperatives Thera-pie-Protokoll begonnen (COSS 77) (18), das sich im wesentlichen nach den Therapieschemata T4 und T5 von ROSEN richtete. In dieser multizentrischen Studie konnte eine Langzeitüberlebensrate von derzeit etwa 60% erzielt werden, was den bis dahin sehr günsti-gen, aber nur an einem Zentrum erzielten Ergebnissen von ROSEN entsprach (18). 1980 wurde dann ein Nachfolge-Protokoll (COSS 80) von der Deutschen Gesellschaft für pädiatrische Onkologie akzep-tiert, das sich im wesentlichen nach dem Therapie-Protokoll T7 von ROSEN ausrichtet (Abbildung 6). In dieser Studie werden zwei Therapiefragen gestellt: Einmal wird die Kombination Bleomycin, Cyclophosphamid und Aktinomycin D gegen Cis-Platinum randomisiert. Weiterhin wird geprüft, ob die zusätzliche Gabe von Fibroblasten-Interferon von der 14. Behandlungswoche an einen zusätzlichen Einfluß auf den Heilerfolg hat. Die bisher vorliegenden, vorläu-figen Ergebnisse lassen erkennen, daß eine weitere Verbesserung der Langzeitüberlebensrate zu erzielen sein wird.

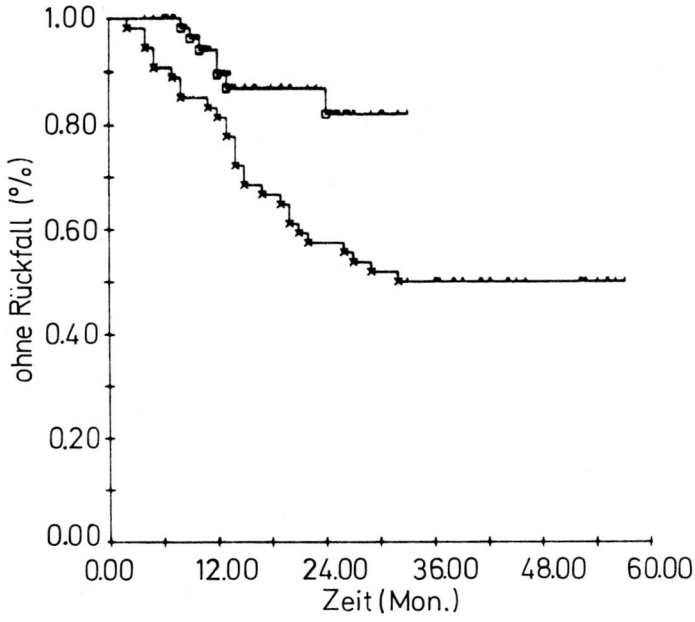

Abb. 5. Überlebensrate von Patienten mit osteogenem Sarkom in Abhängigkeit von der Chemotherapie (JÜRGENS u. ROSEN (11)). x T4-und T5-Protokoll nach ROSEN (51 Patienten, 27 ohne Rückfall) □ T7-Protokoll nach ROSEN (61 Patienten, 54 ohne Rückfall)

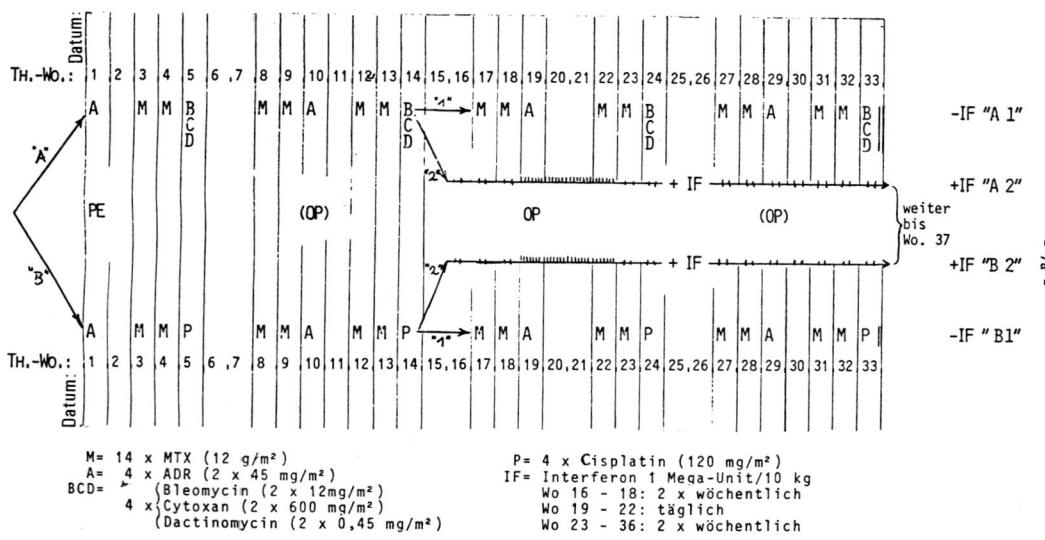

M= 14 x MTX (12 g/m²)
A= 4 x ADR (2 x 45 mg/m²)
BCD= 4 x ⎰ (Bleomycin (2 x 12mg/m²)
⎱ Cytoxan (2 x 600 mg/m²)
(Dactinomycin (2 x 0,45 mg/m²)

P= 4 x Cisplatin (120 mg/m²)
IF= Interferon 1 Mega-Unit/10 kg
Wo 16 - 18: 2 x wöchentlich
Wo 19 - 22: täglich
Wo 23 - 36: 2 x wöchentlich

Abb. 6. Cooperatives Behandlungsprotokoll der Deutschen Gesellschaft für Pädiatrische Onkologie zur Behandlung des osteogenen Sarkoms (COSS 80)

Präoperative Chemotherapie

Aufgrund der guten Erfahrungen von ROSEN (15), SEKARA u. SALZER
(17) und eigenen Beobachtungen (9) ist die präoperative Chemotherapie zu einem wesentlichen Teil des Behandlungs-Konzeptes
im Protokoll COSS 80 geworden. Das Behandlungs-Protokoll sieht
die totale Entfernung des Tumors in der 10., 19. oder auch 29.
Behandlungswoche vor. Die präoperative Chemotherapie verfolgt
mehrere Ziele: Da die Patienten erfahrungsgemäß nicht an dem
Primärtumor, sondern an den Lungenmetastasen versterben, soll
so früh wie möglich eine systemische Behandlung stattfinden;
diese könnte durch einen frühzeitigen großen operativen Eingriff
verzögert werden. Weiterhin soll an die Stelle der früher üblichen Amputation zu Therapiebeginn nach Möglichkeit jetzt die
Tumorresektion mit endoprothetischer Versorgung unter Erhalt
der befallenen Extremität treten. Die präoperative Chemotherapie
soll den Tumor verkleinern und die Planung der lokalen Tumorkontrolle mit Herstellung der Endoprothese ermöglichen. Die
Effektivität der präoperativen Chemotherapie läßt sich in unterschiedlicher Weise belegen: Bei einem Patienten mit einem großen
Tumor des linken Oberschenkels war die alkalische Phosphatase
zu Therapiebeginn massiv erhöht und normalisierte sich innerhalb weniger Wochen (Abbildung 7). Zum Zeitpunkt der Operation
fand sich eine vollständige Nekrose des Tumors, mikroskopisch
konnten keine vitalen Tumorzellen mehr gefunden werden (Abbildung 8). Auch szintigraphisch läßt sich der Therapieerfolg belegen (Abbildung 9): Die anfänglich massive Steigerung des
Knochenstoffwechsels im Tumorbereich ging während der Chemotherapie dramatisch zurück. Parallel dazu verkleinerte sich die Weich-
teilschwellung des Tumors und eine Resektion mit endoprothetischer

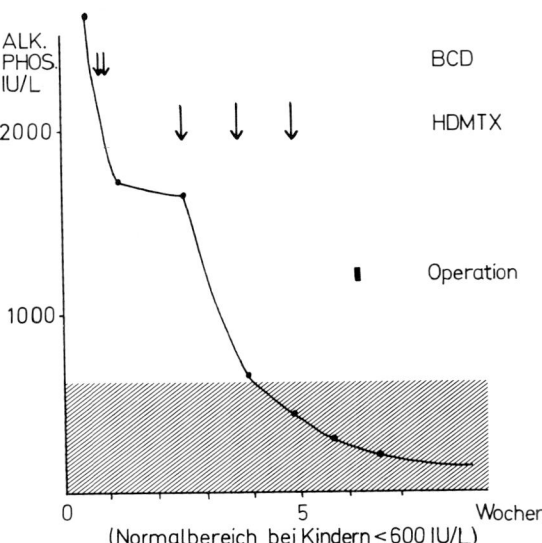

Abb. 7. Verlauf der Aktivität der alkalischen Phosphatase im Serum bei einem
9-jährigen Jungen mit einem
Osteosarkom des linken di-
stalen Femurs unter präoperativer Behandlung nach dem
T7 Protokoll von ROSEN

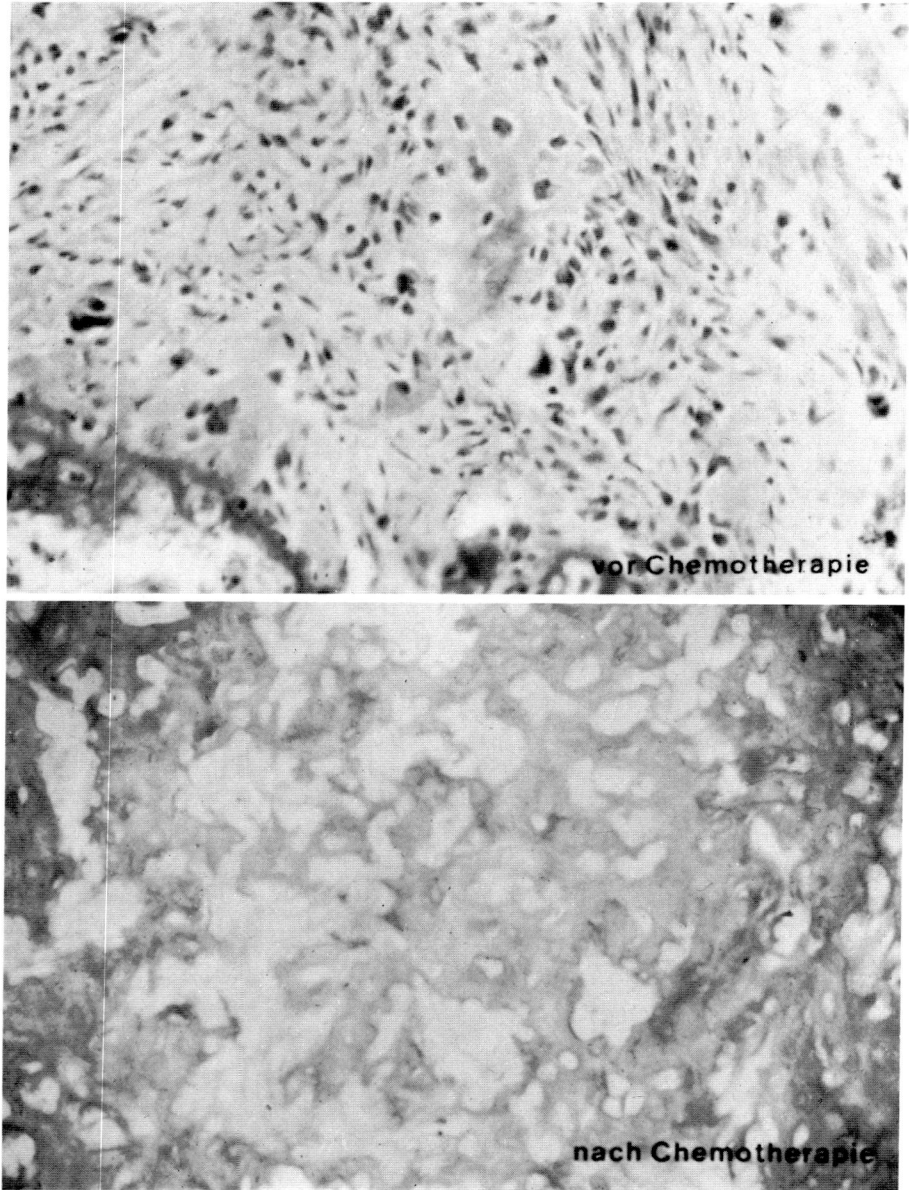

Abb. 8. Histologisches Präparat der Biopsie zum Zeitpunkt der Diagnosestellung (oben) und des Tumorresektates nach präoperativer Chemotherapie
(unten)
Nach chemotherapeutischer Elimination der Tumorzellen bleibt das Osteoid
zurück: Dies entspricht einem optimalen Behandlungseffekt

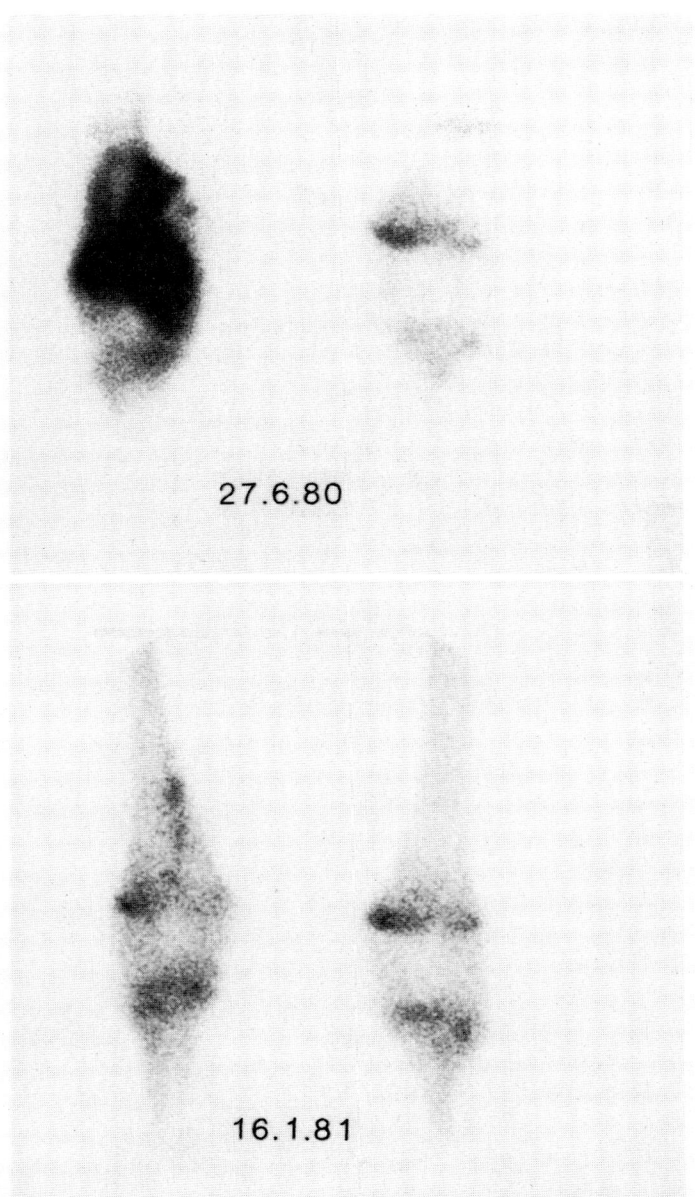

Abb. 9. Szintigraphische Verlaufskontrolle der präoperativen Therapie des osteogenen Sarkoms oben: zum Zeitpunkt der Diagnosestellung unten: zum Zeitpunkt der Tumorresektion in der 29. Behandlungswoche

Versorgung wurde möglich. Besonders gut gelingt ein endoprothetischer Gelenkersatz bei Tumoren im proximalen Humerusdrittel, da im Schultergelenk die mechanische Belastung geringer ist. Häufig ist ein funktionell und kosmetisch befriedigendes Ergebnis zu erzielen (Abbildung 10). Grundvoraussetzung einer jeden extremitätenerhaltenden Resektionschirurgie ist die onkologisch radikale Entfernung des Primärtumors. Durch die präoperative

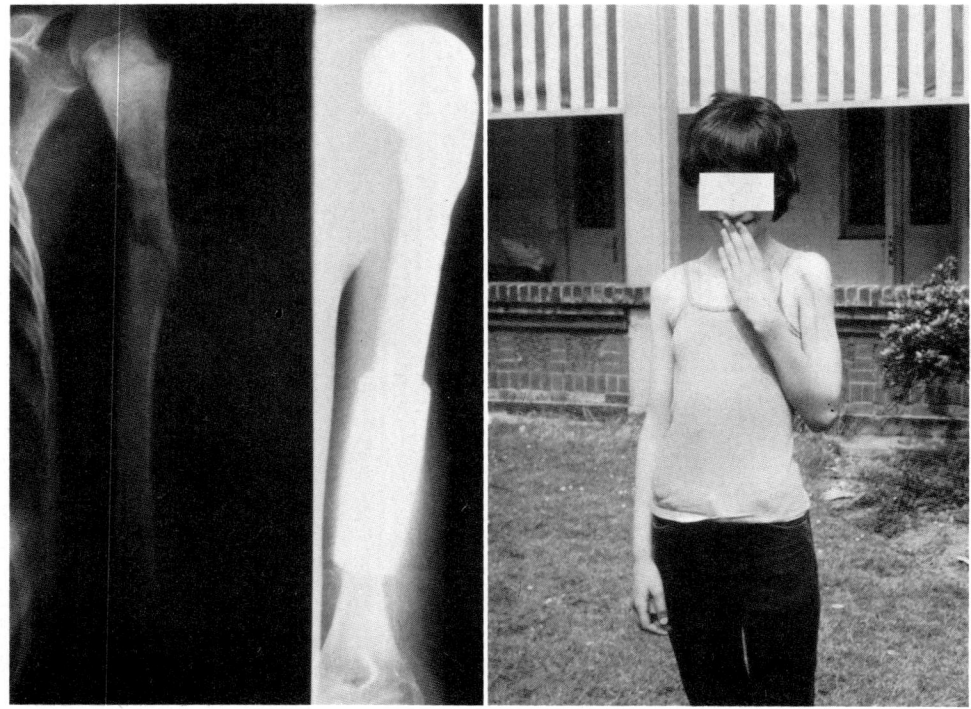

Abb. 10. Endoprothetische Versorgung eines Osteosarkoms im oberen Humerusdrittel bei einem 12-jährigen Mädchen
links: Röntgenbild zum Zeitpunkt der Diagnosestellung. mitte: Röntgenbild
nach Resektion des Tumors und endoprothetischer Versorgung mit einer Keramik-
prothese. rechts: äußeres Erscheinungsbild 5 Monate nach der Operation

Chemotherapie kann dieses Ziel besser geplant und für den Chi-
rurgen erleichtert werden.

Weiterhin läßt die präoperative Chemotherapie eine prognostische
Aussage über den zu erwartenden Heilerfolg zu: Bei starker Tumornekrose durch die präoperative Chemotherapie ist mit einer nahezu
100%igen Wahrscheinlichkeit die Heilung des Patienten verherseh-
bar (Abbildung 11). Findet sich dagegen ein schlechtes Ansprechen
des Tumors, ist mit einer ungünstigeren Prognose zu rechnen. Dies
ist dann Veranlassung für eine besonders sorgfältige Beobachtung
der Tumorkontrolle und eine Entscheidungshilfe für die frühzeitige
Suche nach alternativen Behandlungsmöglichkeiten.

Schlußfolgerungen

Die HDMTX-Therapie mit Citrovorum-Faktor-Rescue in Kombination
mit Adriablastin, Bleomycin, Cyclophosphamid und Actinomycin D

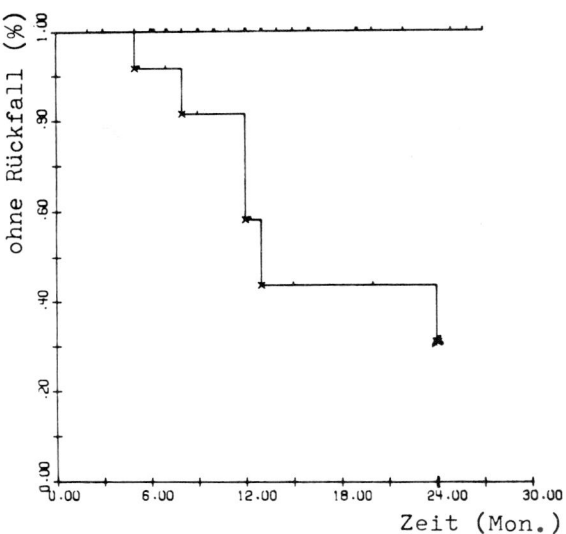

Abb. 11. Überlebensrate von Patienten mit osteogenem Sarkom in Abhängigkeit von dem Ausmaß der Tumornekrose nach präoperativer Chemotherapie mit dem T-7-Protokoll (JÜRGENS und ROSEN (11)) ⊥⊥⊥ guter Therapieeffekt (29 Patienten, 29 ohne Rückfall) * schlechter Therapieeffekt (14 Patienten, 8 ohne Rückfall)

hat bei dem osteogenen Sarkom die Heilungsaussichten in ungewöhnlich starker Weise verbessert. Durch die adjuvante Chemotherapie konnte die Langzeitüberlebensrate von 20% auf 80% erhöht werden.

Die präoperative Therapie kann die Lebensqualität bei einer großen Zahl von Patienten verbessern, da durch sie eine endoprothetische Versorgung ermöglicht und eine radikale Amputation verhindert werden kann. Weiterhin ermöglicht die präoperative Chemotherapie eine prognostische Aussage über den Behandlungserfolg.

Die HDMTX-Therapie - eine lebensgefährliche, aber sehr wirksame Therapie - ist nur durch die schnelle und zuverlässige Bestimmung des Serum-Methotrexat-Spiegels, des Serum-Kreatinins und der Kreatinin-Clearence möglich. Sie ist damit ein Beispiel für eine multidisziplinäre Behandlungsform, die ohne die klinischchemischen Untersuchungen nicht durchführbar wäre.

Literatur

1. DJERASSI I, ROMINGER CJ, KIM JS, TURCHI J, SUVANSRI U HUGHES D (1972) Phase I study of high doses of methotrexate with citrovorum factor in patients with lung cancer. Cancer 20:22
2. DJERASSI I, OHANISSIAN H, KIM JS (1978) Supportive care as part of the rescue of high dose methotrexate (HDMTX). Firenze Chemother Oncol [Suppl] 24:159-161
3. FARBER S, DIAMOND LK, MERCER RD, SYLVESTER RF, WOLFF VA (1948) Temporary remissions in acute leukemia in children produced by folic antagonist 4-aminopteroylglutamic acid (aminopterin). N Engl J Med 238:787-793
4. FREEMAN AJ, BRECHER ML, WANG JJ, SINKS LF (1979) Intermediate dose methotrexate (IDM) in childhood acute lymphocytic leukemia (ALL). Haematol Bluttransfus 23:115

5. GÖBEL U, JÜRGENS H, VOSS VON H, WAHN V, ROSEN G (1981) Gerinnungsstörungen nach hochdosiertem Methotrexat mit Citrovorum Factor Rescue bei Patienten mit osteogenem Sarkom. Klin Paediat 193:94-98
6. HUVOS AG (1979) Bone tumors. Diagnosis, treatment and prognosis. Saunders, Philadelphia London Toronto
7. JAFFE N, TRAGGIS D, CASSADY JR, FILLER RM, WATTS H, FREI E (1977) Advances in the treatment of osteogenic sarcoma. In: TAGNON, STAQUET (eds) Recent advances in cancer treatment. Raven, New York, pp 291-299
8. JAFFE N, FREI E, TRAGGIS D, CASSADY JR, WATTS H, FILLER RM (1977) High-dose methotrexate with citrovorum factor in osteogenic sarcoma. Progress report II. Cancer Treat Rep 61:675-679
9. JÜRGENS H, REMY R, GÖBEL U (1980) Maligne Knochentumoren bei Kindern und Jugendlichen. Dtsch Aerztebl 77:889
10. JÜRGENS H, WAHN V, GÖBEL U, ROSEN G (1980) Erfahrungen mit Cis-Platinum beim Osteosarkom. Z Kinderchir 31:1
11. JÜRGENS H, ROSEN G (1980) Kombinations-Chemotherapie beim osteogenen Sarkom. Erfahrungen am Memorial Sloan-Kettering Cancer Center. Klin Paediat 192:123-129
12. KOTZ R (1978) Osteosarkom 1978. Die Wende der Prognose durch adjuvante Chemotherapie. Wien Klin Wochenschr [Suppl 93] 90:1
13. KOTZ R, KRISCH K, LACK W (1980) Hochdosierte Methotrexat-Behandlung bei osteogenem Sarkom. Arzneimittelforsch 30/11:1950-1959; 12:2197-2203
14. ROSEN G, TAN C, SANMANEECHAI A, BEATTIE EJ, MARCOVE RC, MURPHY ML (1975) The rationale for multiple drug chemotherapy in the treatment of osteogenic sarcoma. Cancer 35:936
15. ROSEN G, MARCOVE RC, CAPARROS B, NIRENBERG A, KOSLOFF C, HUVOS AG (1979) Primary osteogenic sarcoma: The rationale for preoperative chemotherapy and delayed surgery. Cancer 43:2163
16. SAUER H, SCHALHORN A (1980) Rationale Grundlage und Praxis des Citro-vorumfaktor (Leukovorin[R])-Schutzes nach hochdosierter Methotrexat-Therapie. Onkologie 3:64
17. SEKARA J, SALZER M (1979) Diskussionsbeitrag auf der 11. Tagung der Internationalen Gesellschaft für Pädiatrische Onkologie, 19. - 22.9.1979, Lissabon
18. WINKLER K, GAEDICKE G, GROSCH-WÖRNER I, MARSMANN G, DELLING G, LANDBECK G (1977) Die Chemotherapie des Osteosarkoms. Dtsch Med Wochenschr 16:1

Diskussion

VONDERSCHMITT:
Herzlichen Dank, Herr GÖBEL, für diese interessanten Ausführungen,
die uns gezeigt haben, daß der medizinische Nutzen, wenn ich dieses Wort gebrauchen darf, direkt von der Bestimmung der Blutspiegel, aber auch der Verfolgung anderer klinisch-chemischer Parameter abhängig ist. Ich möchte Sie nun bitten, hauptsächlich auf
dieses Thema einzugehen und, wie Herr LANG schon angeregt hat,
die mehr technischen und methodologischen Dinge auszuklammern.

VOGT:
Wenn ich es richtig verstanden habe, dann haben Sie den individuellen Erfolg mit Nutzen gleichgesetzt. Auf die Gefahr hin, daß
ich jetzt als Ignorant gelten mag: Wenn es um Nutzen geht, geht
es auch um Schaden. Wie stark wird durch die Therapie die Lebenserwartung der Patienten verkürzt?

GÖBEL:
Dies ist eine sehr wichtige Frage, da sie direkt die Gefährlich-
keit dieser Therapie anspricht. Die Mortalität dieser Behandlungsform gab DJERASSI 1975 mit 5% an. Das zur Zeit von der Deutschen
Gesellschaft für Pädiatrische Onkologie empfohlene Protokoll
COSS 80 läßt noch keine endgültigen Aussagen zu. Seit Anfang
1980 wurden 106 Patienten nach diesem Protokoll behandelt, von
denen 3 im Rahmen der Therapie verstorben sind und 4 Patienten
haben ein Rezidiv erlitten. Von dieser akuten Toxizität ist die
Langzeittoxizität abzugrenzen, die nach den bisher vorliegenden
Erkenntnissen kein ungewöhnliches zusätzliches Risiko beinhaltet.
Die Langzeitschäden sind die der üblichen zytostatischen Therapie,
während die akuten Komplikationen mehr auf die hochdosierte Methotrexat-Behandlung zurückzuführen sind. Auch unter Berücksichtigung dieser Gegebenheiten erhöhen die adjuvante bzw. präoperative Chemotherapie die Langzeitüberlebensrate von Patienten mit
osteogenem Sarkom von 20 - 30% bei alleiniger Operation auf
60 - 80% heutzutage. Nur dieser Gewinn an überlebenden Patienten
rechtfertigt das hohe therapeutische Risiko dieser besonderen
Behandlungsform.

VOGT:
Wie definieren Sie die Mortalität; in welchem Zeitraum?

GÖBEL:
Jede Erkrankung und damit auch jeder Tumor hat seine eigene
biologische Verhaltensweise. Aus den historischen Arbeiten zur
Behandlung des Osteosarkoms ist bekannt, daß sich innerhalb von
2 Jahren nach Diagnosestellung und operativer Behandlung bei
der Mehrzahl der Patienten das Schicksal aufgrund der Metasta-
sierung entschieden hat. Seit Einführung der adjuvanten Chemotherapie unter Einschluß des hochdosierten Methotrexates hat sich

128

an diesen Beobachtungen nicht viel geändert, d.h. auch jetzt werden die das Schicksal der Patienten entscheidenden Lungenmetastasen innerhalb von 2 Jahren nach Therapiebeginn klinisch apparent. Diese Aussage wurde unabhängig durch Herrn ROSEN in New York und Herrn SALZER in Wien gemacht, die nach gleichartigen Therapie-Protokollen behandeln. Dies läßt den Schluß zu, daß das biologische Verhalten des Tumors hinsichtlich des Zeitraums bis zur klinischen Manifestation von Rezidiven oder Metastasen durch die Chemotherapie nicht verändert wurde; entscheidend geändert hat sich jedoch das Niveau der Plateaubildung der Überlebenskurven. Zur Beurteilung der Mortalität werden also die Zeitspannen verglichen, die bis zur Plateaubildung verstreichen; beim osteogenen Sarkom beträgt diese Zeitspanne auch bei der hier besprochenen Therapie 2 Jahre. Oder anders formuliert: Es hat sich bisher kein Hinweis ergeben, daß das hier zur Diskussion stehende Therapiekonzept zu einer zeitlichen Verschiebung bis zum Auftreten der Metastasen oder Rezidive geführt hat.

GROSS:
Ich habe eine Anzahl von Fragen. Zunächst jedoch eine technische Frage: Wir machen auch seit 2 Jahren Blutspiegelbestimmungen bei der hochdosierten Behandlung, wobei wir vorzugsweise die osteogenen Sarkome behandeln, die bei Erwachsenen relativ selten sind. Wir behandeln diese in Kombination mit 5-FU. Die Standard-Dosis für die Rescue ist 15 mg Citrovorum-Faktor alle 6 Stunden. Von welchem Blutspiegel ab erhöhen Sie die Dosis?

GÖBEL:
Wir bestimmen routinemäßig nach Ende der Methotrexat-Infusion, nach 24, 48 und 72 Stunden den Methotrexatspiegel im Serum. Bei zufriedenstellender Methotrexatausscheidung sinkt der Spiegel täglich um eine Zehner-Potenz, der kritische Spiegel ist der 48-Stundenwert und er sollte unter 5×10^{-6} mol/l sein. Bei verzögerter oder unzureichender Methotrexatausscheidung wird dann die Leukovoringabe entsprechend dem gezeigten Diagramm von KOTZ und KRISCH erhöht. Da eine Tablette Leukovorin 15 mg enthält, wird die jeweilige Dosis um diese Menge oder gar ein Mehrfaches gesteigert. Auch bei intravenöser Rescue mit Citrovorum-Faktor sollte auf die orale Applikation nicht gänzlich verzichtet werden, falls nicht anhaltendes Erbrechen oder Durchfall die Resorption verhindern. Bei oraler Rescue ist das Verhältnis der aktiven Rescue-Substanz 5-Methyl-Tetrahydrofolsäure zu Citrovorum-Faktor (=5-Formyl-Tetrahydrofolsäure) 90 zu 10%, wohingegen nur 50% des intravenös verabreichten Citrovorum-Faktors in die aktive Form überführt wird, so daß bei der intravenösen Gabe höhere Dosen in kürzeren Zeitabständen empfohlen werden.

GROSS:
Und die zweite Frage: Sie sagten vorher zu Recht, daß die Lungenmikrometastasen im Grunde für die Prognose des Patienten entscheidend sind. Die Holländer beschreiten einen anderen Weg insofern, als nach der Operation des Tumors noch eine Bestrahlung beider Lungen mit 1350 rad angeschlossen wird, eine Dosis, die die Lungen als ganzes tolerieren. Haben Sie Vergleiche zwischen dieser prophylaktischen Bestrahlung der Lungen und der hochdosierten Methotrexat-Behandlung?

GÖBEL:
Das Protokoll, das Sie erwähnen, ist wohl das der Internationalen
Gesellschaft für Pädiatrische Onkologie, an dem vorzugsweise
Großbritannien, die Benelux-Staaten und Frankreich teilnehmen.
Dieses Protokoll sieht in der Tat eine Lungenbestrahlung vor;
weiterhin wird randomisiert geprüft, ob Methotrexat in einer
niedrigeren Dosis als hier empfohlen die Remissionsrate von Patienten mit osteogenem Sarkom verbessern kann. Auf der Tagung
dieser Gesellschaft in Lissabon im Jahr 1979 wurden die Ergebnisse verschiedener Arbeitsgruppen gegenübergestellt. Die nied-
rigste Remissionsrate wurde bei den Patienten mit Amputation
und prophylaktischer Lungenbestrahlung beobachtet, die höchsten
Remissionsraten wurden in Wien und in New York mit den hier gezeigten Protokollen erreicht. Dies veranlaßte damals Madame
SCHWEISGUTH aus Paris zu der Empfehlung, den Therapiearm mit
der alleinigen Lungenbestrahlung so schnell wie möglich zu be-
enden.

LAUE:
Es klingt vielleicht hart, was ich jetzt sage: Beurteilen Sie
den Nutzen Ihrer Therapieform nur aufgrund der Überlebensrate
oder haben Sie auch noch andere Kriterien, die Sie in die Beurteilung des Nutzens mit einbeziehen, wie z.B. das Auftreten von
Spätschäden?

GÖBEL:
Bezüglich der Spätschäden muß man unterscheiden zwischen den
Folgen einer allgemein üblichen Therapie und möglichen Komplikationen durch die hochdosierte Methotrexat-Behandlung mit Citrovorum-Faktor-Rescue. Die Möglichkeit von Spätfolgen für Adriamycin, Bleomycin oder Cyclophosphamid sind bekannt in Form der
Cardiomyopathie, der sogenannten Bleomycin-Pneumopathie, das
Risiko eines Zweitmalignoms nach Cyclophosphamid und andere.
Bei Kindern mit akuter lymphatischer Leukämie und mehrjähriger,
niedrig dosierter Methotrexat-Therapie wurden vereinzelt Leber-
zirrhosen beobachtet. Diese Komplikation wurde bei der hochdosierten Methotrexat-Behandlung mit Citrovorum-Faktor-Rescue bisher nicht berichtet. Gefürchtet ist dagegen die Leukencephalopathie, die noch Monate nach der Methotrexat-Behandlung auftreten kann - meines Wissens war das längste Intervall 9 Monate.
Allerdings besteht das Risiko für eine Leukencephalopathie auch
bei der niedrig dosierten Methotrexat-Behandlung, wie sie bei
der Dauertherapie der akuten lymphatischen Leukämie im Kindes-
alter üblich ist.

Die Über-alles-Mortalität der hochdosierten Methotrexat-Therapie
mit Citrovorum-Faktor-Rescue liegt bei etwa 5% und ist damit
anderen aggressiven Therapieprotokollen vergleichbar. Zahlen
über schwere Beeinträchtigungen der Patienten auf Dauer existieren nicht, sind aber auf 1-2% zu schätzen.

Den Nutzen der Behandlung beurteilen wir an der Überlebensrate
und der Überlebensqualität. Jedes ärztliche Bemühen ist ja auf
diese Ziele gerichtet. Die Verbesserung der Lebensqualität wird
wesentlich durch die präoperative Chemotherapie ermöglicht.
Durch Verkleinerung des Tumors und die optimale Zeitplanung für

eine endoprothetische Versorgung kann häufig eine Amputation vermieden werden. Die organerhaltende Tumorchirurgie beim Osteosarkom wird durch diese Art der Chemotherapie ganz erheblich erleichtert. Eine funktionsgeschwächte Gliedmaße wird eben allgemein dem radikalen Verlust derselben vorgezogen. Dies erhöht die Lebensqualität erheblich.

Weiterhin läßt die präoperative Chemotherapie eine prognostische Aussage zu: Patienten mit gutem oder sehr gutem Chemotherapieeffekt am Primärtumor haben auch eine ebenso gute Heilungschance: Weder in New York noch in Düsseldorf hat einer dieser Patienten Lungenmetastasen entwickelt. Diese positive Aussage zu einem frühen Zeitpunkt der Therapie erhöht auch zweifellos die Lebensqualität der Patienten. Andererseits ist bei schlechtem Ansprechen auf die präoperative Therapie frühzeitig - d.h. vor dem klinischen Nachweis von Lungenmetastasen - die Möglichkeit gegeben, alternative Behandlungsmaßnahmen einzuleiten.

Eindeutigere Beurteilungskriterien für den Nutzen einer Therapie wie höhere Überlebensrate und bessere Lebensqualität sind nicht verfügbar.

TRAUTSCHOLD:
Anders als sonst in der Pharmakologie üblich ist, steuern Sie ja nun durch eine Gegenmaßnahme, durch die Rescue-Therapie. Nun haben wir gesehen, daß Sie sehr unterschiedliche Halbwertzeiten haben. Haben Sie kontrolliert, ob diese unterschiedlichen Eliminationen bzw. Umbauarten des Medikaments darauf zurückzuführen sind, daß die Leberschädigung so rasch eintritt aufgrund der Zytotoxizität? Gibt es Enzymaktivitätsuntersuchungen, die das zeigen können, so daß Sie als Kontrollparameter nicht nur den Metaboliten oder das Pharmakon selbst haben, sondern vielleicht andere Parameter, die Ihnen das noch exakter angeben?

GÖBEL:
Dies ist ein sehr komplexes Gebiet, da Methotrexat den Stoffwechsel nahezu aller Zellen beeinflussen kann. Die Eliminationsdauer von Methotrexat scheint jedoch nicht mit der Zahl der hochdosierten Methotrexat-Infusionen zuzunehmen. Im Gegenteil haben manche Untersucher den Eindruck, daß mit zunehmender Behandlungsdauer Methotrexat leichter ausgeschieden wird. Eine zunehmende Schädigung der Leber ist deshalb nicht anzunehmen. In eigenen Längsschnittuntersuchungen hat sich gezeigt, daß immer dieselben Patienten die stärksten Transaminasenanstiege oder die ausgeprägtesten Gerinnungsveränderungen aufwiesen; diese Veränderungen bildeten sich bis zur nächsten hochdosierten Methotrexat-Infusion zurück. Es ist also nicht so, daß von einer Behandlung zur nächsten die toxischen Begleiteffekte zunehmen würden oder alle Patienten eine gleichstarke Störung der Leber, der Niere oder des Gerinnungssystems aufwiesen. Deshalb wird der Methotrexat-Serumspiegel allgemein als die wichtigste Begleituntersuchung angesehen. Die zweitwichtigste Untersuchung ist m.E. die Kreatinin-Clearance, deren Einschränkung eine verzögerte Ausscheidung voraussehen läßt und eine frühzeitige Gegensteuerung erlaubt zur Vermeidung lebensbedrohlicher Toxizitäten.

GREILING:
Meine Frage betrifft die Früherkennung der Nebenwirkungen. Das
Methotrexat ist ein Inhibitor sowohl der Transskription als auch
der Translation. Was Sie als Nebenwirkung z.B. als Mucositis bezeichnet haben, das ist pathobiochemisch dadurch zu erklären,
daß die Synthese der Glykoproteine der Magenschleimhaut z.B. in-
hibitiert wird, so daß es frühzeitig bei einer Methotrexat-Behandlung zu Magen-Darm-Blutungen kommt und sekundär eine ulcero-
gene Wirkung resultiert. Meine Frage ist deshalb: Wie erkennen
Sie bei Ihrer Behandlung die Magen-Darm-Blutung frühzeitig?

Dann ein kritischer Einwand noch zu der palliativen Allopurinol-
Behandlung: Vom Allopurinol wissen wir, daß es nicht nur ein
Xanthinoxidase-Inhibitor ist, sondern auch, besonders bei einer
längeren Applikation, zur Knochenmarksschädigung führt, weil
man weiß, daß das Allopurinol durch die Phosphoribosyl-Transami-
dase zu Allopurinol-Ribosid umgewandelt wird. Und dieses ist ein
Feed-back-Inhibitor dieser Ribosyltransferase. Meine Frage ist:
Erzielt man nicht gerade durch die Allopurinol-Anwendung eine
zusätzliche Schädigung?

GÖBEL:
Zur ersten Frage: Die Genese der Magen-Darm-Ulcera wird wahrscheinlich mehrere Ursachen haben. Schleimhautulcerationen findet
man auch bei der niedrig dosierten Methotrexat-Behandlung, wie
sie bei Kindern mit akuter lymphatischer Leukämie oder Non-
Hodgkin-Lymphom üblich ist. Hier ist eine geringe Dosisreduktion
allein ausreichend, um die Ulcerationen zur Abheilung zu bringen.
Dieses Verhalten würde der von Ihnen angeführten Hemmung der
Transskription und Translation entsprechen.

Im Gegensatz dazu findet man bei der hochdosierten Methotrexat-Therapie in bestimmter Regelmäßigkeit Erhöhungen der Transaminasen
und Gerinnungsveränderungen, die nicht durch eine Minderproduktion
allein, sondern nur durch eine zusätzliche Gerinnungsaktivierung
oder Proteolyse erklärt werden können. Diese Befunde deuten auf
einen direkten zytotoxischen Effekt des hochdosierten Methotrexates hin, der aller Wahrscheinlichkeit auch an den Zellen
der Darmschleimhaut stattfindet. Durch die Rescue-Behandlung
mit der peroralen Gabe von Citrovorum-Faktor wird dem klinischen
Eindruck und den Verlaufsuntersuchungen nach dieser zytotoxische
Effekt an den gesunden Zellen reversibel gehalten. Leichte Ulcerationen der Mund- und Rachenschleimhaut sind am 3. und 4. Tag
nach der Infusion bei einigen Patienten zu beobachten. Magen-
Darm-Blutungen dagegen sind nur bei Patienten mit gestörter
Methotrexat-Ausscheidung bzw. unzureichender Rescue-Behandlung
zu erwarten und müssen als eindeutige Therapie-Komplikation gewertet werden. Diese Patienten haben dann auch immer Störungen
anderer Parameter, wie z.B. eine eingeschränkte Kreatinin-
Clearance oder Störungen der plasmatischen Gerinnung. Wesentlich
ist deshalb nicht die Früherkennung, sondern die Vermeidung von
Magen-Darm-Blutungen.

Zur zweiten Frage: Die Knochenmarkstoxizität von Allopurinol
läßt sich bei dieser Behandlungsform nur sehr schwer abschätzen,
weil die Patienten neben dem Methotrexat und dem Allopurinol

noch Adriamycin und Cyclophosphamid bekommen. Beide Medikamente sind sehr toxisch für das Knochenmark, und diese Patienten entwickeln alle während der Behandlung deutliche Zeichen der passageren Knochenmarksdepression. Unabhängig davon wird Allopurinol jeweils nur am 1. bis 3. Tag nach Methotrexat-Infusion verabreicht, so daß kein langanhaltender schädigender Effekt auf das Knochenmark zu erwarten ist.

GIBITZ:
Herr GÖBEL, Sie haben zu Recht darauf hingewiesen, daß für die Methotrexat-Therapie eine gute Zusammenarbeit zwischen Klinik und Klinischer Chemie erforderlich ist. Nun stellt die Blutspiegelbestimmung tatsächlich einige Anforderungen an das Laboratorium. Vor allem dann, wenn sie so kurzfristig zu erfolgen hat, daß noch während der laufenden Infusion eine Korrektur in der Dosierung des Medikaments vorgenommen werden kann. Es gibt Vorstellungen, die so weit gehen, daß dazu ein eigener Meßplatz in unmittelbarer Nähe des Krankenbettes aufgebaut werden muß, um dieses Zeitintervall zwischen Blutabnahme und Vorliegen des Befundes so kurz als möglich zu gestalten. Ich möchte Sie fragen, wie Ihre Vorstellungen sind und welchen Zeitfaktor Sie dem Laboratorium zugestehen, damit das Ergebnis noch zurecht kommt, um für die Therapiesteuerung eingesetzt zu werden.

GÖBEL:
Das ist ein wichtiges Problem, denn die Letalität dieser Behandlungsform war in früheren Jahren zum Teil auf den zu späten Erhalt des Methotrexat-Spiegels zurückzuführen. So benötigt die Bestimmung mit dem mikrobiologischen Test etwa 24 Stunden. Wegen dieser Zeitverzögerung ist eine wiederholte Methotrexat-Spiegelbestimmung unerläßlich, um möglichst frühzeitig eine verzögerte Methotrexatausscheidung zu erkennen. Der entscheidende Wert für die Rescue-Behandlung ist der 48-Stundenwert, der möglichst schnell, d.h. innerhalb von 2-3 Stunden zur Verfügung stehen sollte. Bei ausreichender klinischer Erfahrung ist im Einzelfall auch die Therapie bei Kenntnis des Wertes direkt nach Infusion des Methotrexates und des 48-Stundenwertes möglich. Zweifellos ist die Therapiesteuerung bei zusätzlicher Kenntnis des 24- und 72-Stundenwertes wesentlich sicherer, so daß diese Werte als gleichfalls unverzichtbar anzusehen sind.

Die Vorstellungen, daß der Meßplatz direkt am Patientenbett stehen sollte, leitet sich von einer ganz besonderen Therapieform her. DJERASSI überprüfte den Therapieeffekt eines konstanten Methotrexat-Spiegels über ein bestimmtes Zeitintervall. Hier muß die Infusionsgeschwindigkeit des Methotrexates ständig entsprechend des in kurzen Zeitabständen gemessenen Methotrexat-Serumspiegels geändert werden. Bezüglich des therapeutischen Nutzens dieser speziellen Applikationsweise liegen noch keine gesicherten Daten vor.

FRAU WITT:
Ich möchte Herrn GIBITZ erwidern, daß die Methotrexat-Bestimmung bei guter Zusammenarbeit zwischen Klinik und Labor überhaupt kein Problem ist, weil die Station genau voraussagen kann, bei Beginn der Infusion, wann die Probe im Labor sein wird. Sie können ent-

sprechend Ihre Eichkurve abspeichern, Ihre Reagenzien vorberei-
ten und die Assistentin zum Einsatz haben.

WERNER:
Ist es nicht sehr schwer, die Methotrexat-Werte zu interpretieren, wegen der Pharmakokinetik dieses Medikamentes, so daß der
Blutspiegel ein schlechter Indikator ist für die Konzentrationen
am Rezeptor in der Zelle?

GÖBEL:
Für die Effektivität der Rescue ist weniger die Methotrexat-Kon-
zentration am Rezeptor als vielmehr die Konzentration im Extra-
zellularraum maßgebend, die der Serum-Konzentration gleichzu-
setzen ist. Nur wenn die 5-Methyl-Tetrahydrofolsäure als aktive
Rescue-Substanz in höherer Konzentration als Methotrexat im
Serum bzw. Extrazellularraum vorhanden ist, ist ein aktiver
Transport von Folat in die Zelle gewährleistet. Die Standard-
Rescue baut einen 5-Methyl-Tetrahydrofolsäure-Spiegel im 10^{-6} mol/
Liter-Bereich auf, so daß die Rescue spätestens nach 48 Stunden
effektiv ist. Höhere Serumspiegel von Methotrexat erfordern in-
tensivere Rescue-Maßnahmen wie forcierte Diurese und vor allem
eine höhere Leukovoringabe, um eine gefährliche Toxizität zu
vermeiden.

SCHMIDT:
Wir sprechen hier über Strategien. Sie gaben uns ein Beispiel
für eine sehr differenzierte, detaillierte, therapeutische Strategie, wo die einzelnen Tage ausgefüllt waren mit Freizeiträumen
bzw. Kombinationen von hochtoxischen Substanzen. Was ich nicht
ganz verstanden habe, sind die Kriterien, nach denen Sie das
Vorgehen festlegen. Wie ist hier die Entscheidung für die Strategie gefallen?

GÖBEL:
Auf den ersten Blick erscheint ein Therapie-Protokoll zur Behandlung eines bösartigen Tumors recht willkürlich zusammengestellt. Dieser Eindruck wird zwangsläufig verstärkt, wenn historische Patientengruppen zur Beurteilung der jüngsten Behand-
lungserfolge herangeführt werden. Meine Ausführungen habe ich
nicht abgestellt auf die historische Entwicklung, sondern auf
die klinische Durchführung eines erfolgreichen Behandlungskon-
zeptes. Grundlage für das Therapie-Protokoll waren Monotherapie-
studien früherer Jahre und sogenannte Phase-II-Studien für neue
Medikamente, d.h. Patienten, die ein Rezidiv auf eine bis dahin
konventionelle Therapie erlitten haben, erhalten nach Aufklärung
und Zustimmung des Patienten ein neues Medikament. Z.B. hat Cisplatin bei Patienten mit Osteosarkom, die auf hochdosierte
Methotrexat-Therapie, Adriamycin und Cyclophosphamid Rezidive
erlitten haben, ein partielles bzw. vollständiges Ansprechen
in 40% erbracht. Obwohl die Gesamtzahl der so behandelten Patienten gering war, veranlaßten diese ermutigenden Beobachtungen,
Cisplatin auch beim Osteosarkom primär auf seine Effektivität
zu überprüfen.

Die Planung der Freiräume richtet sich wesentlich nach der
Erholungszeit des Körpers bzw. des Knochenmarks nach jeder

Medikamentengabe. Somit beruht ein derartiges Therapie-Protokoll auf klinischen Erfahrungen, die bei früher behandelten Patienten gewonnen wurden. Der z.T. rasch erscheinende Wechsel von einem Therapie-Protokoll auf ein nachfolgendes beruht auf dem dringenden Wunsch, die Remissionsrate weiter zu erhöhen und sich nicht mit einem schon durchaus beachtlichen Erfolg zufrieden zu geben.

Modelle Strategien

Strategie zur Diagnose des Herzinfarkts mittels Aktivitätsbestimmung der Creatinkinase und der CK-B-Untereinheit

J. Waldenström

Einleitung

Nachfolgend wird dargestellt, welche Strategien wir in Schweden anwenden, um bei Patienten mit suspektem Herzinfarkt eine sichere und schnelle Diagnose zu stellen. Von seiten des klinisch-chemischen Labors ist dabei ein wichtiger Faktor die Bestimmung der Creatinkinase(CK)-Aktivität. Zur Messung der Aktivitäten der CK und der CK-B-Untereinheit verwenden wir die Methode, die vom Skandinavischen Enzymkomitee in Zusammenarbeit mit der Deutschen Gesellschaft für Klinische Chemie ausgearbeitet wurde (1). Jedoch messen wir die Aktivitäten bei 37°C.

Zur Bestimmung der CK-B-Untereinheit verwenden wir die Immuninhibitionsmethode (2, 3). Wir stellen an diese folgende Qualitätsanforderungen:

komplette Hemmung von CK-M innerhalb von 10 Minuten nach Zusatz des inhibierenden anti-CK-M-Antikörpers

Hemmung der CK-M-Untereinheit 99.9%

Restaktivität der CK-MB 45 - 50%

Restaktivität der CK-BB $\geq$ 95%

Eine Korrektur für die nicht gehemmte Restaktivität der Adenylatkinase (AK) wird immer durchgeführt, wenn pathologische Werte für die CK-B vorliegen.

Ein Beispiel für die Möglichkeit, mit dieser Methode zwischen CK-MM und CK-B zu differenzieren, gibt Abbildung 1: Ein Patient wurde mit leicht erhöhten Gesamt-CK und CK-B-Aktivitäten eingeliefert. Er erhielt i.m.-Injektionen von Procainamid in vierstündigen Intervallen. Die Aktivität der Gesamt-CK stieg stark an und erreichte Werte von mehr als 2000 U/l, während die CK-B-Aktivität (korrigiert für die AK-Restaktivität) unter der Diskriminationsgrenze blieb. Die CK-B-Aktivität betrug in diesem Falle nur 0.1% der Gesamt-CK-Aktivität. Wir schließen daraus, daß die analytische Spezifität der Immuninhibitionsmethode sehr gut ist.

---

[1]Diese Studie wurde in Zusammenarbeit mit den Herren W. GERHARDT und S. HOFVENDAHL, Lasarettet, Helsingborg, Schweden, durchgeführt.

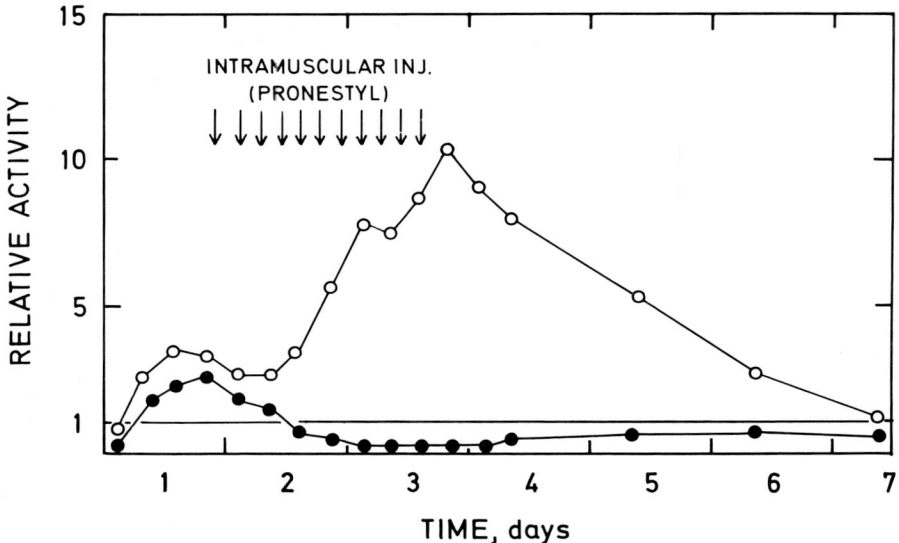

Abb. 1. Zeitlicher Verlauf der Enzymaktivitäten nach einem Herzinfarkt
○ Gesamt-CK; ● CK-B

Ergebnisse beim Myokardinfarkt

Das Kollektiv unserer Studie bestand aus 481 Patienten mit der Verdachtsdiagnose Herzinfarkt. Die Klassifizierung der Patienten als Infarkt- oder Nicht-Infarkt-Fälle wurde anhand der WHO-Richtlinien, der Anamnese, des EKG sowie der Aktivitäten von ASAT und LDH-Isoenzymen vorgenommen (4). In allen zweifelhaften Fällen wurde eine CK-Isoenzymelektrophorese durchgeführt (5). Von den Patienten wurden etwa 85% auf eine Coronary Care Unit überwiesen. Die Infarkt-Prävalenz dieser Patienten betrug 0.47. Die restlichen 15% wurden auf andere Weise versorgt. Deren Infarkt-Prävalenz betrug 0.15. Die mittlere Prävalenz für das Gesamtkollektiv betrug 0.43.

Im Zeitraum von 10 - 20 Stunden nach Infarktereignis wurden den Patienten zwei Blutproben für die CK- und CK-B-Bestimmung abgenommen. Daß das Intervall von 10 - 20 Stunden nach Infarkt optimal für die Probennahme ist, geht aus den folgenden Abbildungen hervor: Abbildung 2 zeigt den zeitlichen Verlauf der Enzymaktivitäten bei einem unkomplizierten Infarkt. Abbildung 3 zeigt die kumulative prozentuale Steigerung der CK- und CK-B-Werte innerhalb von 36 Stunden nach Beginn der Erkrankung. Wie aus der Abbildung hervorgeht, sind die Werte nach unseren Kriterien 10 Stunden nach Erkrankung eindeutig pathologisch.

Die Resultate der CK- und CK-B-Aktivitätsbestimmungen in unserem Patientenkollektiv haben wir in drei prinzipiell gleichartig aufgebauten Diagrammen dargestellt. Die Abszisse zeigt die Enzym-

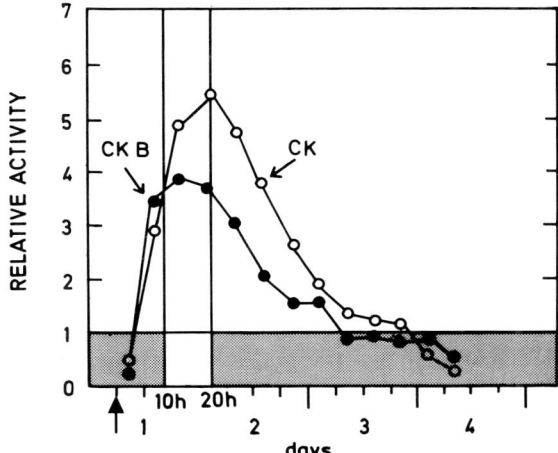

Abb. 2. Zeitlicher Verlauf der Enzymaktivitäten nach Herzinfarkt. ↑ Infarkteintritt

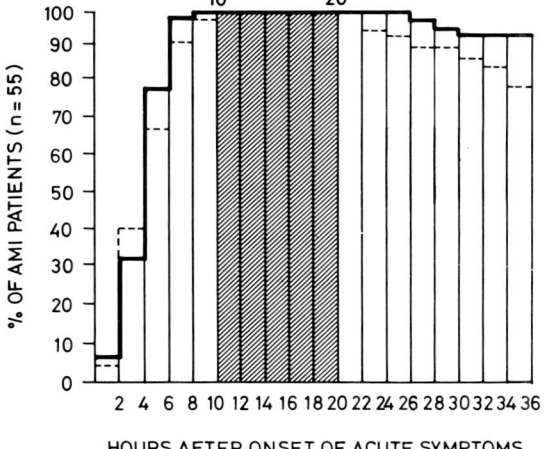

HOURS AFTER ONSET OF ACUTE SYMPTOMS

Abb. 3. Zeitlicher Verlauf des Anteils positiver Gesamt-CK- und CK-B-Bestimmungen nach Herzinfarkt. Werte von 55 Patienten, bei denen der Infarkteintritt auf eine halbe Stunde genau festgelegt werden konnte. ——— Gesamt-CK; ---- CK-B

aktivität. Senkrecht dazu wird eine Linie gezogen, die die empirisch gefundene diskriminatorische Grenze repräsentiert. Oberhalb der Abszisse sind die Werte der wirklich kranken Patienten und unterhalb diejenigen der Referenzgruppe, d.h. die nicht als Infarkt klassifizierten Verdachtsfälle, aufgetragen. Auf diese Weise entstehen vier Felder: Falsch negativ, richtig positiv, richtig negativ und falsch positiv.

Die diagnostische Sensitivität (Empfindlichkeit) einer Methode wird als Verhältnis der Zahl richtig positiver Bestimmungen zur Gesamtzahl der Kranken definiert. Die diagnostische Spezifität wird als das Verhältnis der Zahl richtig negativer Bestimmungen zur Gesamtzahl der Gesunden definiert. Die prädiktive Bedeutung einer als pathologisch anzusehenden Enzymaktivität ergibt sich

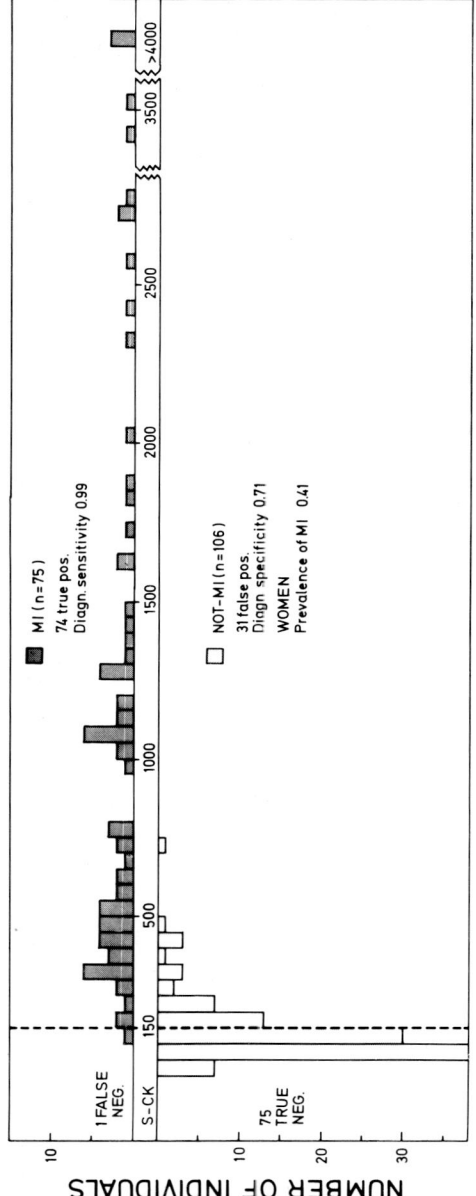

Abb. 4. Vierfeldertafel für die Ergebnisse der Gesamt-CK-Bestimmung bei Frauen. Dargestellt ist der jeweils höhere der beiden Meßwerte innerhalb des 10- bis 20-Stunden-Intervalls, n = 181

139

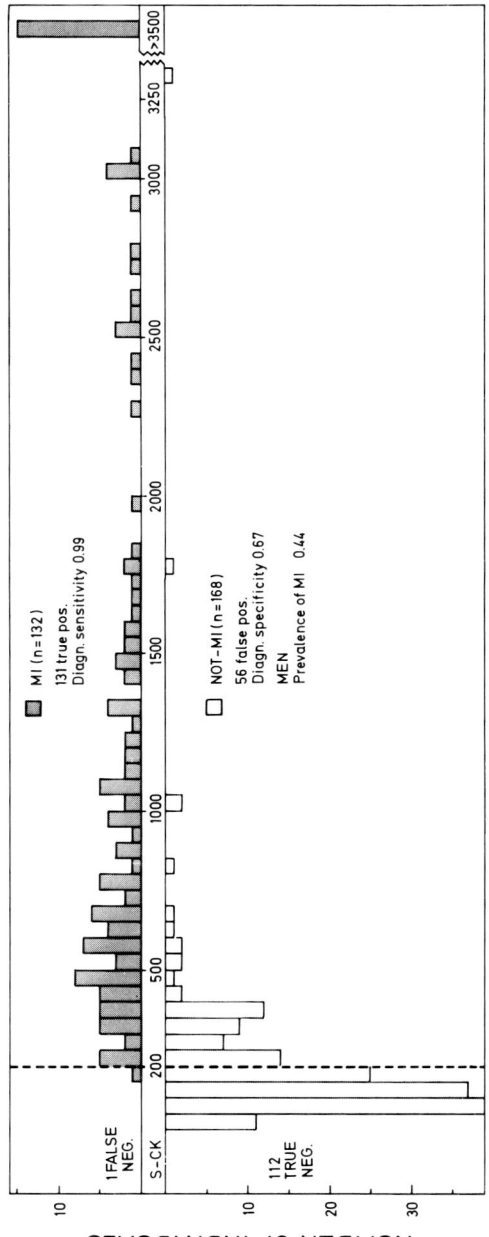

Abb. 5. Vierfeldertafel für die Ergebnisse der Gesamt-CK-Bestimmung bei Männern.
Dargestellt ist der jeweils höhere der beiden Meßwerte innerhalb des 10- bis 20-Stunden-Intervalls,
n = 300

als das Verhältnis der richtig positiven zur Gesamtzahl der positiven Werte (PV_{pos}). Die prädiktive Bedeutung einer negativen Bestimmung ergibt sich als das Verhältnis der richtig negativen zur Gesamtzahl aller negativen Werte (PV_{neg}).

In den nächsten drei Abbildungen werden die Werte der 481 Patienten nach dem oben erläuterten Prinzip dargestellt. Für Gesamt-CK wurde das Material nach Männern und Frauen unterteilt, da die diskriminatorische Grenze für die beiden Geschlechter nicht identisch ist. Für die Frauen ergibt sich das in Abbildung 4 dargestellte Diagramm: Bei insgesamt 181 Fällen (Infarkt-Prävalenz = 0.41) erhielten wir 74 richtig positive, einen falsch negativen, 31 falsch positive, und 75 richtig negative Werte. Aus diesen Daten läßt sich die diagnostische Sensitivität zu 0.99 und die diagnostische Spezifität zu 0.71 berechnen. Für Männer (Infarkt-Prävalenz = 0.4´) (siehe Abb. 5) erhält man 0.99 für die diagnostische Sensitivität und 0.67 für die diagnostische Spezifität. Die prädiktive Bedeutung einer negativen Bestimmung ergab sich in beiden Fällen zu 0.99. Bei den in den zwei vorhergehenden Diagrammen aufgetretenen positiven Fällen führten wir eine CK-B-Bestimmung durch, um die Diagnose Herzinfarkt verifizieren oder ausschließen zu können.

Grundlagen der diagnostischen Strategie
_____

Für die klinische Praxis ergeben sich zwei Strategien für die Anwendung der CK-B-Analyse: 1. Die CK-B-Bestimmung wird bei allen Patienten durchgeführt oder 2. die CK-B-Analyse wird nur bei Patienten mit erhöhten Gesamt-CK-Werten durchgeführt. Abbildung 6 zeigt die CK-B-Werte für das gesamte Patientenkollektiv von 481 Patienten. Die diagnostische Empfindlichkeit ergibt sich in beiden Fällen zu 0.99. Selbstverständlich entgehen im zweiten Falle die Patienten mit falsch negativer Gesamt-CK der CK-B-Bestimmung (zwei Fälle in unserem Material). Strategie "1" ergibt 19 falsch Positive, während mit Strategie "2" nur 8 falsch Positive gefunden werden. Von den 19 falsch Positiven der Strategie "1" hatten 11 eine Makro-CK-BB (5, 6, 7), von denen nur 4 Fälle eine erhöhte Gesamt-CK aufwiesen.

Die diagnostische Spezifität für Strategie "1" ergibt sich zu 0.99, die für Strategie "2" zu 0.94. Nachteil von Strategie "1" ist, daß dreimal so viel CK-B-Analysen wie bei Strategie "2" durchgeführt werden müssen. Da sich aus den Ergebnissen der beiden Strategien unterschiedliche Werte für die Infarkt-Prävalenz im Kollektiv ergeben, unterscheiden sich auch die Werte für die prädiktiven Größen, wie in Tabelle 1 dargestellt.

In Abbildung 7 sind die gemessenen CK-B-Aktivitäten der 104 Patienten mit Werten oberhalb der Diskriminationsgrenze von 12 U/1 im Verhältnis zur Gesamt-CK-Aktivität dargestellt. In das Diagramm sind 2 Diskriminationslinien für 3% CK-B (= 6% CK-MB nach der deutschen Methodik) und 10% CK-B eingezeichnet. Unterhalb der 3%-Grenze liegen 7% der Patienten, die bei dieser Art der Bewertung als Herzinfarkt-negativ klassifiziert würden. Oberhalb

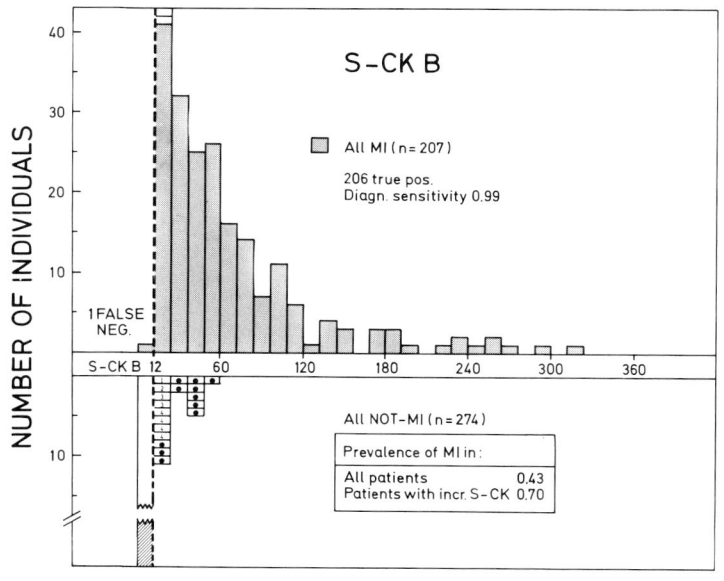

<u>Abb. 6.</u> Vierfeldertafel für die Ergebnisse der CK-B-Bestimmung. Dargestellt ist jeweils der höhere der beiden Meßwerte innerhalb des 10- bis 20-Stunden-Intervalls, n = 481

▨ Proben mit erhöhter Gesamt-CK bei Infarktpatienten

▧ Proben mit erhöhter Gesamt-CK bei Nichtinfarktpatienten

☐ Proben mit normaler Gesamt-CK

[1] CK-MB + CK-BB. Myom, Herzstillstand, Hämorrhagia cerebellaris. Erhöhte Gesamt-CK

[2] CK-MB. Prinzmetal-Angina (Infarkt?). Erhöhte Gesamt-CK

[3] CK-BB. Herzstillstand. Erhöhte Gesamt-CK

[4] CK-BB. 1 Intoxikation, 1 Schock, 2 Diagnose unbekannt. Normale Gesamt-CK

[●] "Makro-CK-BB", 11 Patienten, davon 7 mit normaler Gesamt-CK

<u>Tabelle 1.</u> Prädiktive Werte der Diagnose-Strategien

Strategie	"1"	"2"
Infarkt-Prävalenz	0.43	0.70
PV_{pos}	0.96	0.98
PV_{neg}	0.99	0.99

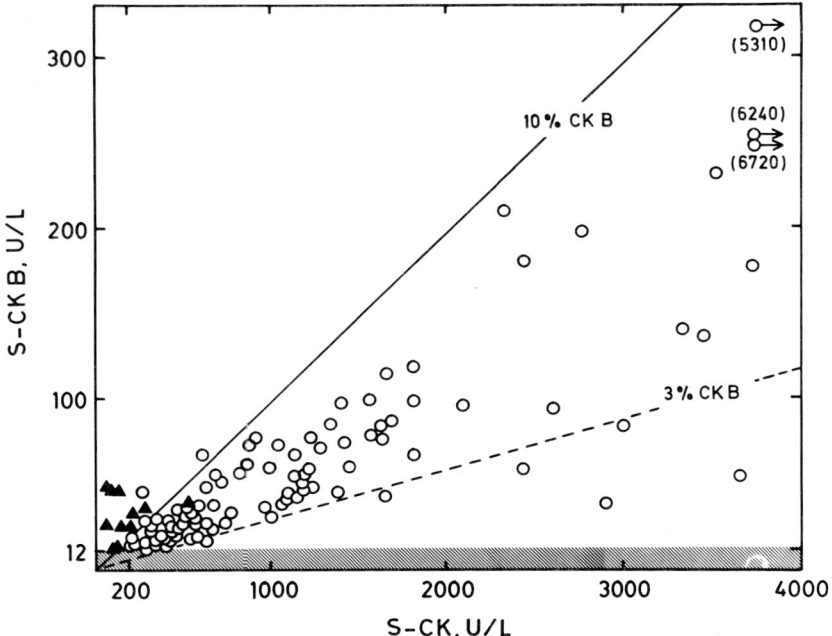

Abb. 7. Verhältnis von CK-B-Aktivität zur Gesamt-CK-Aktivität bei Herzinfarkt-
und Makro-CK-BB-Patienten
O Herzinfarkt, n = 93; ▲ Makro-CK-BB, n = 11

der 10%-Grenze liegen die Werte von 10 der 11 Patienten mit Makro-
CK-BB.

Diagnostische Strategie

Wir verwenden Strategie "2", d.h. wir bestimmen die CK-B-Aktivität nur bei Patienten mit erhöhter Gesamt-CK. Das Arbeitsschema
für unsere Strategie ist in Abbildung 8 dargestellt.

Die Patienten, die bei Einlieferung in das Krankenhaus als mögliche Herzinfarktfälle beurteilt werden, werden in einer besonderen
Abteilung behandelt. Man versucht, den Zeitpunkt des Infarktes
so genau wie möglich festzustellen, und es werden zwei CK-Bestimmungen innerhalb der Zeit 10 bis 20 Stunden nach Infarkt durchgeführt. Die Infarkt-Prävalenz in dieser Gruppe hängt natürlich
stark von den Auswahlkriterien des Arztes ab. Die Prävalenz für
unser Kollektiv von 481 Patienten ergab sich zu 0.43. Für dieses
Kollektiv fanden wir für die Gesamt-CK eine diagnostische Empfindlichkeit von 0.99 und eine diagnostische Spezifität von 0.70.
Daraus ergibt sich, daß ungefähr 70% aller Nicht-Infarktfälle
mit einem PV_{neg} von 0.99 identifiziert werden. Mit Hilfe der Ge-

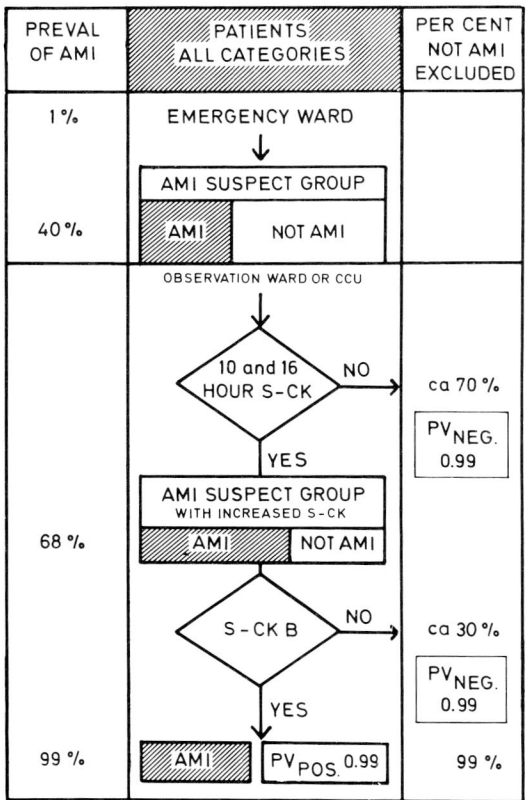

PREVAL OF AMI	PATIENTS ALL CATEGORIES		PER CENT NOT AMI EXCLUDED
1 %	EMERGENCY WARD ↓		
	AMI SUSPECT GROUP		
40 ‰	AMI	NOT AMI	
	OBSERVATION WARD OR CCU ↓		
	10 and 16 HOUR S-CK — NO →		ca 70 % PV NEG. 0.99
	YES		
	AMI SUSPECT GROUP WITH INCREASED S-CK		
68 %	AMI	NOT AMI	
	S-CK B — NO →		ca 30 % PV NEG. 0.99
	YES		
99 %	AMI	PV POS. 0.99	99 %

Abb. 8. Entscheidungsschema der Diagnose-Strategie. Sequentielle Anwendung von klinischen Kriterien, Gesamt-CK- und CK-B-Aktivität

samt-CK-Bestimmung innerhalb des 10 bis 20-Stunden-Intervalls werden 70% aller Nichtinfarkt-Patienten eliminiert. Da die CK-Bestimmung nur an den Patienten mit erhöhter Gesamt-CK durchgeführt wird, sind im Kollektiv, bei welchem CK-B bestimmt wird, nur 30% Nichtinfarkt-Patienten, aber 99% der Infarkt-Patienten enthalten. Die Infarkt-Prävalenz in dieser Gruppe beträgt also 68%.

Die diagnostische Spezifität steigt von 0.68 im Kollektiv mit Gesamt-CK-Bestimmung auf 0.98 im Kollektiv mit zusätzlicher CK-B-Bestimmung. Die diagnostische Empfindlichkeit fällt leicht von 0.990 im Gesamt-CK-Kollektiv auf 0.986 im CK-B-Kollektiv; diese Abnahme wird durch die drei falsch negativen Fälle verursacht.

Unsere Strategie erlaubt, bis zu einer Zeit von 20 Stunden nach Infarkteintritt, die Diagnose Herzinfarkt mit hoher Sicherheit zu bestätigen oder auszuschließen (8).

144

Literatur

1. Scandinavian Committee on Enzymes (1979) Recommended method for the determination of creatine kinase in blood, modified by the inclusion of EDTA. Scand J Clin Lab Invest 39:1
2. WÜRZBURG U et al. (1977) Quantitative determination of creatine kinase isoenzyme catalytic concentrations in serum using immunological methods. J Clin Chem Clin Biochem 15:131
3. GERHARDT W, WALDENSTRÖM J (1979) Creatine kinase B-subunit activity in serum after immunoinhibition of M-subunit activity. Clin Chem. 25:1274
4. WHO Working Groups (1972) Evaluation of comprehensive rehabilitative and preventive programmes for patients after acute myocardial infarction. WHO Regional Office for Europe, Copenhagen, p 26
5. LJUNGDAHL L, GERHARDT W (1978) Creatine kinase isoenzyme variants in human serum. Clin Chem 24:832
6. URDAL P, LANDAAS S (1979) Macro creatine kinase BB in serum, and some data on its prevalence. Clin Chem 25:461
7. BOHNER J, STEIN W, KUHLMANN E, EGGSTEIN M (1979) Serum creatine kinase BB linked to immunoglobulin G. Clin Chem Acta 97:83
8. Committee on Enzymes of the Scandinavian Society for Clinical Chemistry and Clinical Physiology (SCE) (1981) SCE Evaluation I. Creatine kinase (EC 2.7.3.2) and creatine kinase B-subunit activity in serum in suspect myocardial infarction. The Nordic Clinical Chemistry Project (NORDKEM), Helsinki

Diskussion

VONDERSCHMITT:
Herzlichen Dank, Herr WALDENSTRÖM. Ich glaube, es ist eine stra-
tegische Frage, mit der sich derzeit fast alle Laboratorien aus-
einandersetzen, ob die CK-B-Bestimmung immer oder nur bei erhöhter CK-Aktivität durchgeführt werden soll.

BÜTTNER:
Herr WALDENSTRÖM, ich habe es so verstanden, daß die Entscheidung
für Strategie 2, d.h. die CK-B-Bestimmung nur bei erhöhter Gesamt-
CK durchzuführen, deswegen gefallen ist, weil der Predictive
Value höher ist. Sie haben aber offensichtlich die Kosten-Nutzen-
Relation nicht hineingerechnet, wie man das eigentlich tun könnte,
wie wir gestern besprochen haben. Sie hatten nur angedeutet, daß
bei Strategie 1 dreimal mehr Untersuchungen gemacht werden müssen;
das ist natürlich ein Kostenfaktor.

WALDENSTRÖM:
Wir haben es nicht exakt ausgerechnet, aber Verfahrensweise 2 ist
natürlich billiger. Es ist auch die einzige praktikable Methode;
es wäre unmöglich, so viele CK-B-Analysen im Nachtdienst als Not-
fallbestimmungen durchzuführen.

BÜTTNER:
Man sollte versuchen, hieraus ein Modell zu machen, einen Ent-
scheidungsbaum aufzustellen und die Konsequenzen zu bewerten.
Das müßte ganz gut gehen.

STEIN:
Ich möchte sagen, daß der Entscheidungsweg 2 auch vom Gesichtspunkt der Makro-Creatinkinasen her der richtigere ist. Wir haben
festgestellt, daß die Makro-CK in einer Population, wie sie bei
uns in Tübingen in der Klinik vorliegt, zu ungefähr 3% vorkommt.
Wenn man bei allen Patienten die CK-MB mißt und von jedem, der
einen Wert über 10 Einheiten hat, Chromatographie, Elektrophorese
etc. durchführt, kommen wir auf ungefähr 3% Makro-CK. Von diesen
3% Makro-CK zeigen aber nur 0,5% eine pathologische Gesamt-CK,
d.h. wenn man zuerst prüft, ob die Gesamt-CK pathologisch ist
und dann erst die CK-MB mißt, hat man 5/6 der Fälle mit Makro-CK
schon ausgeschieden. Wenn man dann noch, wie Herr WALDENSTRÖM, 2
CK-MB-Bestimmungen im Abstand macht, kann man den größten Teil
der verbleibenden Makro-CK daran erkennen, daß der 2. Meßwert
genau so hoch wie der erste ist, d.h. daß keine Enzymdynamik vorhanden ist.

Frau SCHMIDT:
Ich wollte an die Kosten-Nutzen-Frage von Herrn BÜTTNER anknüpfen
und auf die Aussage eingehen, daß man weniger CK-Tests braucht,
wenn man die Entscheidung konsekutiv trifft. Werden Ihre Patienten

so lange als Infarkte betrachtet, bis das Gegenteil bewiesen ist?
Liegen sie dazu auf der Intensivstation? Ist diese immer so auf-
nahmefähig und bereit, daß man dieses Zeitintervall zwischen den
zwei CK-Bestimmungen in Kauf nehmen kann? Diese Dinge müssen ja
in die Kostenfrage einbezogen werden.

WALDENSTRÖM:
85% dieser Patienten liegen auf der Coronary Care Unit, wie ich
sagte. Deshalb ist es so wichtig, eine schnelle Diagnose zu bekommen, um die Nichtinfarkt-Patienten so schnell wie möglich von
der Coronary Care Unit zu entfernen.

GIBITZ:
Auch in unserem Krankenhaus heißt es immer wieder, ein Verdachts-
fall auf Herzinfarkt wird so lange als ein solcher behandelt,
bis die Diagnose eindeutig feststeht bzw. bis das Gegenteil erwiesen ist. Meine Frage an den Kliniker: bedeutet das nun tatsächlich Behandlung in der Intensivstation? Wenn eine Intensiv-
behandlung erforderlich ist, wäre es doch wahrscheinlich unsere
Aufgabe, die Diagnostik so zu beschleunigen, daß wir — eventuell
auch unter Einsatz von aufwendigeren Untersuchungen — zu einer
rascheren Entscheidung beitragen könnten. Wenn eine nicht notwendige Intensiv-Behandlung nicht begonnen werden müßte, wäre
das für die Ökonomie eines Spitalbetriebes meines Erachtens eine
wesentliche Kosten-Nutzen-Frage.

SCHÖLMERICH:
Bei uns ist das Problem relativ einfach gelöst. Wir haben eine
Aufnahmestation, in welche alle Aufnahmen zunächst kommen. Wenn
jemand mit Herzinfarkt-Verdacht kommt und zeigt Komplikationen
wie Herzrhythmusstörungen, Herzinsuffizienz oder massive Hypotonie
mit den Anzeichen für Schock, dann kommt er auf die Intensivstation und wird dort behandelt wie ein Herzinfarkt. Wenn er die
Komplikationen nicht hat, dann lassen wir ihn auf der Aufnahmestation und warten die Laborergebnisse ab.

SCHMIDT:
Können Sie sagen, was die Aufnahmestation und die Intensivstation
pro Tag kosten?

SCHÖLMERICH:
Die Relation liegt — soweit ich das im Augenblick sagen kann —
bei 1 : 7 oder 1 : 8. Die Aufnahmestation hat z.B. einen wesentlich geringeren Pflegeaufwand.

GIBITZ:
Darf ich noch fragen: Welcher Anteil der Patienten kommt aufgrund
seiner Symptomatik auf die Intensivstation?

WERNER:
In Amerika ist es ein Standard, daß 50% jener, die von der Not-
fallstation auf die Intensivstation kommen, einen Herzinfarkt
haben sollten. Wenn in der Praxis der Prozentsatz der Patienten
mit Herzinfarkt höher ist, wird angenommen, daß der Aufnahmearzt
zu konservativ in seiner Diagnosestellung ist, und wenn der Prozentsatz unter 50% ist, wird angenommen, daß der Arzt auf der

Aufnahmestation zu wenig vorsichtig ist. Die Preisrelation für
diese beiden Stationen ist in USA etwa 1 : 3. Natürlich ist es
sehr wirtschaftlich, eine Frühdiagnose zu stellen. Deshalb haben
wir uns nicht mit einer Sequenzialdiagnostik befreunden können,
weil die Kosten der Enzymuntersuchungen neben den Kosten für die
Behandlung irrelevant sind.

SCHÖLMERICH:
Das ist doch unter anderem die Frage der örtlichen Gegebenheiten,
z.B. nach der Zahl der Beobachtungsplätze auf der Infarktstation.

WERNER:
Eher ist es ein Problem der finanziellen Mittel, die zur Versorgung der Bevölkerung zur Verfügung stehen. Da die Mittel nicht
unbeschränkt vorhanden sind, wurde in USA als Kompromiß die Regel
gewählt, 50% der Patienten in die Infarktstation zu bringen.

DENGLER:
Zur Frage, die hier diskutiert wird, gibt es eine Studie, in der
berechnet wurde, wie lange man den Infarkt-Verdacht in der Klinik behalten soll; dabei kam ungefähr 24 Stunden heraus. Ich persönlich würde das für richtig halten und würde es nicht wagen,
aufgrund eines negativen Tests einen möglichen Infarkt heimzu-
schicken. Ein Infarkt erfolgt ja nicht nur zu einem einzigen
Zeitpunkt, sondern es gibt Nachinfarkte und Infarktausweitungen.
Daher darf man sich nicht auf eine Momentaufnahme durch eine einzelne Enzymbestimmung verlassen, sondern sollte eine sequentielle
Strategie verwenden, um die zeitliche Entwicklung beurteilen zu
können.

BÜTTNER:
Ich habe noch eine Frage an Herrn SCHÖLMERICH. Bei den Zahlen
von Herrn WALDENSTRÖM war die Eingangsprävalenz durch die klinische Untersuchung ungefähr 40%. Der hohe Predictive Value am
Schluß mit 99% resultiert natürlich zum wesentlichen Teil daraus,
daß am Anfang mit 40% eingegangen wird. Wie ist das in einem Nor-
malkrankenhaus, wie hoch ist die diagnostische Sicherheit, den
Herzinfarkt vor Anwendung dieser Enzymtests zu erkennen?

SCHÖLMERICH:
Das beruht wesentlich auf EKG-Analysen und diese haben immerhin
eine Aussagekraft von 75 - 80%. Es fallen z.B. die Fälle heraus,
die schon einen alten Infarkt haben und die Fälle mit Schenkelblock, wo man keine Veränderungen sichern oder nur im Ablauf
sichern kann.

GUDER:
Bei uns wird das EKG erst gemacht, wenn das Blut schon auf dem
Weg zum Labor ist. Unter diesen Bedingungen ist nur bei 10% der
Fälle die CK überhaupt erhöht und von denen nur bei wiederum 25%
ein Infarkt die Ursache. Das sind Schätzwerte. Das Verhältnis
ist also ganz anders als bei der Studie von Herrn WALDENSTRÖM,
wenn man die Vorauswahl nicht macht.

DENGLER:
Ich glaube, daß diese beiden Aussagen richtig sind, denn es hängt
weitgehend davon ab, wie rasch ein Infarktpatient in die Klinik

kommt. Wir haben öfters akute Infarkte im Hospital erleben müssen,
wo man also den Beginn exakt bestimmen kann. Die Aussagen über
die Treffsicherheit von Methoden gelten in scharfer Abhängigkeit
von der Zeit seit Infarktereignis. Ich wollte noch eine andere
Frage stellen: Ich weiß nicht, ob ich Sie richtig verstanden
habe: Machen Sie ein EKG nur, wenn die CK-Aktivität erhöht ist?

WALDENSTRÖM:
Nein, immer.

TRENDELENBURG:
Ein Hinweis zur zeitlichen Lokalisation des Infarktes: in den
seriellen CK-Bestimmungen bei Herzinfarkt-Patienten steckt möglicherweise doch mehr Information, als man bisher vielleicht
denkt, wie z.Zt. von FAUST et al. in Stuttgart durchgeführte Untersuchungen vermuten lassen. Hierbei zeigt die gemessene Akti-
vierungsenergie der CK einen typischen Verlauf relativ unabhängig
von der Menge des beim Infarkt ausgeschütteten Enzyms. Etwa nach
drei Tagen kommt es zu einem Gipfel der gemessenen Aktivierungs-
energie, so daß dies als zusätzlicher diagnostischer Parameter
eventuell einen Wert zur Bestimmung des Infarkteintrittes bekommt, gerade bei wenig erhöhten CK- und CK-B-Werten.

SCHÖLMERICH:
Herr WALDENSTRÖM, es besteht häufig die Notwendigkeit, zwischen
Lungenembolie, Herzinfarkt, Pericarditis und akuter schwerer
Myocarditis zu unterscheiden. Eine Lungenembolie hat keine er-
höhten CK-B-Werte, aber Myocarditis und Pericarditis könnten
einen CK-B-Anstieg verursachen, wenn sie ausgeprägt genug sind.
Kann man hier die Isoenzyme auch zur Differentialdiagnose ge-
brauchen?

WALDENSTRÖM:
Ich glaube, daß man Myocarditis mit CK-B nicht erkennen kann.
Patienten mit Pericarditis habe ich nicht untersucht, so daß
ich darüber nichts sagen kann.

Frau SCHMIDT:
Bei Pericarditis findet man keine CK-MB; auch der Anstieg der Gesamt-CK ist nur sehr geringfügig. Aber bei einer Myocarditis mit
Tachykardie usw. haben wir nennenswerte Anstiege von CK-MB gesehen.

SCHÖLMERICH:
Für den Kardiologen liegt einmal die Bedeutung der CK-MB darin,
daß in manchen Fällen eine frühzeitigere Diagnostik als mit dem
EKG möglich ist. Zweitens, daß man bei der Differentialdiagnose,
wenn das EKG nicht aussagefähig ist — also Schenkelblock oder
überstandener Infarkt — und die Gefahr neuer Infarkte besteht,
mit CK-MB etwas aussagen kann. Das dritte ist eine Frage: Kann
man mit dieser Methode die Größe eines Herzinfarktes bestimmen?

WALDENSTRÖM:
Wir haben gerade eine Studie über dieses Thema abgeschlossen und
ich meine, daß wir in einem Monat sagen können, ob die CK-B-Werte
zur Infarktgröße korrelieren.

LANG:
Es sind in USA durch die Gruppe von SOBEL und in Deutschland von
Herrn BLEIFELD vergleichende Untersuchungen zur Infarktgrößenbestimmung mit serieller Gesamt-CK- und CK-MB-Bestimmung durchgeführt worden. Ich glaube, bei kritischer Beurteilung muß man sagen, CK-MB bringt keinen Vorteil gegenüber der Gesamt-CK. Die
Methode der enzymatischen Infarktgrößenbestimmung ist ja in sich
mit einem großen Unsicherheitsfaktor belastet, da nur etwa 15%
der freigesetzten Enzymaktivität im Blut erscheinen und gemessen
werden.

WERNER:
Das war ein sehr schönes Beispiel der Anwendung von Sequential-
Analysen. Aber es gibt auch andere Lösungen zum Problem; wir
haben die Frage gestellt: Wie kann man mit Test-Batterien dieses
Problem lösen — diese Strategie konnten Sie ja auch von mir erwarten! Wir haben eine breite Batterie von Enzymbestimmungen am
ersten, zweiten und dritten Tag nach Spitalaufnahme gemacht und
dann verschiedene Kombinationen dieser Tests der Diskriminanz-
Analyse unterworfen. Die beste Aussagekraft haben wir gefunden
mit 2 Enzymbestimmungen jeweils am ersten und zweiten Tag nach
Spitalaufnahme. Das Problem hier ist ja, daß man bei der Aufnahme
nicht weiß, wie alt der Infarkt ist.

KELLER:
Welches ist die Test-Batterie?

WERNER:
In der Batterie haben Sie ziemliche Flexibilität. Wir haben das
Modell auf verschiedene Arten durchgespielt und empfehlen, ein
Enzym zu nehmen, das ein früher Anzeiger des Herzinfarktes ist
und eines, das ein später Anzeiger ist: wir haben CK-MB und LDH
gewählt.

KNEDEL:
Ich möchte auch noch von der Laboratoriumsseite her auf ein Problem hinweisen. Die Optimierung der Versorgung eines Infarkt-Patienten in der Intensivstation ist natürlich von der Schnellig-
keit der Verfügbarkeit der Ergebnisse abhängig. Ich möchte an
zwei Bildern zeigen, welche Untersuchungsstrategie bei uns angewendet wird: Die Entscheidungsfällung geschieht üblicherweise
nach diesem Schema (Abb. 1). In einem gut organisierten und aus-
gestatteten Laboratorium sollte es möglich sein, aus dem gleichen
Material Untersuchungen, die sich in strategischer Konsequenz
ergeben, frühzeitig nachzuholen und zur Verfügung zu stellen.
Gerade bei der Infarktdiagnostik ist es so, daß man die CK-MB-
Untersuchung nachholen und damit die Möglichkeiten der Behandlung optimieren sollte. Mit Hilfe dieser Strategie ist schon bei
einer Prävalenz von 35% im untersuchten Kollektiv ein Predictive
Value von 95% erreicht worden (siehe Tab. 1).

WALDENSTRÖM:
Ich möchte darauf hinweisen, auch zu der Kritik von Herrn WERNER,
daß unsere Strategie, obwohl sie in der Theorie sequentiell ist,
in der Praxis nicht sequentiell gehandhabt wird. Das Labor führt
die CK-B-Bestimmung sofort durch, wenn eine pathologische Gesamt-

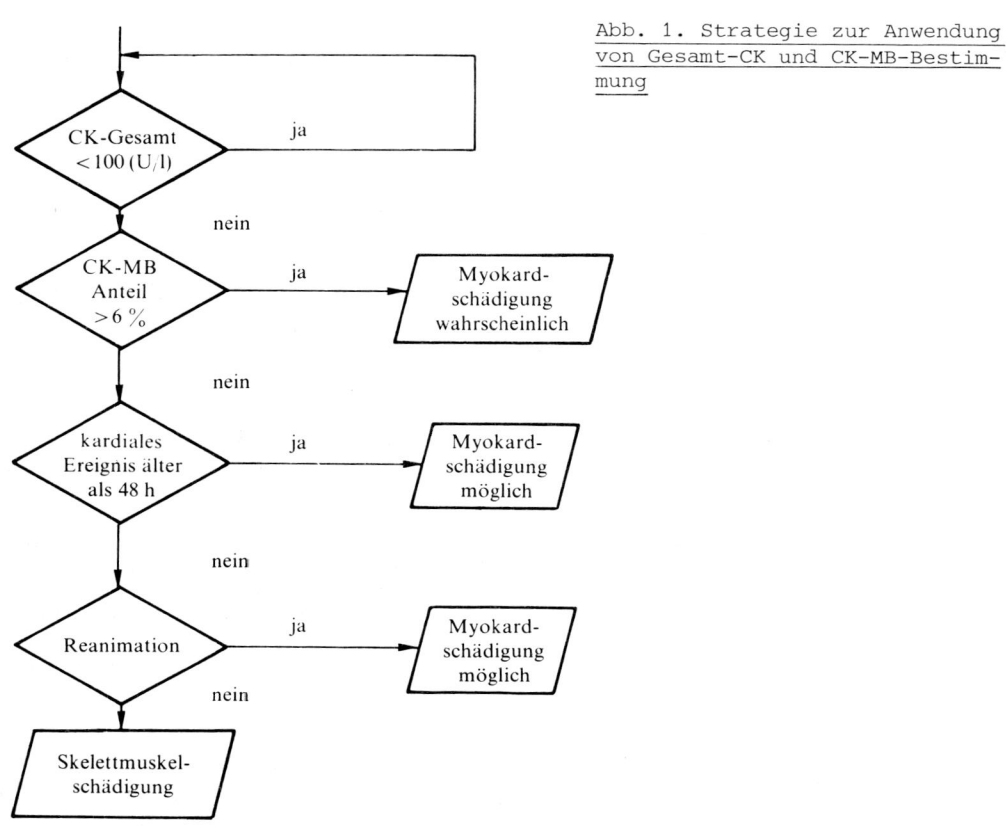

Abb. 1. Strategie zur Anwendung von Gesamt-CK und CK-MB-Bestimmung

Tabelle 1. Validitätsparameter diagnostischer Größen beim Myokardinfekt

	Sympt.	ECG	LDH+ SGOT	CK- total	CK-MB >4 (U/l)	CK-MB >6 (%)
Sens.	0,85	0,74	0,64	0,94	0,88	0,74
Spec.	0,79	1,00	0,92	0,57	0,83	0,92
$PV_{pos.}$	0,58	1.00	0,72	0,41	0,63	0,83
$PV_{neg.}$	0,95	0,95	0,88	0,97	0,96	0,95

CK-Aktivität gemessen wird. Diese Entscheidung trifft das Labor selbständig.

LAUE:
Wie war in Ihrer Studie der Herzinfarkt gesichert und was verbirgt sich hinter den falsch positiven Werten?

WALDENSTRÖM:
Die Infarkte wurden durch EKG, Aspartat-aminotransferase und LDH-Isoenzyme gesichert. Die falsch positiven waren Makro-CK, ein Fall mit Hypothyreose und einer mit CO-Vergiftung.

OBERDORFER:
Wenn ich Herrn WALDENSTRÖM richtig verstanden habe, verwendet er zur Befundmitteilung die Angabe in absoluten Einheiten und nicht den prozentualen Anteil an der Gesamt-CK. Könnten Sie bitte noch einmal Ihre Gründe hierfür präzisieren, vor allem Ihre Argumente gegen die Angabe in prozentualen Anteilen? Die zweite Frage: Welche Daten haben Sie vorliegen über die Präzision und Richtigkeit Ihrer Analytik, vor allen Dingen in den Bereichen niedriger Aktivität an der unteren Nachweisgrenze?

WALDENSTRÖM:
Der eine Grund unserer Argumentation für die Angabe absoluter Einheiten ging aus meiner Abbildung hervor, daß ungefähr 7% der Fälle als falsch Negative klassifiziert werden, wenn man die Entscheidungsgrenze von 3% CK-B, das sind 6% CK-MB nach Ihrer Auswertung, anwendet. Der andere Grund ist, daß nach unserer Ansicht die absolute Aktivität besser geeignet ist, den Verlauf zu beurteilen. Man kann nach unseren Erfahrungen über längere Perioden gleichbleibende Prozentanteile haben, während die absoluten Werte durchaus eine Dynamik zeigen. Die Präzision an der Entscheidungsgrenze von 12 U/l CK-B ist 8 - 10% (Variationskoeffizient).

LANG:
Die hier in Mitteleuropa übliche Bewertung der Meßergebnisse als CK-MB-Prozente (der CK-Gesamtaktivität) beruht unter anderem vor allem auf der Tatsache, daß nach unserer Meinung nur mit Hilfe dieser Prozentangabe zwischen Skelettmuskel- und Herzmuskel-Schädigung differenziert werden kann. Die Skelettmuskel-CK enthält etwa 5% CK-MB (Herzmuskel-CK rund 45%). Bei Skelettmuskelschädigungen können daher hohe absolute CK-MB-Aktivitäten freigesetzt werden (bis zu Werten über 300 U/l); nur durch die Relation zur Gesamt-CK-Aktivität kann die Herkunft aus dem Skelettmuskel erkannt werden. Mit Hilfe der Diskrimination bei 6% CK-MB können z.B. Polytraumen mit und ohne Myokardschädigung (Autounfälle!) differenziert oder Myokardschäden nach Operationen und Intoxikationen erkannt bzw. ausgeschlossen werden.

Strategie-Probleme bei der Diagnostik von Leberkrankheiten

Ellen und F.W. Schmidt

Das Modell "Herzinfarkt" mit seinen Ja-Nein-Entscheidungen ist gut geeignet, die *Vorteile* rechner-unterstützter Diagnose-Strategien zu demonstrieren. Das Modell "Leber-Krankheiten" mit der Fülle seiner Möglichkeiten bietet sich an, die *Probleme* beim Entwerfen und Erproben von Diagnose-Strategien darzustellen.

Dieser Beitrag behandelt einen kleinen Ausschnitt aus der Enzymdiagnostik der Leber-Erkrankungen unter klinischem Aspekt anhand von Rohdaten und beschränkt sich auf einfache, praxis-relevante Fragen und wenige Parameter, um 3 Punkte zur Diskussion zu stellen:

1. Die Frage einer einheitlichen Strategie-Empfehlung bei unterschiedlicher Inzidenz.
2. Die Grenzen der klinisch-chemischen Diagnostik und Überwindung der Barrieren mit anderen diagnostischen Methoden.
3. Die Unsicherheiten bei der Wahl der Bezugsgrundlagen.

Möglicherweise wird durch die Besprechung dieser Punkte einsichtig, warum — seit IHM (1) und ZIEVE und HILL (2) vor fast 30 Jahren den Anfang machten — praktisch alle bisherigen Diagnostik-Programme bei etwa 70% Effizienz eine Art Schallmauer erreicht zu haben scheinen (3, 4, 5, 6, 7, 8).

Wir beginnen damit, zu fragen, ob das Kardinal-Symptom der Leber- und Gallenwegs-Erkrankungen, der Ikterus, neben seiner Eigenschaft als Signal der Dekompensation einer wichtigen Leber-Funktion bei der Erkennung und Differenzierungs der Leberkrankheiten hilft.

Auf Abbildung 1 ist das klinische Symptom als Bilirubin-Konzentration im Serum quantifiziert. Es sind Erst-Befunde von über 1000 Patienten mit Leber- und Gallenwegserkrankungen graphisch dargestellt, die Ordinate gibt Prozent-Anteile wieder, die in diesem Falle logarithmische Abszisse ist nach eher klinischen Gesichtspunkten unter Mißachtung mathematischer Gebote in Klassen eingeteilt.

Zwei Drittel aller Patienten sind an- oder subikterisch. Das zeigt den geringen Wert der Bilirubin-Bestimmung als Screening-Untersuchung; dennoch nennen 2/3 aller Autoren es für die Basis-Diagnostik (8). Zur Unterscheidung von akuten und chronischen Leberkrankheiten kann es auch nicht dienen, ebensowenig zur Selektionierung von Patienten für eine chirurgische Therapie. Allerdings schließen Bilirubin-Spiegel über dem 5-fachen der Norm die Diagnose "Fettleber" und "akute Stauungsleber" und Bilirubin-

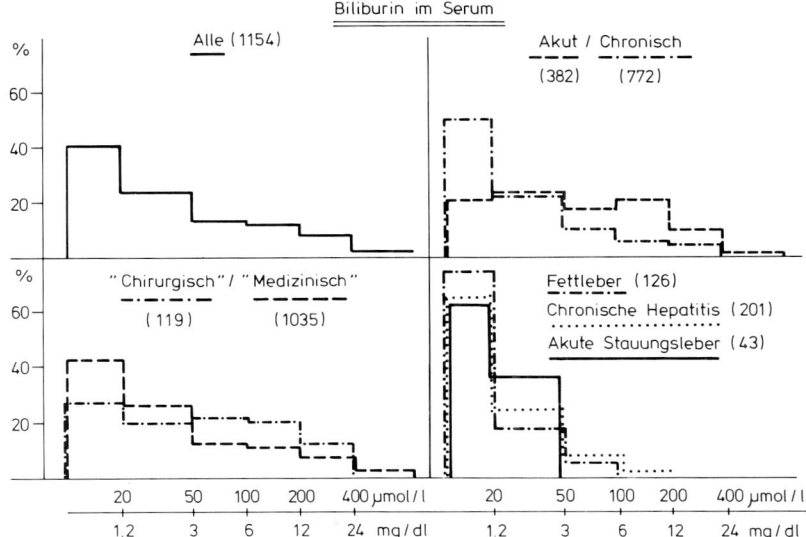

Abb. 1. Häufigkeitsverteilung der Bilirubin-Konzentration im Serum bei Patienten mit Leber-Erkrankungen insgesamt und unterteilt nach verschiedenen Gesichtspunkten (Aufnahme-Befunde)

werte über dem 10-fachen der oberen Normgrenze — etwas überraschend — das Vorliegen einer chronischen Hepatitis aus. Damit erhält man also doch eine gewisse Einengung der diagnostischen Auswahl.

In dem hier vorgelegten Material macht dies ein knappes Drittel aus. Hier muß indessen Kritik einsetzen bezüglich der relativen Prävalenzen in unserem Kollektiv, die mit größten Vorbehalten zu betrachten sind (wie in fast allen derartigen Studien): Die Zahl der Patienten mit Fettleber ist z.B. deshalb relativ niedrig, weil nur bioptisch als entzündungsfrei befundete Fettlebern mit mehr als geschätzten 30% verfetteten Leberzellen dazugezählt wurden. Wir sind damit beim 1. Problem:

Wenn wir für den Entwurf von diagnostischen Strategien uns auf mit Methoden der Wahrscheinlichkeitsrechnung ermittelte Daten über die Effizienz stützen — woher erhalten wir die jeweiligen Krankheits-Prävalenzen, mit denen in jeder oft unterschiedlich gelagerten und dem Wechsel unterworfenen Situation gearbeitet werden muß? Es gibt ja bereits Tabellen der prädiktiven Werte bei gegebener Spezifität, Sensitivität und Prävalenz, z.B. von GALEN und GAMBINO (9). Wie soll man sie aber — prospektiv und in der Realität — benutzen? Es ist auch nicht nur die universale Prävalenz einer Erkrankung, sondern vor allem die aktuelle Inzidenz in der Menschengruppe, die den jeweiligen Arzt aufsucht, die in der Diagnostik interessiert.

In Tabelle 1 sind Faktoren aufgezeigt, die die Zusammensetzung aktueller Patienten-Populationen bestimmen und sie manchmal abrupt

154

Tabelle 1. Faktoren, die die Prävalenz von Erkrankungen in bestimmten
Ausschnitten aus der Bevölkerung beeinflussen

A. Allgemein:

Alter und Geschlecht der Patienten
Ethnische, soziale und Berufs-Gruppen der Patienten
Lebensgewohnheiten der Patienten
Durchseuchungsgrad der Bevölkerung
"Moden"

B. Zusätzlich an Hochschul-Kliniken:

Klinischer Schwerpunkt der Station
Klinisches Hauptinteresse der Stationsärzte
Diagnostische und therapeutische "Monopole"
Wissenschaftliche Programme

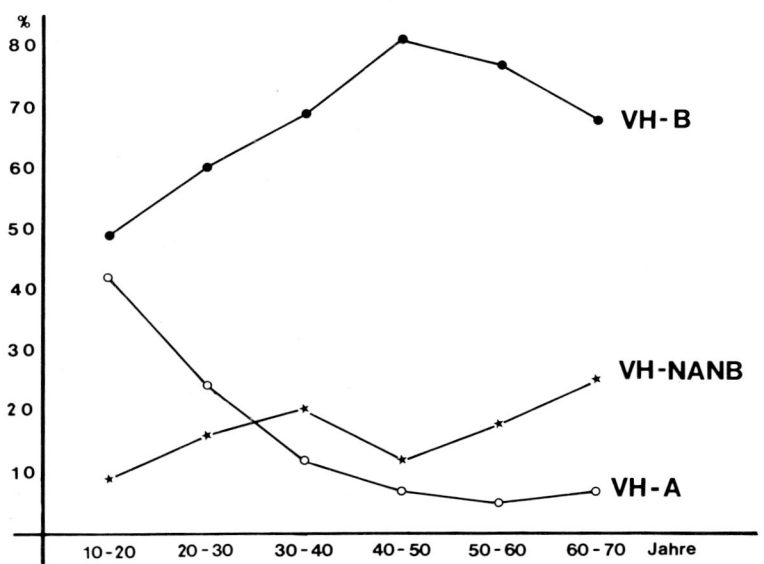

Abb. 2. Altersverteilung der Patienten des Jahres 1975 mit serologisch klas-
sifizierter akuter Virushepatitis im Raum Hannover. Nach (10)

ändern können. Ein "statisches" Beispiel: Ein Pädiater muß in
der Leberdiagnostik immer angeborene Stoffwechseldefekte und Miß-
bildungen in Betracht ziehen, der Internist tut es erst sehr spät.
Ein Beispiel für die "Dynamik": Wenn die Rotation einen Onkologen
auf eine innere Station bringt, nehmen dort Metastasen-Lebern
und medikamenten-induzierte Leberschäden drastisch zu.

Auch die Zusammensetzung des Krankengutes, von dem wir hier ausgehen, ist einseitig geprägt durch Schwerpunkte in der Arbeit

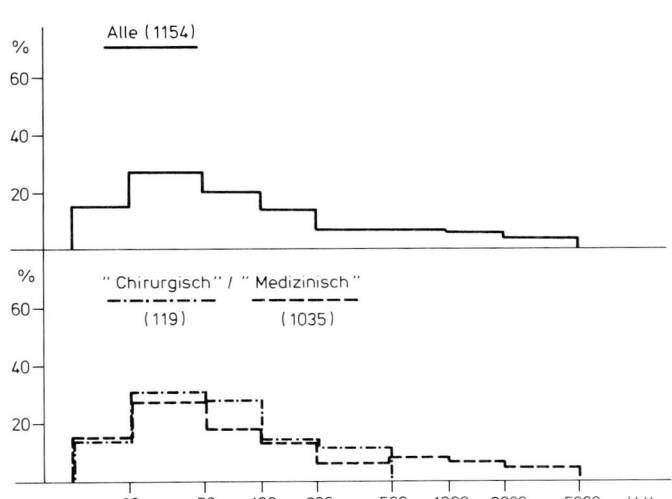

Abb. 3. Häufigkeitsverteilung der GPT-Aktivität im Serum bei Patienten mit Leber-Erkrankungen insgesamt und unterteilt nach therapeutischen Gesichtspunkten (Aufnahme-Befunde)

der Abteilung: Chronische Hepatitiden und Metastasenlebern sind z.B. deutlich über-repräsentiert.

Ein Beispiel für die Alters-Abhängigkeit der Inzidenz zeigt Abbildung 2 mit einer ätiologischen Aufgliederung der Virushepatitiden von 1975 im Raum Hannover (10). Ohne daß noch zusätzlich auf Jahreszeit, Reisetätigkeit und lokale Besonderheiten Rücksicht genommen wird, variiert die Wahrscheinlichkeit der Virushepatitis-A von 5 – 42%.

Es wäre demnach zu überlegen, ob allgemeine Empfehlungen zu diagnostischen Strategien bei Leber-Erkrankungen sinnvoll sind, z.B. wie sie die Kollegen in der DDR empfehlen, von der Praxis bis zur Spezial-Abteilung einer Universitäts-Klinik in Stufen aufbauend (7). Oder ob fach-spezifische Modifikationen der Verfahrensweise, wie sie sich in der Praxis entwickelt haben, erforderlich sind, z.B. angepaßt an die Klientel des Gynäkologen, des Psychiaters oder des Werksarztes. Wenn es "fest-stehende" und "variable" Teile geben soll, was primär wiederum nicht sicher erscheint, wäre zu untersuchen, was zum einen und was im gegebenen Fall zum anderen gehören müßte. Dies kann wohl nur experimentell geschehen.

Wir haben als feststehenden Bestandteil schon immer die Bestimmung der GPT-Aktivität im Serum vorgeschlagen. Dem wird inzwischen auch außerhalb von Mitteleuropa von den meisten Hepatologen zugestimmt (8, 11).

Tabelle 2. GPT-Aktivität im Serum

Diagnose	500-1000 U/l	über 1000 U/l
Akute Virushepatitis	147 = 71%	93 = 72%
Akute Leberstauung	45 = 21%	35 = 28%
Chronische Hepatitis	8 = 4%	0
Cholangitis und PBC	4 = 2%	0
Medikamentös induz. Leberschädigung	2 = 1%	0
Metastasenleber	2 = 1%	0
Cirrhosen	1	0
	207	127
	von 1154 Patienten	

Auch die Verteilung der GPT-Aktivität im Serum ist — wie Abbildung 3 zeigt — schief: Fast 2/3 der Erstbefunde liegen zwischen
der oberen Normgrenze und ihrem 10-fachen, 15% jeweils im Norm-
bereich und über dem 25-fachen. In diesem letzteren Bereich über
500 U/l liegen keine extrahepatischen, "chirurgischen" Gallen-
wegsobstruktionen. Diese Gruppe setzt sich vielmehr so zusammen,
wie Tabelle 2 zeigt.

Über 70% der Patienten haben eine akute Virushepatitis, 20% eine
akute Stauungsleber, andere Erkrankungen kommen im Bereich zwischen 500 und 1000 U/l nur in sehr geringen Prozentsätzen, darüber
gar nicht mehr vor. Die schweren akuten Intoxikationen, z.B. mit
Pilzen oder organischen Lösungsmitteln, sind so selten, daß sie
hier nicht berücksichtigt wurden.

Wenn in dieser Gruppe schwerer akuter Leberzellschäden nicht
Anamnese und Klinik die Differentialdiagnose bereits lösen, gewinnt die Bestimmung der GLDH-Aktivität entscheidende Bedeutung
(12, 13, 14).

Abbildung 4 (14) (mit 4 zusätzlichen Hepatitis-Fällen, bei denen
nur die GOT höher als 1000 U/l war, und erst 30 Patienten mit
Stauungsleber) zeigt klar, daß auch bei nekrotisierenden Formen
der akuten Virushepatitis, die den kleinen Nebengipfel über 100
U/l ausmachen, die GLDH-Aktivität sich nicht mit der bei den akuten Durchblutungsstörungen überschneidet. Die differentialdia-
gnostischen Probleme sind hier nicht groß.

Wenden wir uns daher Patienten mit niedrigeren Aktivitäten der
GPT zu!

Wie Tabelle 3 zeigt, fehlen unter den Seren mit einer GPT-Aktivität über 500 U/l auch die von Patienten mit Fettleber und mit
Leber-Metastasen, wenn auch aus ganz verschiedenem Grund. Im Bereich unter 200 U/l GPT kommen hingegen keine Aufnahmebefunde

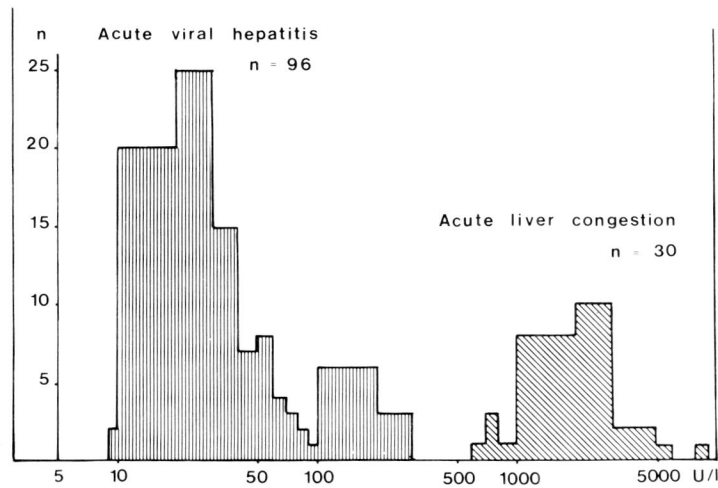

Abb. 4. GLDH-Aktivität im Serum bei Patienten mit akuter Virushepatitis und akuter Leberstauung, bei denen mindestens eine Transaminase-Aktivität im Serum über 1000 U/l betrug

Tabelle 3. GPT-Aktivität im Serum bei Leber-Erkrankungen

unter 200 U/l	200 - 500 U/l	über 500 U/l
–	akute VH (15/162)	akute VH (147/162)
chron. Hep. (167/201)	chron. Hep. (26/201)	chron. Hep. (8/201)
Cirrhosen (145/154)	Cirrhosen (8/154)	Cirrhosen (1/154)
Fettleber (126/126)	–	–
tox. Schäden (45/58)	tox. Schäden (11/58)	tox. Schäden (2/58)
Verschluß-I. (105/119)	Verschluß-I. (14/119)	–
Metastasen-L. (234/241)	Metastasen-L. (7/241)	–
Cholang. + PBC (42/50)	Cholang. + PBC (4/50)	Cholang. + PBC (4/50)
Insgesamt 864 = 75%	85 = 7%	205 = 18%

Zahlen in Klammern: Anzahl der Gruppenzugehörigen/Gesamtzahl

von akuter Virushepatitis vor. Sonst jedoch findet sich im Bereich unter dem 10-fachen der normalen GPT-Aktivität das Gros der Patienten: 75%. In der mittleren Gruppe, GPT zwischen 200 und 500 U/l, erscheinen außer der Fettleber alle anderen Diagnosen, obgleich sie zahlenmäßig die kleinste ist.

Hier erscheint es dringlich, einmal die akute Virushepatitis auszusondern, zum anderen, wie auch in der linken Gruppe, notwendig, den extrahepatischen Gallenwegsverschluß von den intrahepatischen Obstruktionen und den Begleitcholestasen der toxischen und viralen Lebererkrankungen zu trennen.

Tabelle 4. Ätiologie der Virus-Hepatitis

Circa-Inzidenz zur Zeit im Raum Hannover	VH-A 20%	VH-B 60%	VH-NANB 20%
Verdacht bei:	Anti-HAV +	HB_S-Ag +	Anti-HAV-IgM $\emptyset$ und HB_S-Ag $\emptyset$ oder keine Serokonversion der HV-B-Marker; andere Virus- und tox. Hepatitis-Formen ausgeschlossen
Beweis bei Aufnahme:	Anti-HAV-IgM +	kein Beweis	kein Beweis
Beweis später:	Anti-HAV $\emptyset \rightarrow$ + Anti-HAV-Titer $\rightarrow$ x4	*Serokonversion:* Anti-HB_C $\emptyset \rightarrow$ + Anti-HB_e $\emptyset \rightarrow$ + Anti-HB_S $\emptyset \rightarrow$ + HB_S-AG + $\rightarrow \emptyset$	kein Beweis

Der nächste Schritt zur Lösung der ersten Frage ist zweifellos die Bestimmung der Virusmarker.

Die Tabelle 4 erinnert jedoch daran, daß bei der Aufnahme eines Patienten nur die Hepatitis-A positiv bewiesen werden kann (10). Die Hepatitis-B läßt sich — vor allem in Anbetracht der niedrigen Prävalenzen von Carriern in Deutschland — sehr wahrscheinlich machen. Es bleibt die Differentialdiagnose zu den chronischen Formen der B-Hepatitis, die im Verlauf gewöhnlich durch Serokonversionen und den Ausfall enzymologischer und anderer klinisch-chemischer Tests nach Abklingen der akuten Phase entschieden werden kann.

Die Hepatitis Non-A/Non-B indessen ist bis auf den heutigen Tag eine reine Ausschluß-Diagnose.

Der Versuch, ihr mit enzymologischen Mitteln näher zu kommen, führt zwar zu statistisch signifikanten Unterschieden zur Hepatitis-B, wie sie Tabelle 5 darstellt (15). Im Einzelfall zeigt sich aber auch bei den beiden Parametern mit der besten Trennung der Mittelwerte eine breite Überlappung: bei Bilirubin und GPT/GGT-Quotient (Abb. 5).

Ebenso wie in der Hepatitis-Serologie stößt man hier auf z.Zt. noch nicht überwindbare Grenzen. Die deutliche Linksverschiebung des Quotienten GPT/GGT in Abbildung 5 bei den aufgrund von Serologie und Histologie als Hepatitis-Non-A/Non-B klassifizierten Patienten ist wohl einerseits bedingt durch die im allgemeinen niedrigeren Transaminaseaktivitäten der Hepatitis-Non-A/Non-B, er weckt aber andererseits den Verdacht, daß nicht alle toxischen

Tabelle 5. Differential-Diagnose zwischen VH-B und VH-NANB

	VH-B n = 125	P	VH-NANB n = 21
Bilirubin i.S. µmol/l	166 ± 13	<0.001	71 ± 17
GPT (U/l)	1 364 ± 64	<0.01	915 ± 138
GOT (U/l)	762 ± 43	<0.02	502 ± 54
AP (U/l)	316 ± 12	<0.05	377 ± 37
$\frac{GPT}{GGT}$	18 ± 1.6	<0.001	6.5 ± 1.3
$\frac{GOT}{AP}$	2.6 ± 0.18	<0.01	1.4 ± 0.21
$\frac{GOT+GPT}{GLDH}$	82 ± 5	<0.05	125 ± 49

Alle anderen einfachen und kombinierten Größen sind nicht signifikant verschieden.
M ± SEM (Aufnahme-Befunde)

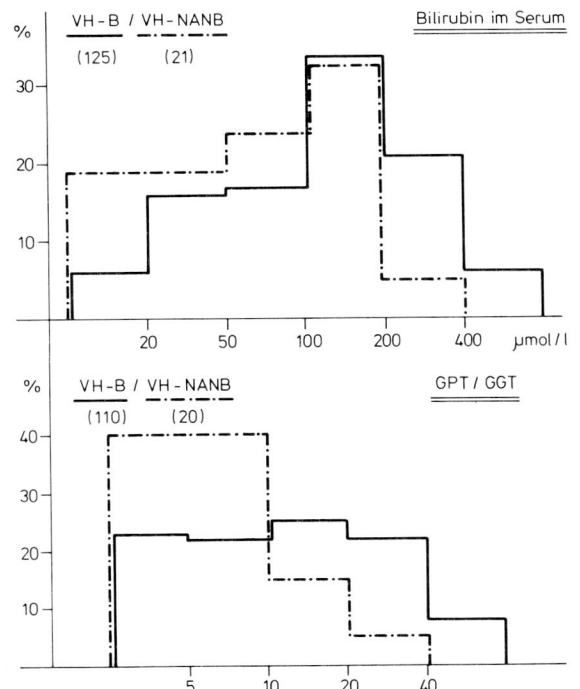

Abb. 5. Häufigkeitsverteilung der Bilirubin-Konzentration und des Quotienten GPT/GGT im Serum bei Patienten mit akuter Virus-Hepatitis B und Non-A/Non-B (Aufnahme-Befunde

Tabelle 6. Differential-Diagnose: Virus-Hepatitis/toxische Hepatitis

	Virus-Hepatitis/toxische Hepatitis	
GOT+GPT GLDH	*über 40:*	*unter 40:*
	Virus-Hep. (146/146)	-
	tox.-Hep. (14/58)	tox.-Hep. (44/58)
GGT/GPT	*unter 1.0:*	*über 1.0:*
	Virus-Hep. (146/146)	-
	tox.-Hep. (5/14)	tox.-Hep. (9/14)
CHE (U/l)	*über 1400:*	*unter 1400:*
	Virus-Hep. (146/146)	-
	tox.-Hep. (2/5)	tox.-Hep. (3/5)

Zahlen in Klammern: Anzahl der Gruppenzugehörigen/Gesamtzahl

Hepatitiden durch die angewandten Methoden differential-diag-
nostisch eliminiert werden konnten.

Bei allen Fällen von akuter Hepatitis, die nicht als Hepatitis-A
gesichert worden sind, ist angesichts der Existenz von Carriern
und chronischen Verlaufsformen und, eingedenk der Häufigkeit al-
kohol-bedingter und medikamentös-induzierter akuter Leberschäden,
diese Differentialdiagnose erforderlich. Eine typische akute Al-
kohol-Hepatitis muß zwar klinisch eher gegen das "akute Abdomen"
abgegrenzt werden — die Unterscheidung von einer Virushepatitis
bietet durch das charakteristische Verhalten von GGT und DeRitis-
Quotient wenig Schwierigkeiten. Um so mehr Probleme stellen die
abortiven und chronischen Formen der alkoholischen Leberschädigung und besonders die arzneimittelbedingten Hepatitiden.

Tabelle 6 zeigt den Versuch einer Trennung in Form einer Modifi-
kation unserer bekannten Entscheidungsbäume (12). Die Modifika-
tion besteht darin, daß an Stelle der früher benutzten circa-
Aktivitäts-Angaben Bereiche oberhalb und unterhalb eines Trenn-
wertes angegeben sind, wie es für Entscheidungen, die auch ma-
schinell getroffen werden können, verlangt wird. Wir wissen nicht,
ob das ein Vorteil ist:
Aus quantitativen sind qualitative Angaben geworden.

Während alle akuten Virushepatitiden bei der Aufnahme einen
Transaminasen-GLDH-Quotienten über 40, einen GGT/GPT-Quotienten
unter 1 und eine Cholinesterase über 1400 U/l hatten, liegt der
Transaminasen-GLDH-Quotient nur bei 2/3 der Patienten mit toxischer Hepatitis unter 40. Von denen, bei denen er im Virushepa-
titis-Bereich liegt, lassen sich wiederum 2/3 mit Hilfe des Quotienten GGT/GPT über 1 abtrennen, vom Rest die Hälfte durch eine
niedrige Cholinesterase-Aktivität. Zwei der 58 Patienten wurden
aufgrund des histologischen Befundes bei negativem HBs-Ag und
negativem anti-HAV trotz hoher CHE zu den toxischen Formen ge-

161

Tabelle 7.

Medikamenten-induzierte (toxische) Leberschäden vom Hepatitis-Typ

durch

Monoamino-Oxidase-Hemmer	Tuberkulostatica
Antidepressiva	Antirheumatica
Barbiturate	Anaesthetica
Anticonvulsiva	Appetit-Zügler
Ethacrynsäure	Guanoxan u.v.a.

Medikamenten-induzierte (toxische) Leberschäden vom Verschluß-Typ

durch

Phenothiazine[+]	Antidiabetica
Benzodiazepine[+]	Thyreostatica
Antidepressiva[+]	Thiazid-Diuretica
Anabole Steroide	Furosemid
Synthetische Östrogene	Antiarrhythmica
Antihistaminica[+]	Meprobamat
Carbenoxolon	Haloperidol
Nitrofurantoin	u.v.a.

[+]können auch heptatis-artige oder Mischbilder verursachen

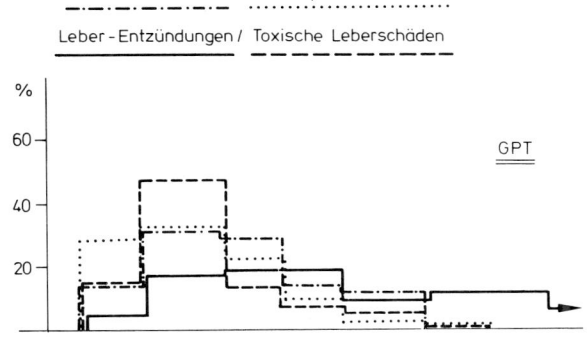

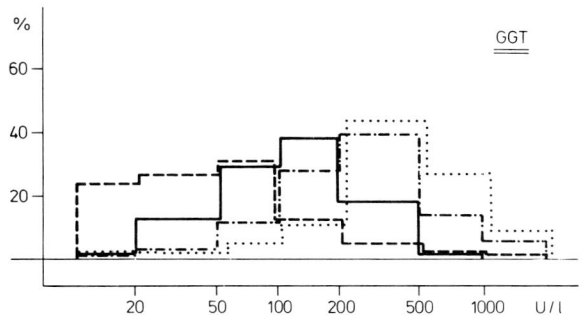

Abb. 6. Häufigkeitsverteilung von GPT und GGT-Aktivität im Serum bei Patienten mit Leber-Erkrankungen
unterteilt in 4 große Krankheitsgruppen (Aufnahme-Befunde)

Tabelle 8. Differential-Diagnose der Cholestase I

	GPT-Aktivität unter 500 U/l	
GOT+GPT / GLDH →	*unter 40:*	*über 40:*
	Verschluß-I. (119/119)	–
	Metastasen-L. (234/239)	Metastasen-L. (5/239)
	Cholang. + PBC (44/46)	Cholang. + PBC (2/46)
	Fettleber (103/126)	Fettleber (23/126)
	tox. Schäden (43/56)	tox. Schäden (13/56)
		ak. Virus-Hep. (15/15)
	chron. Hep. (112/193)	chron. Hep. (81/193)
	Cirrhosen (60/153)	Cirrhosen (93/153)
GGT/GPT →	*über 1.0:*	*unter 1.0:*
	Verschluß-I. (119/119)	–
	Metastasen-L. (234/234)	–
	Cholang. + PBC (44/44)	–
	Fettleber (103/103)	–
	tox. Schäden (28/43)	tox. Schäden (15/43)
	chron. Hep. (27/112)	chron. Hep. (85/112)
	Cirrhosen (53/60)	Cirrhosen (7/60)

Zahlen in Klammern: Anzahl der Gruppenzugehörigen/Gesamtzahl

zählt. Das ist aber — bei der täuschend ähnlichen Nachahmung der Virushepatitis durch manche Arzneimittelschäden — keineswegs eine sichere Diagnose (Tab. 7).

Da medikamenten-induzierte Leberschäden unter anderem auch die morphologischen und funktionellen Symptome eines Gallengangsverschlusses imitieren, erschweren sie auch die Lösung des zweiten genannten Problems: Die Heraussonderung der extrahepatischen Gallenabflußbehinderung (Tab. 7). In den Tabellen wird sie wie üblich "Verschlußikterus" genannt, obgleich 1/4 unserer Patienten anikterisch ist und in einem weiteren Fünftel der Bilirubinspiegel unter 50 µmol/l liegt.

Wie die Grob-Unterteilung unseres Patientengutes nach der GPT-Aktivität (Tab. 3) zeigt, kommen Aktivitäten über 500 U/l beim extrahepatischen Abflußhindernis nicht vor. Bei der Mehrzahl der Patienten mit Gallenwegs-Verschluß liegt die GPT im Bereich unter 200 U/l.

Das bedeutet, daß die *Höhe* der Zellenzyme allein schon aus diesem Grunde nicht zur Differenzierung ausreichen kann, wie dies noch einmal für die 4 großen Krankheitsgruppen auf Abbildung 6 an der fast vollständigen Überlappung von GPT und auch von GGT zu erkennen ist. Unterschiede können — wie meist — nur von den Mustern erwartet werden.

Tabelle 9.

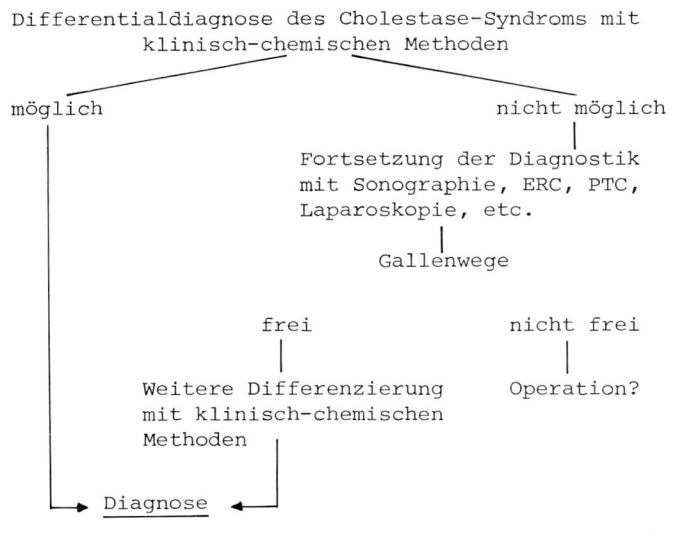

Differentialdiagnose des Cholestase-Syndroms mit
      klinisch-chemischen Methoden

möglich   nicht möglich

                    Fortsetzung der Diagnostik
                    mit Sonographie, ERC, PTC,
                    Laparoskopie, etc.

                         Gallenwege

            frei   nicht frei

      Weiter Differenzierung   Operation?
      mit klinisch-chemischen
      Methoden

      Diagnose

Der obere Teil des Entscheidungsbaumes auf Tabelle 8 zeigt zunächst, daß, auch wenn die GPT-Aktivität kleiner als 500 U/l ist,
der Transaminasen-GLDH-Quotient bei einem Trennwert von 40 Virushepatitis und Verschlußikterus glatt voneinander scheidet. Die
Zahlen in den Klammern zeigen aber ebenso deutlich an, daß alle
anderen Diagnosen sich mit teils ungleichen Anteilen, wie z.B.
die intrahepatischen Cholestasen, z.T. fast ausgewogen, wie z.B.
die chronischen Hepatitiden, auf beiden Seiten finden.

Mit dem Quotienten GGT/GPT und einem Trennwert von 1,0 wird zwar
die Zahl der Leber-Erkrankungen ohne Gallenwegs-Obstruktion auf
der Seite der Obstruktions-Syndrome vermindert mit Ausnahme der
Fettleber, es gelingt jedoch nicht, den extrahepatischen, "chirurgischen" Gallenwegsverschluß, der in diesem Krankengut zu
fast gleichen Teilen durch Steine (n = 62) und Tumoren (n = 57)
bedingt ist, zu isolieren. Auch die Einbeziehung weiterer klinisch-chemischer Parameter ergibt zwar wechselnde Mehrheiten auf
beiden Seiten der bestmöglichen Trennwerte, aber keine klare Entscheidung: Ein weiteres Beispiel für Grenzen der nur klinisch-
chemischen Diagnostik der Leberkrankheiten.

Das Dilemma ist natürlich zum Teil nur ein scheinbares! Anamnese,
Beschwerden, körperlicher Status, die — artifiziell — hier völlig
ausgeklammert sind, sorgen dafür, daß in vielen Fällen der extra-
hepatische Verschluß gar nicht als Möglichkeit auftaucht. Der
Verlauf — auch der klinisch-chemischen Befunde — klärt, wenn Zeit
zum Abwarten vorhanden ist, wie bei der Hepatitis-Serologie manchmal die Lage befriedigend.

Dennoch, zur Differentialdiagnose der cholestatischen Syndrome
ist es meist unerläßlich, durch Sonographie oder invasivere Me-

Tabelle 10. Differential-Diagnose der Cholestase II

GPT-Aktivität unter 500 U/l

$$\frac{GOT+GPT}{GLDH} \quad \text{unter } 40$$

GGT/GPT   über 1.0

| Extrahepatische Gallenwege frei |

GGT (U/l) ⟶   *unter 100:*   *über 100:*

Metastasen-L. (4/234)	Metastasen-L. (230/234)
Cholang. + PBC (1/44)	Cholang. + PBC (43/44)
Fettleber (102/103)	Fettleber (1/103)
tox. Schäden (14/28)	tox. Schäden (14/28)
chron. Hep. (23/27)	chron. Hep. (4/27)
Cirrhosen (47/53)	Cirrhosen (6/53)

GGT/GPT   ⟶   *unter 6.0:*   *über 6.0:*

–	Metastasen-L. (4/4)
–	Cholang. + PBC (1/1)
Fettleber (102/102)	–
tox. Schäden (13/14)	tox. Schäden (1/14)
chron. Hep. (23/23)	–
Cirrhosen (36/47)	Cirrhosen (11/47)

Zahlen in Klammern: Anzahl der Gruppenzugehörigen/Gesamtzahl

thoden zu ermitteln, ob die extrahepatischen Gallenwege frei
sind, und damit die Richtung der therapeutischen Überlegungen
festzulegen und gleichzeitig die diagnostische Sperre zu über-
winden (Tab. 9) (16).

Wenn der Gallengangsverschluß aus der Differential-Diagnose ausgeschieden ist, treten die enzymologischen und anderen klinisch-
chemischen Untersuchungen wieder in ihr Recht, um die intrahepatischen cholestatischen Syndrome — wie auf Tabelle 10 gezeigt —
weiter aufzuschlüsseln: Die GGT-Aktivität als solche und der GGT/
GPT-Quotient, jetzt mit einem Trennwert von 6,0, isolieren weitgehend die intrahepatischen Obstruktionen. Der Schönheitsfehler
sind die 11 Cirrhosen: Man kann — müßigerweise — darüber speku-
lieren, ob bei diesen Patienten mit Cirrhose, deren Befund-Muster
hartnäckig auf der Seite der intrahepatischen Obstruktionen ver-
harrt, ein unerkanntes primäres Leber-Carcinom vorliegt (16, 17).
Wichtiger erscheint, daß in diesem Beispiel vorhandene klinisch-
chemische Untersuchungsbefunde im Lichte von neuen, mit anderen
Methoden gewonnenen Erkenntnissen u.U. neue und andere Bedeutungen
erlangen können.

Damit kommen wir zur diagnostischen Spirale und zum letzten Problem, den Bezugspunkten für unsere strategischen Überlegungen. Der

Tabelle 11. Differentialdiagnostische Möglichkeiten beim histologischen
Befund: "Hepatitis mit portaler und intralobulärer mesenchymaler Reaktion"

1. Spätes Abheilungsstadium einer Virushepatitis bei üblichem Verlauf;

2. Abheilungsstadium einer Virushepatitis bei atypischem Verlauf;

3. Hepatitis bei infektiöser Mononukleose;

4. Unspezifisch-reaktive Hepatitis;

5. Arzneimittel-bedingte Hepatitis;

6. Sekundäre Cholangitis bzw. Pericholangitis;

7. Chronisch-persistierende Hepatitis.

Tabelle 12.

Morphologische Schädigungsmuster und Krankheitsbilder infolge Toxineinwirkung auf
die Leber

Akut

A. Zytotoxisch
   1. Leberzellnekrosen — massiv / diffus / fokal — zentral / intermediär / peripher / zonal
   2. Steatose
   3. Nekrose/Steatose
      + Entzündungszellinfiltration — Typ d.reakt.Hep. / Typ d.Fettleber-Hep. / Typ d.Virus-Hep.
      +/- Pigmentablagerung

B. Cholestatisch
   1. Ohne lichtmikroskopische Gallengangs-Veränderungen
   2. Mit lichtmikroskopischen Gallengangs-Veränderungen
   3. Typ der Cholangiohepatitis

C. Vasculär
   1. Endophlebitis hepatica obliterans
   2. Budd-Chiari-Syndrom

Chronisch

A. Chron.Hepatitis
   1. persistierend
   2. aggressiv

B. Cirrhose
   1. grobknotig
   2. kleinknotig
   3. biliär

C. Tumor
   1. gutartig (Adenom)
   2. bösartig
      a) hepatocell.
      b) cholangiocell.
   3. Sarkom
   4. Angiosarkom

strengen Lehre gemäß dürfen für die Klassifizierung der Patienten,
bei denen klinisch-chemische Strategien erprobt werden, nur Außenkriterien verwandt werden (18). Das heißt in der hepatologischen
Praxis: Beschränkung auf die bioptisch-histologischen Diagnosen,
obgleich man weiß, daß bei enzündlichen Leber-Erkrankungen, von
herdförmigen Prozessen ganz zu schweigen, unzureichende oder

166

Tabelle 13. Leber-Beteiligung bei extrahepatischen Erkrankungen

als unspezifisch-reaktive Hepatitis bei

Cystischer Fibrose	30 - 40%
Sarcoidose	ca. 60%
Rheumatoider Arthritis	ca. 20%
Still and Felty	ca. 20%
SLE	ca. 20%
Hodgkin	ca. 35%
Sek. Polymyositis	ca. 40%
Amyloidose	ca. 80%

als Fettleber bei

Diabetes mellitus	ca. 40%
Adipositas	ca. 50%
Adipositas und Diabetes	ca. 70%
Gicht	ca. 80%
chron. Darmentzündungen	ca. 50%
Anaemien	ca. 40%

falsche histologische Diagnosen zwischen 20 und 60% erwartet werden können, da "Sampling error" und "Observer error" sich addieren (19, 20, 21, 22, 23).

Weiterhin weiß man, daß der morphologische Befund oft vieldeutig ist und Ätiologie, Stadium, Verlaufsform etc. nicht erkennen läßt. Ein Beispiel davon ist in Tabelle 11 dargestellt (24), in dem natürlich auch die allgegenwärtigen toxischen und fremdstoffinduzierten Leberschäden als diagnostische Möglichkeiten vorkommen.

Sie können, wie Tabelle 12 (25) zeigt, ein so buntes Spektrum von Erscheinungsbildern produzieren, daß die Vermutung gewagt werden darf, daß wir völlig unzutreffende Vorstellungen von ihrer Häufigkeit haben, da sie nicht in die morphologischen Klassifikations-Systeme passen.

Wenn die Leberhistologie aber als ungeeignete Bemessungsgrundlage angesehen werden soll, was ersetzt sie?

Darf man — obgleich man sich damit dem Vorwurf logischer Zirkelschlüsse aussetzt — die Abschluß-Diagnose zur Klassifikation benutzen? Wenn ja, wessen Abschluß-Diagnose? Müssen wir dazu das ganze Krankenblatt studieren? Genügt es, wenn wir den Arztbrief lesen? Oder entnehmen wir sie dem Krankengeschichten-Deckblatt? Oder schließlich nur dem EDV-Ausdruck für die Hauptdiagnose? —

Jeder kennt die großen Irrtumsmöglichkeiten dabei, deren Ausmaß nur geschätzt werden kann.

Nur eines ist sicher: Es fallen durch eine Klassifizierung nach "Hauptdiagnosen" mit sekundären Mitreaktionen und Beteiligungen der Leber bei den in Tabelle 13 (26, 27, 28) und vielen anderen dort nicht aufgeführten häufigen Erkrankungen alle Symptome, die auf die Leber hindeuten, unter das Verdikt "falsch positiv".

Es scheint, als ob die Möglichkeiten computer-unterstützter diagostischer Strategien uns zumindest in der Hepatologie erst einmal mehr Arbeit machen werden, als sie uns abnehmen.

Abkürzungen:

Anti-HAV	Antikörper gegen Hepatitis-A-Virus
Anti-HB$_C$	Antikörper gegen Hepatitis-B-Core-Antigen
Anti-HB$_e$	Antikörper gegen Hepatitis-B-E-Antigen
Anti-HB$_S$	Antikörper gegen Hepatitis-B-Surface-Antigen
AP	Alkalische Phosphatase (EC 3.1.3.1)
CHE	Cholinesterase (EC 3.1.1.8)
ERC	Endoskopisch-retrograde Cholangiographie
GGT	γ-Glutamyl-Transferase (EC 2.3.2.2)
GLDH	Glutamat-Dehydrogenase (EC 1.4.1.3)
GOT	Glutamat-Oxalacetat-Transaminase (Aspartat-Amino-transferase (EC 2.6.1.1)
GPT	Glutamat-Pyruvat-Transaminase (Alanin-Aminotrans-ferase (EC 2.6.1.2)
HB$_S$-Ag	Hepatitis-B-Surface-Antigen
IgM	Immunglobuline der M-Klasse
PTC	Perkutan-transhepatische Cholangiographie
VH-A	Virushepatitis-A
VH-B	Virushepatitis-B
VH-NANB	Virushepatitis-Non-A/Non-B

Literatur

1. IHM P (1954) Die Kontrolle des Irrtums – Wahrscheinlichkeit bei klinischen Untersuchungen. Arzneimittelforsch 5:662-664
2. ZIEVE L, HILL E (1955) An evaluation of factors influencing the discriminative effectiveness of a group of liver function tests. I. - III. Gastroenterology 28:759-802
3. BURBANK F (1969) A computer diagnostic system for the diagnosis of prolonged undifferentiated liver disease. Am J Med 46:401-415
4. KNILL-JONES RP, STERN RB, GIRMES DH, MAXWELL JD, THOMPSON RPH, WILLIAMS R (1973) Use of sequential Bayesian model in diagnosis of jaundice by computer. Brit Med J I:530-533
5. SOLBERG HE, SKREDE S, BLOMHOFF JP (1975) Diagnosis of liver diseases by laboratory tests. Identification of best combination of laboratory tests. Scand J Clin Lab Invest 35:713-721

168

6. WINKEL P, RAMSØE K, LYNGBYE J, TYGSTRUP N (1975) Diagnostic value of routine liver tests. Clin Chem 21:71-75
7. NEEF L, NILIUS R, HASCHEN RJ (1979) Applications of electronic data processing in diagnosis of hepatobiliary diseases, In: SCHMIDT E, SCHMIDT FW, TRAUTSCHOLD J, FRIEDEL R (eds) Advances in clinical enzymology. Karger, Basel New York, pp 299-323
8. SCHMIDT E, SCHMIDT FW (1980) Anwendung von Bewertungsverfahren, Modell Leber-Erkrankungen (Klinik). In: LANG H, RICK W, BÜTTNER H (Hrsg) Validität klinisch-chemischer Befunde. Springer, Berlin Heidelberg New York, S 92-112
9. GALEN RS, GAMBINO SR (1979) Norm und Normabweichung klinischer Daten. Fischer, Stuttgart New York
10. MÜLLER R, WILLERS H, HÖPKEN W (1978) Sero-Epidemiologie der akuten Virushepatitis. MMW 120:517-520
11. SCHMIDT E, SCHMIDT FW (1977) Enzym-Diagnostik von Leber-Erkrankungen in der Praxis. Diagnostik 10:348-351
12. SCHMIDT E, SCHMIDT FW (1975) Enzym-Muster. Diagnostik 8:427-432
13. GUDER WG, HABICHT A, KLEISSL J, SCHMIDT M, WIELAND OH (1975) The diagnostic significance of liver cell inhomogeneity: Serum enzymes in patients with central liver necrosis and the distribution of glutamate dehydrogenase in normal human liver. J Clin Chem Clin Biochem 13:311-318
14. SCHMIDT E (1980) Enzymological aspects of circulatory disturbances of the liver. Joint Congress of the Scandinavian and German Societies of Clinical Chemistry, Hamburg 8.-11.10.
15. SCHMIDT E, SCHMIDT FW (to be published) Clinical pathology of viral hepatitis. In: DEINHARDT F (ed) Viral Hepatitis. Dekker, New York
16. SCHMIDT E, SCHMIDT FW (1979) Klinisch-chemische Diagnostik der Cholestase. Verh Dtsch Ges Inn Med 85:395-407
17. SCHMIDT E, SCHMIDT FW (1968) Enzym-Diagnostik beim primären Leber-Karzinom. Dtsch Med Wochenschr 93:1198-1200
18. GROSS R (1973) Der Prozess der Diagnose. Dtsch Med Wochenschr 98:783-787
19. SOLOWAY RD, BAGGENSTOSS AH, SCHOENFIELD LJ, SUMMERSKILL WHJ (1971) Observer error and sampling variability tested in evaluation of hepatitis and cirrhosis by liver biopsy. Dig Dis 16:1082-1086
20. LINDNER H, HENNING H (1975) Heutiger Stand und Zukunftsaspekte der Laparoskopie. In: Laparoskopie und Leberbiopsie. Der morphologische Befund als Grundlage einer optimalen Leber-Diagnostik. Witzstrock, Baden-Baden Brüssel Köln, S 75-89
21. ORLANDI F, STUDY GROUP ON RANDOMIZED CLINICAL TRIALS (1979) Observer error in morphological diagnosis of chronic active hepatitis and cirrhosis. Ital J Gastroenterol 11:5-8
22. HØLUND B, POULSEN H, SCHLICHTING P (1980) Reproducibility of liver biopsy diagnosis in relation to the size of the specimen. Scand J Gastroenterol 15:329-335
23. THEODOSSI A, SKENE AM, PORTMANN B et al. (1980) Observer variation in assessment of liver biopsies including analyses by kappa statistics. Gastroenterology 79:232-241
24. KORB G (1974) Morphologische Aspekte zum Problem der Terminologie und Klassifikation der chronischen Hepatitis. In: LINDNER H (Hrsg) Die chronische Hepatitis. Witzstrock, Baden-Baden Brüssel, S 75-83

25. EISENBURG J (1979) Exogen-toxische und medikamentöse Leber-
    schädigungen. In: KÜHN HA, WERNZE H (Hrsg) Klinische Hepa-
    tologie. Thieme, Stuttgart, S 6.171-6.203
26. WRIGHT, R, ALBERTI KGMM, KARRAN S, MILLWARD-SADLER GH (eds)
    (1979) Liver and biliary disease. Saunders, London Phila-
    delphia Toronto
27. KÜHN HA, WERNZE H (eds) (1979) Klinische Hepatologie. Thieme,
    Stuttgart
28. SHERLOCK S (1981) Diseases of the liver and biliary system,
    6th edn. Blackwell, Oxford London Edinburgh

Diskussion

VONDERSCHMITT:
Vielen Dank, Frau SCHMIDT, für Ihre umfassenden Ausführungen
über den "Diagnostischen Dschungel". Müssen wir Sie nun dahin
interpretieren, daß es praktisch nicht möglich ist, in der Leberdiagnostik eine Strategie aufzubauen?

Frau SCHMIDT:
Nein, dann wäre ich völlig falsch verstanden worden! Ich wollte
sagen, daß man sich noch einige Gedanken dazu machen muß. Einmal,
ob man wirklich mit einer linearen Strategie in allen Situationen
zurechtkommt, oder ob man sich die Strategie in Form eines sehr
verzweigten Baumes vorstellen muß, u.U. auch mit verschiedenen
Wurzeln. Zweitens, daß man sicherlich nicht zu eng nur auf das
Labor und nur auf die Enzymologie blicken darf; sondern an bestimmten Knotenpunkten unbedingt auch andere Untersuchungen
braucht und diese rechtzeitig einplanen muß.

LAUE:
Ein ganz wesentliches Problem rührt daher, daß man versucht,
klinisch-chemische Parameter mit dem pathologischen Bild oder anderen Größen in Korrelation zu bringen. Wir müßten an sich, wenn
wir mit klinisch-chemischen Parametern arbeiten, für die Leber-
erkrankungen klinisch-chemische Definitionen haben.

Frau SCHMIDT:
Man muß dazu sagen, daß die Leber — wie jedes andere Organ — nur
eine beschränkte Möglichkeit hat, auf verschiedene Noxen oder
Reize zu reagieren. Die Zahl der histologischen wie auch der klinisch-chemischen Einzelsymptome ist begrenzt. Nur ihre verschiedenen Kombinationen machen diese bunte Vielfalt der Erkrankungen,
und der histologische Befund liefert dazu einen Teilaspekt wie
der Laborbefund und keineswegs die Diagnose.

GIBITZ:
Frau SCHMIDT, wir haben gestern gehört, daß Profile dann akzeptiert werden, wenn für ihre Zusammensetzung theoretische und
praktische Aspekte berücksichtigt werden. Sie haben uns vor zwei
Jahren als Suchprogramm für allgemeine Leberfunktionsstörungen
die Gruppe GPT, γ-GT und Cholinesterase vorgeschlagen. Ich möchte
Sie nun fragen: Können Sie Profile bzw. Gruppen von Laborparametern — unter Bedachtnahme auf ökonomische Grenzen selbstverständlich — für andere Bereiche der Hepatologie vorschlagen?

Frau SCHMIDT:
Wir haben diese drei Enzyme vorgeschlagen für das Screening auf
das Vorliegen einer Leberschädigung bei Patienten mit unbestimmten Symptomen, ohne daß wir klinisch hinweisende Symptome haben.
Bei einer definierten Anamnese, wie z.B. der Möglichkeit einer

Hepatitis-Ansteckung, würde ich von Anfang an andere Muster verwenden.

GIBITZ:
Wenn Sie aber einen Schritt weitergehen und Gruppen von Laborparametern zusammenstellen sollten, die schon Informationen für Ihren Entscheidungsbaum liefern können, was würden Sie vorschlagen?

Frau SCHMIDT:
Sie meinen also ein differentialdiagnostisches Muster. Wir brauchen dann das Verhältnis der beiden Transaminasen für das Stadium der Erkrankung. Wir sollten die GlDH haben für die Differentialdiagnose des Ikterus, die γ-GT als ein hochsensitives Enzym und auch für die Differentialdiagnose der Cholestase, zusammen mit der alkalischen Phosphatase wegen der verschiedenen Relation bei alkoholischen und bei cholestatischen Leberschäden und die Cholinesterase für die alten Cirrhosen ohne Transaminasenerhöhung und für toxische Schäden. Die LDH wäre für eine andere Richtung wünschenswert, wenn wir z.B. den Verdacht haben auf eine infektiöse Mononucleose, eine Sepsis oder auf Lebermetastasen oder ein primäres Leberkarzinom.

BORNER:
Ich möchte einen kleinen theoretischen Einwand vorbringen. Wir haben gestern schon über die Problematik des "Schmeil" gesprochen und ich möchte noch einmal zurückkommen auf unvollständige Entscheidungsbäume. Es wurde hier eine Darstellung gezeigt mit drei Knoten und nur vier Ausgängen. Das war die Differentialdiagnose zwischen toxischer Lebererkrankung und etwas anderem. Ich möchte fragen, ob man dann nicht doch besser zu anderen Techniken übergeht, z.B. zur Verwendung von Entscheidungstabellen; man bekommt damit wirklich alle Ausgänge, d.h. einen vollständigen Entscheidungsbaum, und man läuft nicht Gefahr, daß man erstens eine Hierarchie von Entscheidungen und zweitens Unvollständigkeit hat.

BÜTTNER:
Ich finde es außerordentlich interessant, daß nun endlich versucht wird, von der Praxis her mit den theoretischen Modellen zu arbeiten. Ich finde auch sehr interessant, was dabei herausgekommen ist. Wohlgemerkt an einem komplizierteren Modell als es der Herzinfarkt ist, das war von vornherein klar. Ich finde zunächst sehr wichtig, daß Sie darauf gestoßen sind, daß die Epidemiologie ein ganz unklares Feld ist, wo noch viel zu tun ist. Leider ist es so, daß die Epidemiologen uns dabei wenig helfen können, denn es gibt viel zu wenig Kapazität in der Epidemiologie, um das alles zu erarbeiten. Die Einflüsse auf die Prävelenzen, die Sie zu Anfang gezeigt haben, sind ein ganz wichtiger Punkt.

Der zweite wichtige Punkt ist das Problem der Außenkriterien zur Absicherung der Diagnose. Ich meine, daß man vielleicht pragmatisch in der Weise vorgehen kann, daß man es zunächst — auch auf die Gefahr von Zirkelschlüssen hin — mit einem Testkollektiv probiert und die Ergebnisse an einem neuen Kollektiv, an einem Probierkollektiv, erneut prüft. Eine solche pragmatische Möglichkeit ist theoretisch nicht astrein, aber man könnte auf diese Weise

172

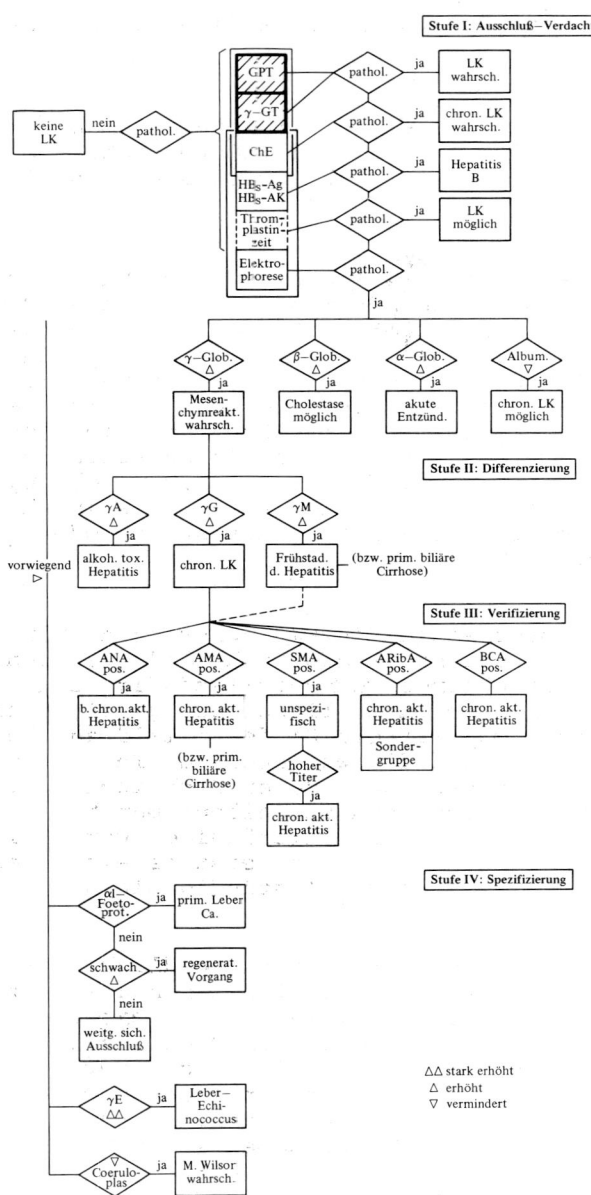

Abb. 1. Labordiagnostische
Strategie bei Leberer-
krankungen

Stufe I: Ausschluß—Verdacht

keine LK — nein — pathol.

GPT — pathol. — ja — LK wahrsch.

γ—GT — pathol. — ja — chron. LK wahrsch.

ChE

HBₛ-Ag
HBₛ-AK — pathol. — ja — Hepatitis B

Thrombo-plastin-zeit — pathol. — ja — LK möglich

Elektro-phorese — pathol. — ja

γ—Glob. Δ — ja — Mesen-chymreakt. wahrsch.

β—Glob. Δ — ja — Cholestase möglich

α—Glob. Δ — ja — akute Entzünd.

Album. ▽ — ja — chron. LK möglich

Stufe II: Differenzierung

γA Δ — ja — alkoh. tox. Hepatitis

γG Δ — ja — chron. LK

γM Δ — ja — Frühstad. d. Hepatitis (bzw. prim. biliäre Cirrhose)

vorwiegend ▷

Stufe III: Verifizierung

ANA pos. — ja — b. chron.akt. Hepatitis

AMA pos. — ja — chron. akt. Hepatitis (bzw. prim. biliäre Cirrhose)

SMA pos. — ja — unspezi-fisch

ARibA pos. — ja — chron. akt. Hepatitis Sonder-gruppe

BCA pos. — ja — chron. akt. Hepatitis

hoher Titer — ja — chron. akt. Hepatitis

Stufe IV: Spezifizierung

αl-Foeto-prot. — ja — prim. Leber Ca.

nein

schwach Δ — ja — regenerat. Vorgang

nein

weitg. sich. Ausschluß

ΔΔ stark erhöht
Δ erhöht
▽ vermindert

γE ΔΔ — ja — Leber—Echinococcus

▽ Coerulo-plas — ja — M. Wilson wahrsch.

weiterkommen. Es ist klar, daß wir eine Vielzahl von Befunden
haben müssen, um die Diagnose abzusichern und dabei kommt man
nicht ganz ohne Klinische Chemie aus!

VONDERSCHMITT:
Die praktischen Schwierigkeiten erhöhen sich natürlich noch beträchtlich, wenn man bedenkt, welche therapeutischen Möglichkeiten sich an die Diagnose anschließen. Das muß man auch noch berücksichtigen.

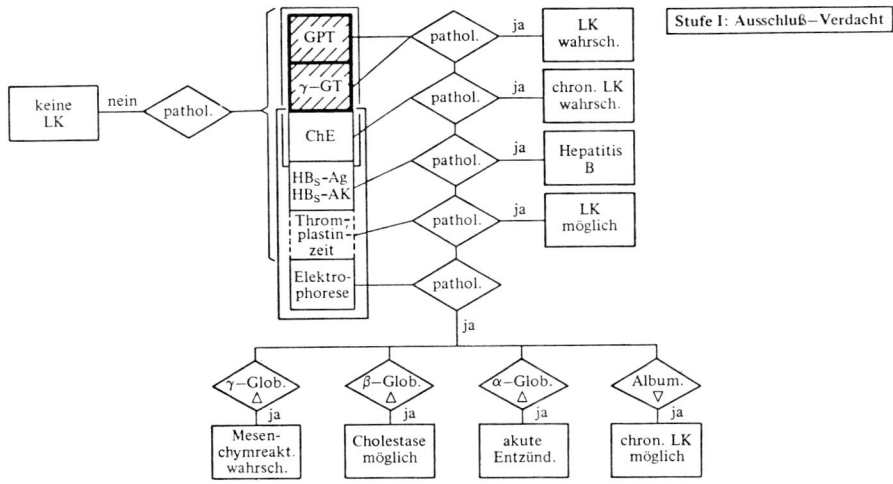

Abb. 2. Strategiebaum, Stufe I: Ausschluß/Verdacht

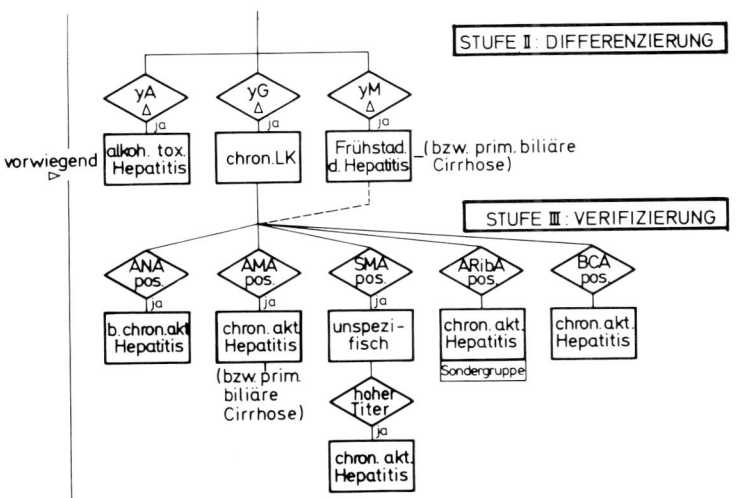

Abb. 3. Strategiebaum, Stufe II: Differenzierung, Stufe III: Verifizierung

KNEDEL:
Entschuldigen Sie, daß ich Ihnen vier Diapositive zeige, die sechs Jahre alt sind. Aber nach meiner Ansicht hat sich die Situation nicht wesentlich geändert. Dabei wird von der Fragestellung bei einem Patienten mit unbestimmten Beschwerden "Leberkrankheit ja oder nein" ausgegangen: Welche kumulativ sequenzielle Häufigkeit von Untersuchungen führt zu dem Punkt, bei dem keine weitere Information für die Entscheidung gewonnen wird? Abbildung 1 zeigt die stufenweise diagnostische Strategie bei Leberkrankheiten. Erste Stufe: Ausschluß/Verdacht, zweite Stufe: Differen-

174

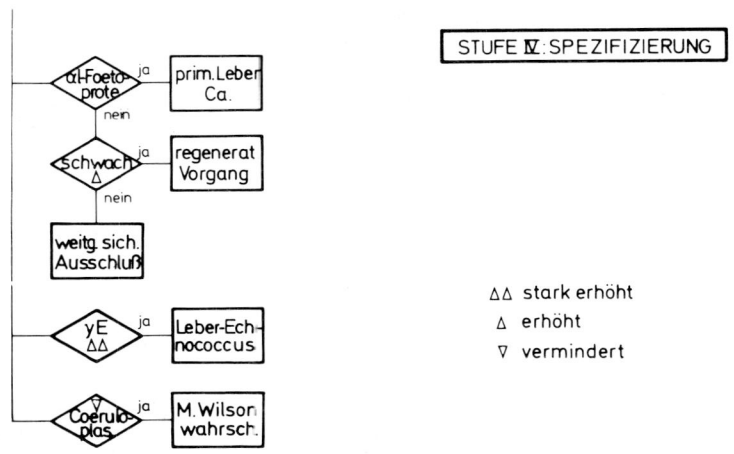

Abb. 4. Strategiebaum, Stufe IV: Spezifizierung

zierung, dritte Stufe: Verifizierung und vierte Stufe: Spezifizierung. Abbildung 2: Die erste Stufe im Strategiebaum zeigt,
daß man mit einer annähernd 95%igen Wahrscheinlichkeit durch die
links gezeigten Untersuchungen eine Leberkrankheit ausscheiden
kann. Auch weitere Untersuchungen bringen keine höhere Ausschei-
dungssicherheit. Wenn die Befunde aber pathologisch sind, gewinnt
man schon aus der Art der Veränderungen Differenzierungs-Wahr-
scheinlichkeiten. Abbildung 3: Mit spezifischen Immunreaktionen
erreicht man eine weitere stufenweise Differenzierung. Abbildung 4:
die Spezifizierung für Sonderfälle. Man kann sagen, bei Aner-
kennung der hervorragenden Arbeit auf dem Enzymgebiet sollten
wir nicht vergessen, daß wir in diese diagnostische Entscheidung
auch die anderen klinisch-chemischen Methoden einbringen und aus
deren gemeinsamer Verarbeitung vielleicht noch mehr Information
ziehen können.

Frau SCHMIDT:
Ich stimme Herrn KNEDEL voll zu. Nur diese wunderbare Aufgliederung der chronischen Hepatitiden scheint mir den praktischen Gegebenheiten in der Klinik nicht ganz zu entsprechen.

VOGT:
Sie haben kurz darauf verwiesen, daß Computermodelle existieren,
u.a. das sehr umfangreiche von SOLBERG, der 37 Parameter untersucht hat, und es ist interessant, daß er als am besten diskriminierende Faktoren Nicht-Enzyme gefunden hat. Enzyme kommen erst
an 3. oder 4. Stelle. Er hat auch Panels zusammengestellt und bei
diesen spielen viele immunologisch gemessene Parameter eine wichtige Rolle, z.B. Coeruloplasmin, Albumin und andere. Haben Sie
selbst schon einmal untersucht, wieweit das verifizierbar ist?

Frau SCHMIDT:
Ja, das stimmt im Prinzip schon. Man kann das auch von der nicht-
enzymatischen Seite her aufziehen und funktionierende Strategien

definieren. Es ist aber nach meiner Meinung teurer, es dauert
länger und es ist umständlicher in der Routine. SOLBERG erreicht
damit 96% Wahrscheinlichkeit für eine Diagnose, aber nur in 55%
der Fälle. Im Endergebnis stimmen die verschiedenen Ansätze darin überein, daß man über definitive Diagnose-Wahrscheinlichkei-
ten von 70% kaum hinauskommt.

BÜTTNER:
Es ist ja auch ein Warnsignal für uns gewesen, daß die Gruppe
in Halle mit dem Computer herausfand, daß der Thymol-Test die
größte Information liefert; wie wir beim letzten Symposium hör-
ten. Solche Dinge kommen heraus, wenn man nicht kritisch genug
an die Probleme herangeht.

GUDER:
Ich würde gerne Ihren Kommentar hören, Frau SCHMIDT, zu den Erfahrungen von Herrn WERNER mit den Testbatterien. Man könnte sich
eventuell vorstellen, daß auch bei der Leber die Batterien besser
wären als Entscheidungsbäume. Würden Sie dem Laboratorium erlauben, selbst zu entscheiden, welche Folgeuntersuchungen zu machen
sind? Falls eine bestimmte Voraussetzung gegeben ist, wenn z.B.
von GPT, Cholinesterase, γ-GT ein Wert pathologisch ist, daß
dann das Labor von sich aus die andere Batterie gleich mitmacht.
Oder würden Sie sagen, erst neue Überlegungen und dann wieder
anordnen? Bei Leberkrankheiten ist ja der Zeitgewinn nicht das
Wesentliche, soweit ich das beurteilen kann, so wie wir das vom
Herzinfarkt eben gehört haben.

Ferner habe ich noch eine Frage zu einem besonderen Beispiel, wo
wir in jüngerer Zeit unsere Meinung ändern mußten. Wir haben früher die GlDH nur gemacht, wenn die Transaminasen pathologisch
waren und sehen jetzt aber mehr und mehr Fälle, wo die GlDH em-
pfindlicher ist als die Transaminasen. Würden Sie aus dieser Er-
kenntnis vielleicht den Schluß ziehen, daß die GlDH Priorität
hat als Screening-Enzym oder ist sie nur ein Parameter für den
speziellen Fall?

Frau SCHMIDT:
Nein, nicht als Screening-Enzym. Sie hat ja keinen großen Aussa-
gewert, wenn wir nicht wissen, wie der Wert der Transaminasen
oder wenigstens einer Transaminase ist. Sie ist in bestimmten
Fällen sehr sensitiv, das ist bei den Fettlebern, wie Frau WAHLS
an den Mainzer Blutspendern bereits 1968 gezeigt hat, und da die
Fettlebern häufig sind, fällt das stark auf. Ich würde nicht sagen, daß sie unbedingt in die erste Batterie gehört.

Zu Ihrer anderen Frage, ob das Labor über Folgeuntersuchungen
entscheiden soll: Wir haben ja einmal etwas geschrieben über das
Vorgehen in der Praxis, und da haben wir gesagt: Wenn wir ein
Enzym von diesen Such-Enzymen pathologisch finden und sonst
nichts, dann sollten wir den Wert erst kontrollieren, ehe wir
zu weiteren Dingen schreiten. Manchmal ist es tatsächlich so,
daß 8 Tage später der Wert wieder normal ist; deshalb sollten
wir nicht zu früh Folgeuntersuchungen durchführen. Es kann ja
z.B. die Mitreaktion der Leber bei einer Erkältung oder bei einer
Magenverstimmung sein. In der Klinik ist vielleicht die Situation

anders: man muß — auch aus ökonomischen Gründen — schneller weiterkommen mit der Diagnostik. Ich meine aber, man mutet dem Labor
fast zuviel zu, wenn es zumindest auf dieser Stufe schon selbst
entscheiden soll, denn es sind ohne Kenntnis von Anamnese und
Befund sehr viele Entscheidungen möglich, in welcher Richtung
man das Muster erweitern will. Wenn man das Muster entsprechend
groß macht, würde es durch seine Redundanz infolge der notwendigen Schematisierung wahrscheinlich sehr unökonomisch werden. Andererseits sind die von uns dargestellten Sequenzen nicht so zu
verstehen, daß wir bei einem Patienten, der mit entsprechenden
Symptomen aufgenommen wird, nicht sofort das sogenannte "große"
Enzymmuster und die anderen Untersuchungen, die zum Leberstatus
gehören, machen.

LAUE:
Mit Ihren Enzymquotienten kommen Sie zu klaren Diskriminierungs-
grenzen. Meine Frage: wie geht der Fehler der Enzymaktivitätsbe-
stimmung in diese Quotienten ein, welche Unschärfe haben diese
Quotienten?

Frau SCHMIDT:
Sie haben natürlich eine höhere Unschärfe als die Einzelbestim-
mungen. Deswegen haben sie relativ breite Bereiche, in denen sie
gültig sind. Bei der akuten Hepatitis haben wir immer einen Transaminasen-GlDH-Quotienten über 50 typisch für die akute Hepatitis
gehalten. Wenn man es sich aber genau ansieht, liegen nur 98%
der Fälle über 50; deswegen habe ich den Quotienten für diese
Entscheidung heute auf 40 heruntergesetzt, jetzt liegen alle
Fälle in dem Bereich.

FRITSCH:
Frau SCHMIDT, Sie haben es in Ihrem Vortrag schon anklingen lassen: Sie beziehen in Ihre Entscheidungsbäume durchaus auch nicht-
biochemische Parameter mit ein. Es ist ja die Entwicklung der
nicht-invasiven, bildgebenden Verfahren in den letzten Jahren
vorangetrieben worden und diese haben große Bedeutung auch in
der Hepatologie erlangt, z.B. die Sonographie in der Differentialdiagnose extrahepatischer Verschluß versus intrahepatische
Cholestase. Mich würde interessieren, wie weit diese Entwicklung
Ihre Strategien beeinflußt oder verändert hat.

Frau SCHMIDT:
Ich würde sagen: nicht wesentlich. Diese nicht-invasiven Verfahren sind ja morphologische Methoden. Sie ersetzen eher die Probe-
Laparatomie oder die Laparoskopie. Sie ersetzen zum Teil das
Röntgen mit Kontrastmitteln oder sie erweitern die Möglichkeiten
der Radiologie. Es sind Methoden, die uns mit wenigen Ausnahmen
— wie das Sequenzszintigramm — Bilder geben und keine Funktionen
beschreiben. Deswegen würde ich sagen, ergänzen sie die klinisch-
chemischen Untersuchungen: Genauso wie die invasiven morphologischen Methoden die Funktionsdiagnostik ergänzen.

Möglichkeiten der Entwicklung einer Diagnose-Strategie am Beispiel der Schilddrüse

W. Vogt

Einleitung

Der diagnostische Prozeß hat rationale und intuitive Elemente, die abhängig von Arzt und Krankheitsbild mit wechselndem Gewicht an dieser Entscheidungsfindung beteiligt sind. Trotz der Verwobenheit wägbarer und unwägbarer Anteile ist das diagnostische Procedere einer Analyse zugänglich und läßt sich systematisieren (1). Ich möchte kurz auf die gegenwärtig üblichen Formen der Diagnostik eingehen und sie gegeneinander abgrenzen.

Die *Blickdiagnose* wird gewöhnlich durch visuelle, akustische oder sonstige sensorische Wahrnehmungen ausgelöst. Der klinisch Erfahrene verwendet sie wohl häufiger. Wegen der Schwierigkeit der Beschreibung dieses intuitiven Prozesses kann er jedoch kaum tradiert werden. Die Blickdiagnose ist sicher eine der wichtigsten Ursachen von Fehldiagnosen. Laborkenngrößen werden, wenn überhaupt, nur zur Bestätigung der einmal gefaßten Meinung verwendet.

Die *Diagnostik auf breitester Basis*, das ungezielte Sammeln jeglicher, nur irgend zugänglicher Informationen in dem Bestreben, erschöpfend zu sein, erfreut sich vor allem beim Unerfahrenen einer besonderen Wertschätzung. Der üppige Strom von Informationen mit hoher Entropie wird nach der Akquisition gesichtet, vieles verworfen und weniges genutzt. Da bei diesem Verfahren ein großer Teil der Informationen unnötig oder zumindest redundant ist, überrascht es nicht, daß diese Diagnostik nicht effizient und somit teuer ist.

Die *Diagnostik entlang einer Verzweigungslogik* wird häufig angewandt. Aus einer großen Zahl von Wegen wird der erfolgversprechendste ausgewählt. Die Entscheidung für die Richtung des nächsten Schrittes an den Verzweigungspunkten orientiert sich bewußt oder unbewußt an den Erfolgswahrscheinlichkeiten. Dieses Verfahren ist nachvollziehbar und konsequent, maximiert die Effizienz und minimiert den diagnostischen Aufwand.

Die *hypothetisch-deduktive Methode* findet ebenfalls häufige Anwendung. Ein Leitsymptom löst Überlegungen aus, die zum Erstellen eines Kataloges von dabei möglichen Krankheitszuständen führen, die die beobachteten Symptome erklären könnten. Gezielte Untersuchungen dienen dann der Bestätigung oder Ablehnung dieser Hypothesen. Insgesamt erfolgt also eine Einengung auf die wahrscheinlichste Diagnose.

Sowohl die Vorgehensweise entlang verzweigter Stukturen als auch
die hypothetisch-deduktive Methode führen zu sequentiellem Untersuchungsablauf. Wegen des klar zugrundeliegenden Prinzips und
nicht zuletzt auch aus ökonomischen Gründen verdienen daher diese
beiden Verfahren den eindeutigen Vorzug vor den anderen.

Inwieweit kann nun die klinische Chemie mit ihrem umfassenden
Spektrum an Untersuchungsmöglichkeiten hilfreich den am Krankenbett tätigen Kollegen unterstützen? — Lassen sich erstens zur
Komprimierung der Daten und der damit angestrebten Erhöhung des
verwertbaren Informationsgehalts computerisierte Verfahren finden?

Lassen sich zweitens Modelle zum stufenweisen Einsatz klinisch-
chemischer Untersuchungen entwickeln, um das Leistungsangebot
ökonomisch nutzen zu können? Zum ersten Aspekt haben wir vor
2 Jahren bereits vorgetragen (2); heute darf ich Ihnen ein neues
Strategiemodell vorstellen.

Möglichkeiten der Strategieentwicklung

Die Entwicklung eines solchen Modells gliedert sich in zwei
Schritte:

Erstens muß der Informationsbeitrag der klinisch-chemischen Kenngrößen einzeln und in Kombination geschätzt werden.

Zweitens muß dann darauf aufbauend eine Strategie — oder schlich-
ter ausgedrückt — eine Vorgehensweise formuliert werden, die den
Untersuchungsablauf stufenweise festlegt und mit deren Hilfe der
Patient einer bestimmten Gruppierung mit akzeptierter Wahrscheinlichkeit zugeordnet wird.

Feststellung des Informationsgehalts

Zur Untersuchung des Informationsgehalts und der Trennleistung
der einzelnen Kenngrößen bieten sich diskriminierende, mathematische Verfahren an, von denen die *Diskriminanzanalyse* wohl am bekanntesten ist. Mit ihrer Hilfe kann bei der Unterscheidung von
Kollektiven der Informationsbeitrag der einzelnen Parameter ermittelt und eine Rangfolge festgelegt werden; die dann bei der
sequentiellen Vorgehensweise Berücksichtigung findet.

Mit einer Abbildung, die Sie vom letzten Symposium her kennen
(2), möchte ich Ihnen aus einem anderen Blickwinkel heraus die
Abhängigkeit der Trennleistung von der Anzahl der verwendeten
Parameter vor Augen führen (Abb. 1).

Mit der linearen Diskriminanzanalyse wurde versucht, ein hyper-
thyreotes Kollektiv vom Rest, also dem eu- und hypothyreoten
Kollektiv abzutrennen. Fortschreitend von links nach rechts ist
jeweils der Parameter mit dem geringsten Informationsbeitrag
weggelassen. Die Breite des Bandes stellt den Überlappungsbereich

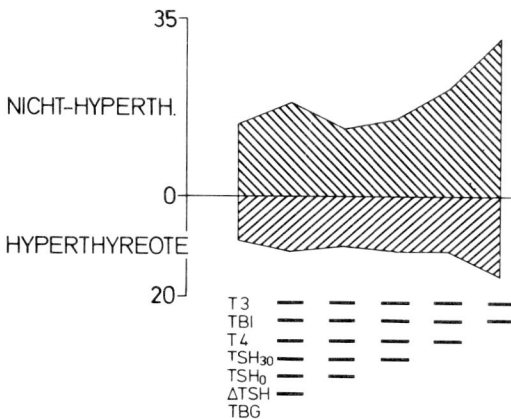

Abb. 1. Abhängigkeit des Überlappungsbereichs von der Anzahl der klinisch-chemischen Kenngrößen bei der Trennung hyperthyreoter von eu- und hypothyreoten Patienten mit Hilfe der linearen Diskriminanzanalyse. Die Daten wurden vorher mit einer inversen Logit-Funktion transformiert

dar. Bei einer Beschränkung auf weniger als 4 Parameter steigt die Zahl der Patienten im Überlappungsbereich und somit die der Fehlzuordnungen deutlich an. Des weiteren ist der Abbildung zu entnehmen, daß selbst mit der vollen Anzahl von 7 Kenngrößen keine zweifelsfreie Zuordnung zu den zu trennenden Funktionszuständen möglich ist.

Als parametrisches Verfahren hat die Diskriminanzanalyse jedoch einen ganz entscheidenden Nachteil. Für das jeweilige Problem kann eine optimale Trennung nur bei Vorliegen einer Normalverteilung der Kenngrößen in den zu trennenden Kollektiven erreicht werden. Das ist aber in der Praxis vor allem bei Kollektiven von Kranken auch nicht annähernd gegeben. Somit ist die Diskriminanzanalyse für diesen Zweck nur bedingt geeignet (3).

Stufenweises Vorgehen

Ist der Informationsgehalt der einzelnen Kenngrößen mit einem leistungsfähigen Verfahren ermittelt, folgt der zweite Teil, die Umsetzung in ein stufenweises Vorgehen. Am bekanntesten ist hierfür eine dichotome Verzweigungsstruktur. Das sei am Beispiel der Hypothyreosediagnostik entsprechend den Richtlinien der Sektion Schilddrüse der Deutschen Gesellschaft für Endokrinologie (4) gezeigt (Abb. 2). Nach der Bestimmung von Gesamtthyroxin und einem Bindungstest zur Abschätzung des freien T4 erfolgt die Bewertung.

Bei Verneinung der Frage, ob das freie T4 erniedrigt sei, ist eine manifeste Hypothyreose weitgehend ausgeschlossen. Wird die Frage mit "ja" beantwortet, folgt zur weiteren Abklärung in der zweiten Stufe die Bestimmung des basalen TSH. Das führt zur Dis-

180

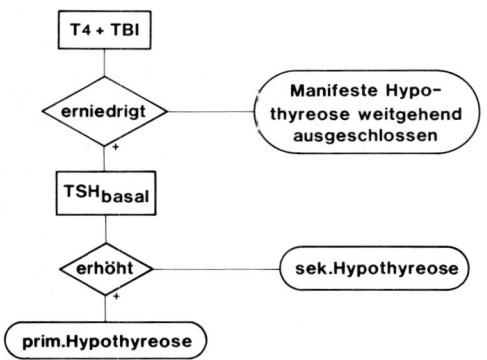

Abb. 2. Entscheidungsschema zum
Nachweis einer Hypothyreose

T4 + TBI

erniedrigt

Manifeste Hypo-
thyreose weitgehend
ausgeschlossen

TSH$_{basal}$

erhöht

sek.Hypothyreose

prim.Hypothyreose

kriminierung zwischen primärer und sekundärer Hypothyreose. Nach-
teilig an diesem Vorgehen ist, daß quantitative Kenngrößen auf
eine Ja - Nein - Antwort eingeengt werden; aus quantitativen Daten
werden qualitative.

Deshalb war ein solches, auf binären Aussagen beruhendes Konzept
als Basis für ein von uns angestrebtes Modell, in dem der volle
Informationsgehalt quantitativer Daten soweit wie möglich mitge-
führt werden soll, nicht geeignet.

Zielsetzung der Arbeit

Ziel unserer Arbeiten zur rechnerunterstützten, diagnostischen
Hilfestellung für den Kollegen am Krankenbett war es deshalb,
ausgehend von den Ihnen bekannten Ergebnissen die bisher verwendete Diskriminanzanalyse und das parallele Vorgehen durch ein
anderes, sequentielles, stufenweises, somit ökonomisch günsti-
geres Verfahren zu ersetzen, das frei sein sollte von den eben
erwähnten Nachteilen der anderen Verfahren. Die Forderungen an
die hierbei zu verwendende Methode waren:

- Unabhängigkeit von der Art der Verteilung
- Individuelles Vorgehen für jeden Patienten
- Anspruch auf Rechnerkapazität gering
- Aufwand an Rechenzeit gering
- Wählbarkeit der Zuordnungswahrscheinlichkeit
- Gewichtbarkeit der Kenngrößen
- vor allem auch allgemeine Anwendbarkeit.

Charakterisierung des untersuchten Kollektivs und Gewinnung
der Daten

Bevor ich näher auf unser Vorgehen eingehe, muß ich kurz die Da-
tenbasis in Erinnerung rufen (2, 5).

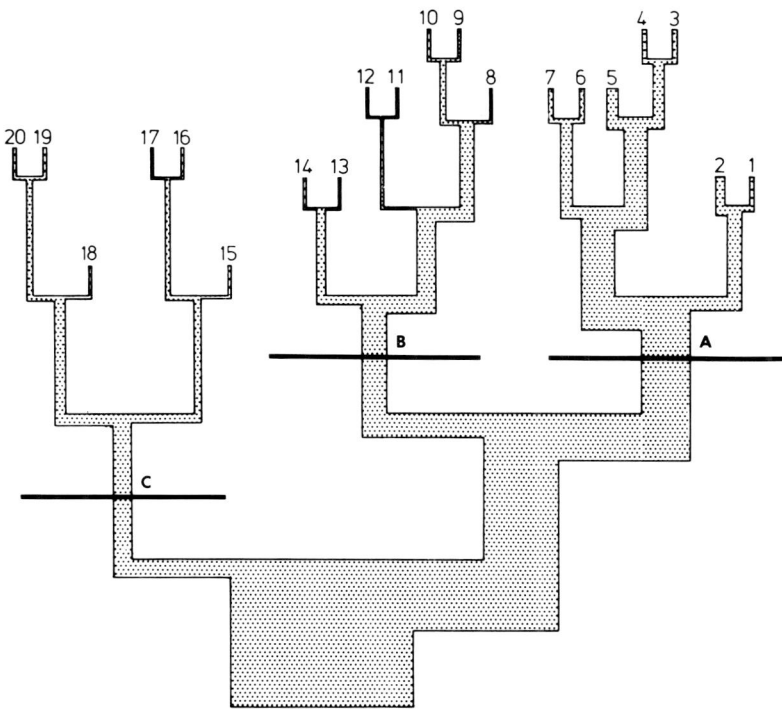

Abb. 3. Dendrogramm der mit den mit einer inversen Logit-Funktion transformierten Daten durchgeführten Clusteranalyse

Das Kollektiv unserer prospektiven Studie waren 592 Patienten
mit Verdacht auf Schilddrüsenerkrankung.

An klinisch-chemischen Kenngrößen wurden bei allen Patienten
Gesamtthyroxin, Trijodthyronin, T3-uptake, thyroxinbindendes
Globulin sowie TSH vor und nach Stimulierung mit 200 µg TRH i.v.
unter Routinebedingungen quantitativ bestimmt und die Differenz
δTSH errechnet.

Diese sieben Kenngrößen wurden nach einer Datentransformation
und einer Normierung mit dem hierarchisch arbeitenden Verfahren
nach WARD ohne Einbeziehung klinischer Angaben oder gar der Abschlußdiagnose geclustert (5, 6). Die damit erhaltene hierarchisch aufgebaute, verzweigte Struktur läßt sich als Dendrogramm
veranschaulichen (Abb. 3). A, B und C kennzeichnen die Stellen,
an denen die Hauptäste für die nächsten drei Abbildungen (Abb.
4 - 6) abgeschnitten wurden. Da es schwer ist, sich diese sieben-
dimensionalen Gebilde vorzustellen, haben wir eine heptagonale
Darstellung mit 7 Vektoren, nämlich den jeweiligen Mittelwerten
der 7 transformierten Kenngrößen eines Clusters gewählt. Man
darf sich allerdings bei der Betrachtung nicht, wie gewohnt, von
der geometrischen Vorstellung leiten lassen, sondern muß vor allem die Richtungstendenz und die Schwerpunktverteilung im Heptagon

182

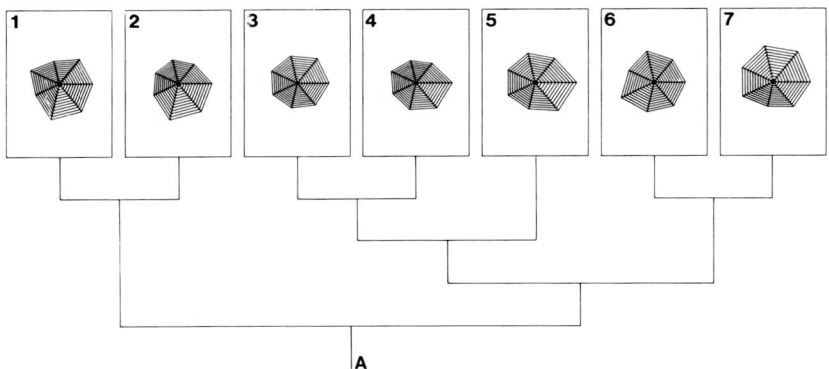

Abb. 4. Vektordiagramme der Cluster 1 - 7. Ausgehend vom waagrechten Vektor (δTSH) entsprechen die einzelnen anderen Vektoren im Uhrzeigersinn TSH_{30}, TSH_0, T4, T3, TBG, TBI

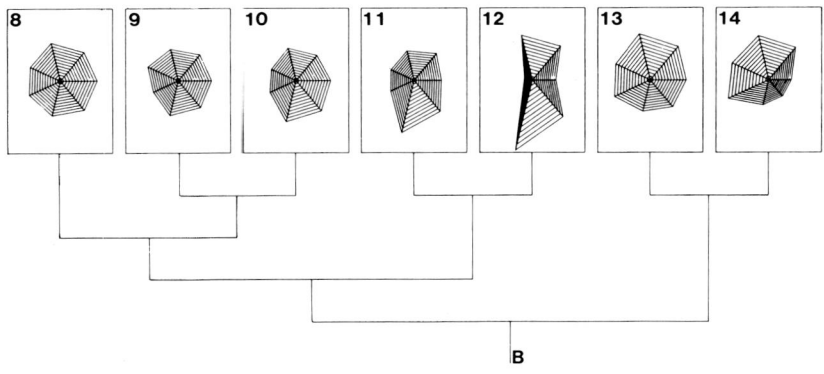

Abb. 5. Vektordiagramme der Cluster 8 - 14. Erklärung s. Abb. 4

und in dem durch das Rechteck begrenzten Raum betrachten. Abbildung 4 zeigt die Ähnlichkeit der Cluster 1 - 7, die alle zum gleichen Seitenast gehören.

Auch in Abbildung 5 kann man die Ähnlichkeit der Vektorenverhältnisse erkennen. So beinhalten Cluster 11 und 12 hypothyreote und latenten hypothyreote Patienten. Beide Cluster sind deutlich längenbetont im Vergleich zu den anderen.

Patienten mit supprimiertem TRH-Test bilden die Cluster 15 - 20. Cluster 15 - 17 beinhalten die hyperthyreoten Patienten, Cluster 18 - 20 die latent hyperthyreoten Patienten und die unter suffizienter Schilddrüsenhormontherapie (Abb. 6).

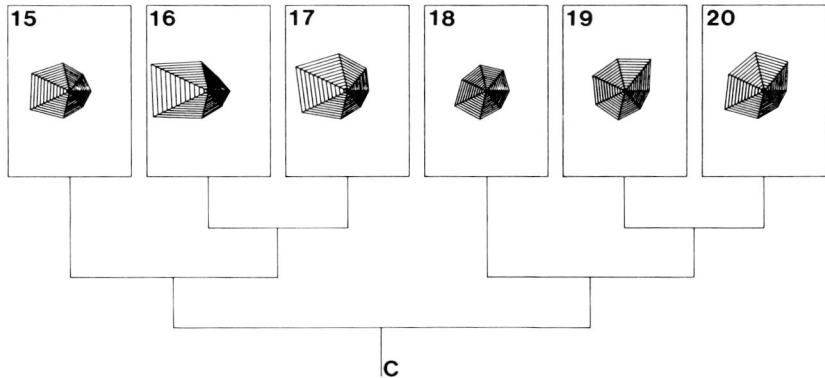

Abb. 6. Vektordiagramme der Cluster 15 - 20. Erklärung s. Abb. 4

Methodik

Da, wie bereits ausgeführt, uns weder die Diskriminanzanalyse
noch eine binäre Entscheidungsstruktur befriedigten, waren wir
gezwungen, nach anderen, neuen Wegen zu suchen. Als vielverspre-
chendes, nichtparametrisches und somit verteilungsunabhängiges
Verfahren bot sich der Sift-and-Shift-Algorithmus (7) an. Er
eignet sich sowohl zur Bestimmung des Informationsgehaltes als
auch zur Zuordnung der Patienten beim stufenweisen Vorgehen. Der
hierzu nötige Rechenaufwand ist vergleichsweise gering.

Dieses Verfahren wurde unserer Kennis nach bisher nur zur Cluster-
definition, jedoch nicht zur Zuordnung von Individuen zu bereits
festgelegten Entitäten verwendet.

Lassen Sie mich im folgenden kurz auf diese Technik eingehen:
In Abbildung 7 sind schematisch zwei durch die Parameter p1 und
p2 beschriebene Punktwolken dargestellt. S1 und S2 sind die
Schwerpunkte der beiden Cluster, deren Komponenten die jeweiligen Mittelwerte von p1 und p2 sind. Die Zuordnung des in seiner
Zugehörigkeit unbekannten Koordinatenpunktes X erfolgt durch den
Vergleich der mit dem Faktor $\frac{n_i}{n_i + 1}$ gewichteten quadrierten Ab-
stände S_1X und S_2X, wobei n_i die Anzahl der Patienten in dem be-
trachteten Cluster ist. Dieses Verfahren führt zur Minimierung
der Varianzen innerhalb jedes Clusters.

Prämissen

1) Da die 20 Cluster ausschließlich über die 7 klinisch-chemischen Kenngrößen definiert sind, war nicht unbedingt zu erwarten,

184

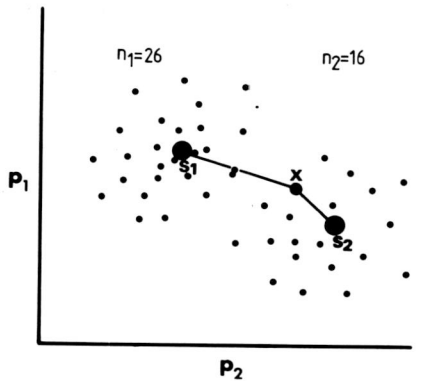

Abb. 7. Schematische Darstellung der Zuordnung durch den Sift-and-Shift Algorithmus

daß der Informationsbeitrag der einzelnen Kenngrößen unterschiedlich sei. Das aber ist Voraussetzung dafür, daß eine Sequenz von Kenngrößen erstellt werden kann, bei der eine gegenüber der Ausgangsmenge von 7 reduzierte Anzahl von Parametern zur Zuordnung führt.

2) Des weiteren wurde vermieden, eine hierarchische Struktur zugrunde zu legen. Es sollte demnach möglich sein, auf jeder Stufe die Freiheit zu behalten, jeweils allen 20 Clustern zuordnen zu können und nicht durch das schrittweise Vorgehen die theoretisch mögliche Zahl an Zuordnungsmöglichkeiten zunehmend einzuengen.

3) Drittens sollte versucht werden, ein den Bedingungen des Einzelindividuums angepaßtes Strategiemodell zu entwickeln; das heißt, der Weg muß für jeden Patienten *individuell* gesucht werden können.

4) Als ausreichende Wahrscheinlichkeit für die Zuordnung zu einem Cluster wurde $p \geq 0,9$ gesetzt, das entspricht inhaltlich übrigens dem Ihnen bekannten p.v. der Positiven (p.v.)

Vorgehen

Da nach der Clusteranalyse die Inhalte der einzelnen Cluster noch nicht vollkommen stabil waren, wurde zuerst mit dem Sift-and-Shift-Algorithmus eine Stabilisierung der jeweiligen Gruppen herbeigeführt. Zur Feststellung des Informationsbeitrags der einzelnen Parameter errechneten wir aus den einzelnen Kenngrößen und ihren sämtlichen Kombinationen jeweils die Zahl der richtig wieder zugeordneten Patienten (Abb. 8).

Ausgehend von den sieben Kenngrößen wurde absteigend jeweils die schlechteste weggelassen. Die Empfindlichkeit entspricht der Reklassifikationsrate. Bei den sehr ähnlichen Clustern 1 - 9 ist eine relativ große Anzahl von Kenngrößen erforderlich, um hohe Reklassifikationsraten zu erreichen. In den Clustern 11 und 12,

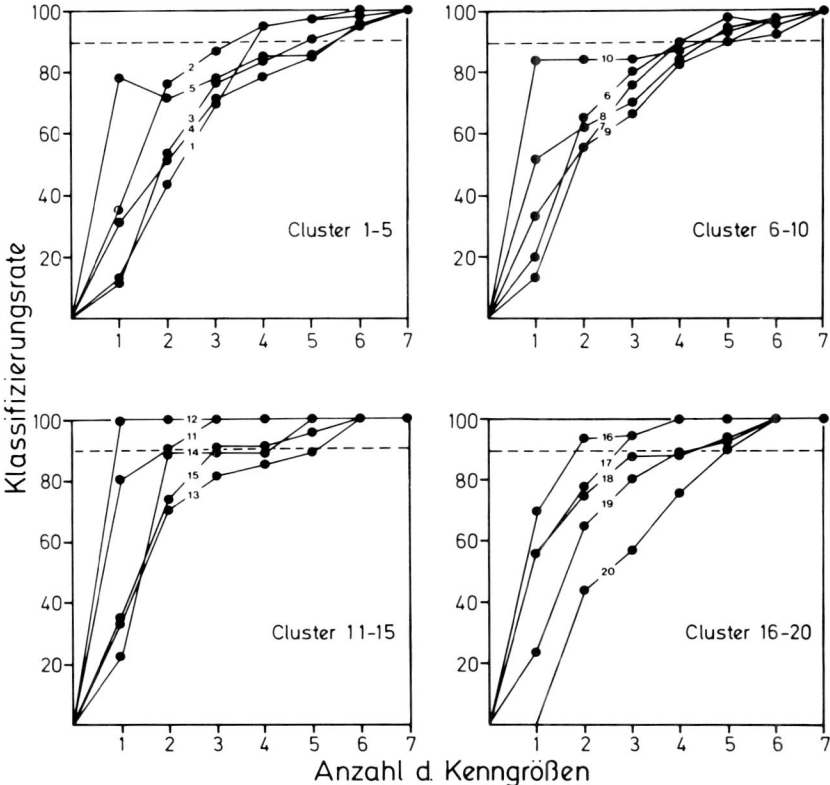

Abb. 8. Veranschaulichung der Zunahme des Informationsgehalts bei ansteigen-
der Anzahl von Kenngrößen

die hypothyreote und latent hypothyreote Patienten beinhalten,
sind die Ergebnisse erwartungsgemäß wesentlich günstiger. In derselben Richtung liegen die Ergebnisse bei den Clustern 15 mit 17,
in denen sich nahezu ausschließlich hyperthyreote Patienten befinden.

Der Informationsbeitrag der Kenngrößen einzeln und in Kombination
wurde mit Hilfe des Sift-and-Shift-Algorithmus für jedes Cluster
gesondert geschätzt. Die Wahrscheinlichkeit der richtig Eingrup-
pierten ergibt sich dann aus deren Verhältnis zur Gesamtzahl der
diesem Cluster insgesamt Zugeordneten, das entspricht also dem
Ihnen allen bekannten predictive value der Positiven. Das ist
in Abbildung 9 für einen Parameter a in einem vereinfachten Schema gezeigt. Mit 3 Kenngrößen a, b und c sollen hier Patienten 4
Clustern ●, ○, ▲ und ■ zugeordnet werden. Die Zeilen entsprechen
den Clustern, denen sie in unserem Beispiel über die Kenngröße
a zugeordnet wurden. So beträgt für Spalte 1, also das Cluster
●, die Wahrscheinlichkeit für richtige Zuordnung in dieses Cluster
0,33, die Wahrscheinlichkeit dafür daß der Patient zum Cluster ▲
gehört, 0,66.

Klin. chem. Kenngrösse a

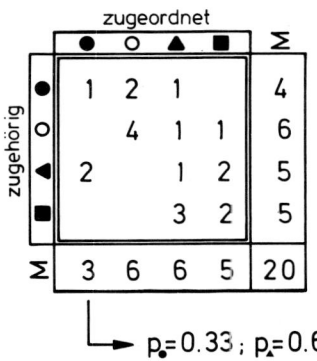

$p_•=0.33$; $p_▲=0.66$

Abb. 9. Reklassifikationsmatrix eines vereinfachten, fiktiven Modells für 20 Patienten, vier Cluster •, o, ▲ und ■, sowie drei
Kenngrößen a, b und c

Matrix 1   Matrix 2

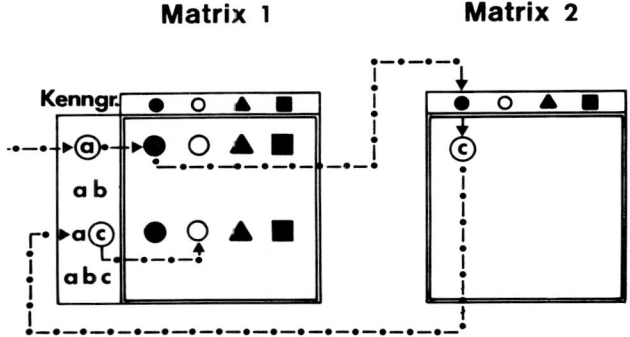

Abb. 10. Ablauf der se-
quentiellen, patienten-
orientierten Vorgehens-
weise in einem verein-
fachten, fiktiven Modell
mit 3 Kenngrößen a, b
und c, sowie den vier
Clustern •, o, ▲ und■

Die jeweils beste Parameterkombination mit aufsteigender Anzahl
von Kenngrößen wird ermittelt und der jeweils neu hinzugekommene
Parameter für die stufenweise Diagnostik in Matrix 2 abgelegt
(Abb. 10).

Matrix 2 steht hier stellvertretend für die drei entsprechenden
Matrices, wobei für jeden Parameter, einzeln und in den Kombinationen, eine erstellt wurde.

Damit befinden wir uns bereits bei der Formulierung der sequentiellen Vorgehensweise.

Wir bleiben weiter in dem eben skizzierten Beispiel.

Matrix 1 enthält links untereinander aufgelistet die 4 möglichen
Kombinationen der 3 Kenngrößen a - c mit der Startkenngröße a.
Entsprechend dem quantitativen Ergebnis von a wird der Patient
in unserem Fall in der 1. diagnostischen Stufe Cluster • zuge-

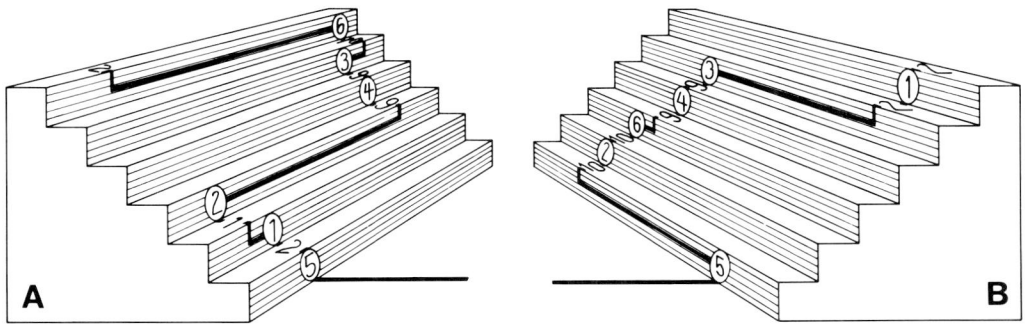

Abb. 11. Stufendiagnostik auf der Grundlage von 7 klinisch-chemischen Kenngrößen und 20 Clustern für 2 Patienten A und B.
Setzstufe: zu bestimmende Kenngröße (1 = TBI, 2 = TBG, 3 = T3, 4 = T4, 5 =
TSH_O, 6 = TSH_{30}, 7 = δTSH)

ordnet. Da die vorgewählte Klassifizierungswahrscheinlichkeit
von p ≥ 0,9 noch nicht erreicht ist, ergibt der Blick in die
Matrix 2, daß in der nächsten 2. Stufe die Kenngröße c zu bestimmen sei. Aufgrund der beiden quantitativen Werte von a und
c wird im zweiten Schritt der Patient Cluster o zugeordnet. Da
nun die vorgegebene Wahrscheinlichkeit überschritten ist, wird
der Prozeß erfolgreich abgebrochen.

Erreicht ein Patient diese Wahrscheinlichkeit nicht, so wird er
in einer gesonderten Gruppe als nicht zuzuordnen abgelegt.

Anwendung des Modells auf Cluster

Zurück nun zu unserem Modell der Schilddrüsendiagnostik mit 7
Kenngrößen und 20 Clustern. Hier arbeitet das Verfahren analog.
Das Ergebnis sei an einem Beispiel erläutert (Abb. 11a und b).

Es wurden zwei Patienten A und B ausgewählt, bei denen zur Zuordnung eine große und gleich hohe Anzahl von Stufen erforderlich waren. Damit läßt sich eindrucksvoller das Konzept dieser
auf den einzelnen Patienten bezogenen Vorgehensweise illustrieren. Auf der Setzstufe ist jeweils der zu bestimmende Parameter
angegeben, auf der Trittstufe das zugeordnete Cluster.

Von großem Einfluß auf das Gesamtergebnis ist die Wahl der Ein-
stiegskenngröße. Es zeigte sich, daß das basale TSH bezüglich
der Optimierung des Weges für alle Patienten am besten geeignet
ist.

Mit TSH_O als Startparameter wird Patient A Cluster 2 zugeordnet.
Die Bestimmung des TBI in der 2. Stufe führt zur Eingruppierung
in Cluster 1. Da die vorgegebene Wahrscheinlichkeit von p ≥ 0,9
nicht erreicht ist, wird als nächste Größe in der 3. Stufe TBG
bestimmt. Das bedingt die Einordnung in Cluster 9, die sich durch

188

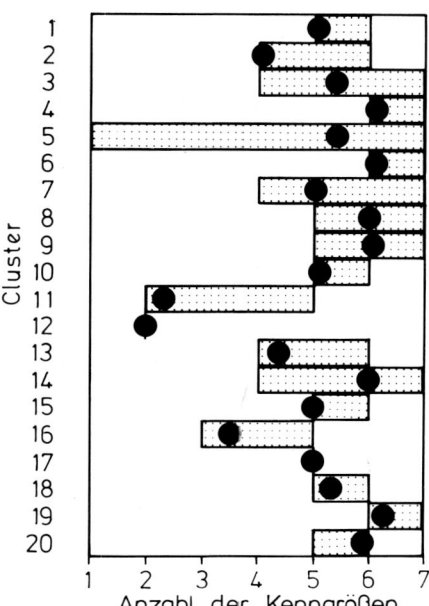

Abb. 12. Mittelwerte (●) und Spannwei-
ten der Anzahl der für die Zuordnung
der Patienten zu den 20 Clustern mit
$p \geq 0,9$ erforderlichen Kenngrößen

zusätzliche Bestimmung von T4 nicht ändert. Die Einbeziehung von
Trijodthyronin führt zu Cluster 10 und erst durch Bestimmung von
TSH_{30} wird Patient A endgültig mit der vorgegebenen Wahrschein-
lichkeit Cluster 2 zugeordnet. Für die endgültige Zuordnung des
Patienten B zu Cluster 2 lautet die Sequenz TSH_O, TBG, TSH_{30},
T4, T3, TBI.

Die für die Zuordnung zur jeweiligen Entität mit der vorgegebenen
Wahrscheinlichkeit nötigen Kenngrößen sind in Abbildung 12 für
die einzelnen Cluster angegeben. Das Gesamtmittel für alle Cluster liegt bei 5.3 Kenngrößen pro Patient bis zur endgültigen
Zuordnung.

Hier wird deutlich, daß das angegebene Verfahren in der Lage ist,
die Zahl der zur Zuordnung benötigten Parameter zu reduzieren.

Nun zu den Clustern im Detail. Die Patienten der Cluster 11 und
12 werden bereits auf sehr früher Stufe zugeordnet. Ähnlich sind
die Verhältnisse bei Cluster 16, das ausschließlich manifeste
Hyperthyreosen enthält. Extrem ist die Zuordnung bei Cluster 5.
Hier ist im günstigsten Fall nur ein Parameter erforderlich gewesen, nämlich TSH_{basal}, im schlechtesten Fall alle sieben.

Beispielhaft sind aus der Gesamtzahl der Cluster vier herausge-
griffen, um die Verteilung der Häufigkeiten der Kenngrößenkombi-
nationen detaillierter zeigen zu können (Abb. 13). Knapp 90% der
Patienten aus Cluster 2 können mit 4 Kenngrößen reklassifiziert
werden. Bei Cluster 5 erfolgt die richtige Zuordnung zu gleichen
Teilen mit 5 und 6 Kenngrößen.

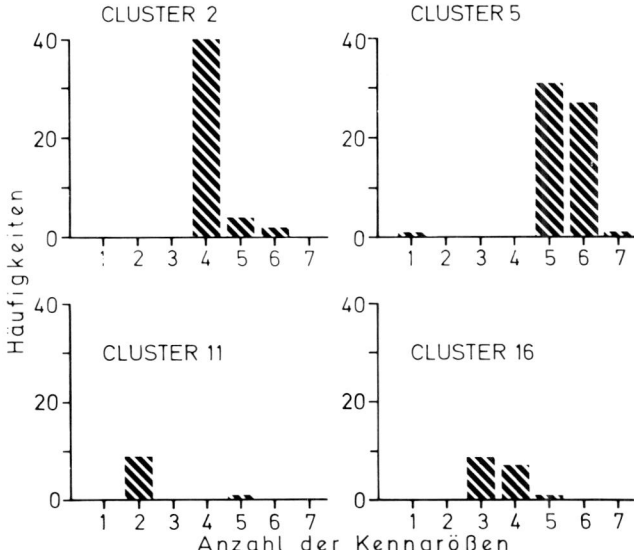

Abb. 13. Verteilung der Anzahl der zur Zuordnung erforderlichen Kenngrößen für die beispielhaft herausgegriffenen Cluster 2, 5, 11 und 16

Bis auf einen Patienten werden in Cluster 11 alle Patienten bereits mit 2 Parametern eingruppiert. Ähnlich liegen die Verhältnisse für Cluster 16, das ausschließlich hyperthyreote Patienten enthält.

Anwendung des Modells auf klinische Gruppierungsmerkmale

Das beschriebene Modell setzt jedoch keineswegs durch Clusteranalyse definierte Gruppen voraus. Es läßt sich ebenso auf die üblichen Entitäten, nämlich klinische Zustandsbilder oder Diagnosen anwenden. Das möchte ich im folgenden zeigen. Anstelle der 20 Cluster verwendeten wir als Gruppierungsmerkmal die 3 Funktionszustände der Schilddrüse, hyperthyreot, euthyreot und hypothyreot (Abb. 14).

Diese Funktionszustände wurden analog wie die vorhin besprochenen Cluster behandelt.

Als bestgeeigneter Eingansparameter erwies sich TSH_{30}. Patient C wird aufgrund dieser Bestimmung als hyperthyreot eingestuft, der TRH-Test war supprimiert. In der 2. Stufe wird er dann infolge des unauffälligen T3 als euthyreot mit $p \geqq 0,9$ eingruppiert.

Patient D wird aufgrund des supprimierten TRH-Tests ebenfalls in der 1. Stufe als hyperthyreot eingestuft. Diese Eingruppierung wird durch die aufsteigende Sequenz TSH_{30}, T3, T4, TBG, TBI, TSH_{0} und δTSH bestätigt. Allerdings wird hier auch in der siebten, in

190

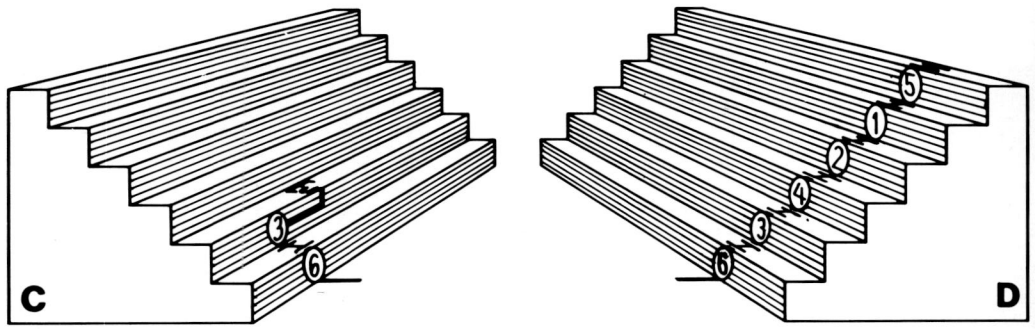

Abb. 14. Stufendiagnostik auf der Grundlage von 7 klinisch-chemischen Kenngrößen und den 3 klinischen Funktionszuständen der Schilddrüse hyper-, eu-
und hypothyreot für 2 Patienten C und D.
Setzstufe: zu bestimmende Kenngröße, Bedeutung der Zahlen s. Abb. 11.
Trittstufe: Funktionszustand, dem der Patient zugeordnet wurde (H = hyperthyreot, E = euthyreot)

der Abbildung nicht mehr dargestellten Stufe die vorgegebene Wahrscheinlichkeit noch nicht erreicht. Daher wurde der Zuordnungs-
prozeß nicht abgebrochen. Ursache für das nicht befriedigende
p.v. ist zum einen die deutliche Überlappung von hyperthyreotem
und euthyreotem Bereich und die nicht sehr hohe Prävalenz von
7% für die Hyperthyreosen im untersuchten Kollektiv.
Die Fehlzuordnungsrate ist insgesamt bei 3,4%.

Vorteile und Einschränkungen des beschriebenen Modells

Lassen Sie mich abschließend die Vorteile und die für die eben
beschriebene Methode gültigen Einschränkungen zusammenfassen.
Die auf dem Sift-and-Shift-Algorithmus basierende, stufenweise
Diagnostik hat folgende Vorzüge:

Sie arbeitet patientenorientiert und individuell, einfach und
rasch, sie ist allgemein anwendbar und leistungsfähig.

Das gilt allerdings nur, wenn folgende Einschränkungen berücksichtigt werden:

Die Daten müssen quantitativ und normiert sein, die Varianzen
der zu trennenden Kollektive müssen in der gleichen Größenord-
nung liegen, was gegebenenfalls durch eine geeignete Transformation erreicht werden kann, die zu trennenden Entitäten sollten
mehr als 5 Patienten enthalten und, was eigentlich überflüssig
ist zu erwähnen, sie müssen selbstverständlich mit Hilfe der verwendeten Kenngrößen trennbar sein.

Danksagung. Ich möchte nicht schließen, ohne meine Mitarbeiter
Frau Dipl.Math. NAGEL und Herrn Dipl.Inf. SATOR zu erwähnen,
die wesentlichen Anteil am Gelingen dieser Arbeit hatten.

Literatur

1. SACKET DL (1979) The physician's logic in making a decision. In: YOUNG DS, NIPPER H, UDDIN D, HICKS J, KING JS (eds) Clinician and chemist, pp 23-30
2. VOGT W (1980) Modell Schilddrüsen-Erkrankungen, Klinische Chemie. In: LANG H, RICK W, BÜTTNER H (Hrsg) Validität klinisch-chemischer Befunde. Springer, Berlin Heidelberg New York, S 121-142
3. SOLBERG HE (1975) Discriminant analysis in clinical chemistry. Scand J Clin Lab Invest 35:705-712
4. PFANNENSTIEL P, BÖRNER W, DROESE M et al. (1979) Methoden und ihr stufenweiser Einsatz bei der Diagnostik von Schilddrüsenerkrankungen; Empfehlungen der Sektion Schilddrüse der Deutschen Gesellschaft für Endokrinologie. Internist (Berlin) 20:21-28
5. VOGT W, SANDEL P, SCHWARZFISCHER P, BRAUN SL, LANGFELDER C, KNEDEL M (1981) Cluster-oriented discriminant analysis; taxonomic classification of the thyroid function. Clin Chim Acta 112:213-223
6. SANDEL P, VOGT W (1978) A comparison of discriminant methods. In: SIEMASZKO F (ed) Computing in clinical laboratories. Pitman, London, pp 272-282
7. SPÄTH H (1977) Cluster-Analyse-Algorithm zur Objektklassifizierung und Datenreduktion. Oldenbourg, München Wien, S 68-113

Diskussion

GROSS:
Ich habe eine prinzipielle Frage zur Cluster-Analyse. Ich habe
mich früher auch einmal damit beschäftigt. Meines Erachtens
kann dabei folgendes auftreten, daß man einen Punkt noch nicht
in die richtige Gruppe einordnet. Aber ich kann mir schwer vorstellen, daß ein Ergebnis oder in diesem Fall ein Patient aus
einem vorgegebenen Cluster heraus in ein anderes Cluster ver-
schoben wird.

VOGT:
Das hängt natürlich sehr vom gewählten Cluster-Verfahren ab. Es
gibt da eine Reihe von Methoden, die für unsere Fragestellungen
teils mehr, teils weniger geeignet sind. Das von uns angewandte
Cluster-Verfahren hat eindeutig den Vorteil, daß weitgehend ku-
gelförmige Gruppierungen in einem Hyperraum gebildet werden und
so eine relativ günstige gegenseitige Abgrenzbarkeit erreicht
wird. Wenn Sie nun eine Reklassifizierung durchführen, müssen
die Patienten nicht unbedingt dorthin wieder zugeordnet werden,
wohin sie eigentlich gehören. Der Sift-and-Shift-Algorithmus
sorgt nun dafür, daß Sie eine klare Abtrennbarkeit bekommen.
Nach Stabilisierung mit diesem Algorithmus ist die Reklassifi-
zierungsrate für jedes Cluster 100%. Wäre das nicht der Fall gewesen, hätte man Cluster, die ständig zu Verschiebungen neigen,
zusammenlegen müssen.

Es gibt jedoch noch ein ganz anderes Problem, das Sie zwar nicht
direkt angesprochen haben, auf das man aber unbedingt hinweisen
muß. In unsere bisherigen Überlegungen ist der Einfluß methodischer Schwankungen zwar eingegangen, er ist aber noch nicht experimentell überprüft worden. Es ist ohne weiteres denkbar, daß
einige dieser 20 Cluster Artefakte sind.

Man muß also mit diesem Modell noch weiter spielen, z.B. die
Meßwerte mit unterschiedlichen Fehlerbeträgen beaufschlagen und
sehen, in welches Cluster die einzelnen Patienten dann geraten.

BÜTTNER:
Ich habe drei Punkte: Der erste Punkt ist im Grunde beim letzten
Symposium schon angesprochen worden, ich wollte ihn nur nochmal
ins Gedächtnis zurückrufen: Die Cluster-Analyse hat für die Klinische Diagnostik, so wie Sie sie anwenden, den Nachteil, daß Sie
Krankheitsentitäten neu konstruieren. Sie benutzen also nicht
Außenkriterien zur Klassifikation des Testkollektivs und wenden
dann Ihre Methode an, sondern Sie konstruieren neue Krankheitsentitäten, und zwar ausschließlich auf der Basis biochemischer
Parameter. Das ist eine sehr problematische Angelegenheit, über
die man lange diskutieren könnte.

Der zweite Punkt ist: Diesmal sind es bei Ihnen ja zwei Dinge,
das eine ist die Parameterreduktion und das zweite ist die Zuordnung. Parameterreduktion ist etwas, was Sie an Kollektiven
im Großen machen können, nicht auf den Einzelfall bezogen und
dafür gibt es natürlich auch andere Methoden. Ich habe z.B. gezeigt, daß man mit der Informationstheorie diese Frage auch beantworten kann. Man kann durch ein sequentielles Verfahren herausbekommen, welche Parameter ausgeschlossen werden können und welche noch den ausreichenden Informationsgehalt bieten würden. Das
ist dann auch nicht-parametrisch.

Der entscheidende, dritte Punkt scheint mir zu sein, daß Sie
nun die Zuordnung des Einzelfalles in der Diagnostik beschrieben
haben, und da fehlt die subjektive Gewichtung, die der Kliniker
im Einzelfalle geben muß. Ich hatte als Besonderheit des entscheidungstheoretischen Werkzeugs dargestellt, daß dort die Möglichkeit besteht, eine subjektive Gewichtung einzuführen und
damit die klinischen Besonderheiten des Einzelfalles mit hinein-
zunehmen. Ich sehe nicht, wie das in Ihrem Verfahren möglich ist.

VOGT:
Man kann Ihre erste und dritte Frage gemeinsam mit der von mir
schon mehrfach erwähnten Prämisse beantworten: Ich will nicht
die bisher geltende Systematik der Inneren Medizin umstoßen.
Ich will keine neuen Krankheitsbilder definieren, sondern mir
geht es darum, aus einer Vielzahl von Parametern *eine* Kennzahl
zu machen. In unserem Beispiel bedeutet das Cluster mit der Kennzahl 16 eine Gruppierung von Hyperthyreoten. Ich würde aber nie
soweit gehen, dem Kliniker zu sagen, Cluster X ist eine neue Er-
krankungseinheit, die man möglicherweise so oder so behandeln
kann. Es mag sein, daß der Kollege am Krankenbett lernt, mit
einer solchen neuen Zahlenkombination zu arbeiten und herauszufinden, daß es bei der Angabe "Cluster X" günstig ist, z.B. T4
regelmäßig zu kontrollieren, weil diese Patienten innerhalb eines
Jahres eine Hyperthyreose entwickeln.

Ich will — sehr vereinfacht gesagt — eine andere Form der Befund-
präsentation, die vielleicht mehr Information beinhaltet als die
7 Parameter einzeln, die sich kein Mensch gleichzeitig vorstellen
kann. Um die Objektivität behalten zu können, will ich keine
subjektiven Gewichte haben. Heute kommt es mir aber eigentlich
gar nicht so sehr darauf an, die Cluster-Analyse zu verteidigen,
die ich sehr gern verteidige. Unser Ziel war, zu einer Strategie zu kommen, die unabhängig davon ist, ob Sie Cluster als Entitäten eingeben oder nicht, um so mit einer individuellen Strategie eine Reduktion der Untersuchungszahlen zu erreichen.

HERRMANN:
Mich interessiert, warum Herr VOGT gerade das Beispiel der Schilddrüsen-Diagnostik für den Versuch gewählt hat, die Cluster-Analyse
in der Klinischen Chemie einzuführen. Denn ich glaube, über diesen Punkt ist hier schon diskutiert worden, daß dieser Ansatz,
der höchstens den quantitativen Aspekt berücksichtigt, zur Schilddrüsen-Diagnostik nur ein kleines Bruchstück im Rahmen der Gesamtdiagnose beiträgt. Und wenn man dann — Herr BÜTTNER hat darauf
hingewiesen, daß zur Gesamtdiagnose unbedingt der Einfluß des

194

HYPERTHYREOT   FRAGLICH   EUTHYREOT   FRAGLICH   HYPOTHYREOT
            HYPERTHYREOT   HYPOTHYREOT

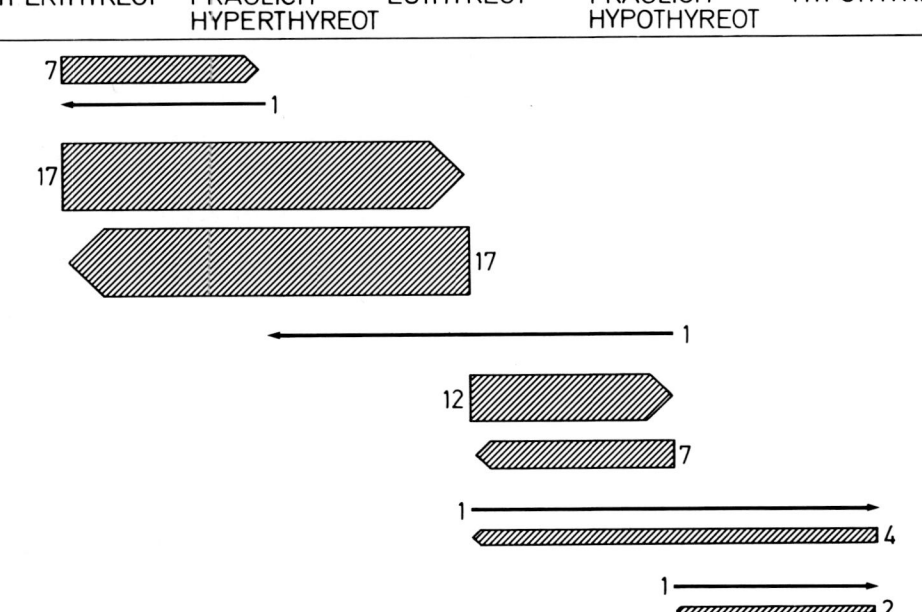

Abb. 1. Änderung der Einschätzung des Funktionszustandes der Schilddrüse (aus-
schließliche Verwendung von Anamnese und klinischem Befund = Basis des Pfeiles)
durch Heranziehen weiterer, externer Befunde (klinisch-chemische sowie nuclear-
medizinische Befunde = Spitze des Pfeiles)
Zur weiteren Erklärung siehe Text der Diskussion

Untersuchers noch mit hinzugehört — betrachtet, was gewählt worden ist, um die Cluster zu definieren, dann muß man bereits an
die Eingangsparameter entscheidende Kritik anlegen. Zuerst, was
die Quantität betrifft: offenbar brauchen Sie für die Diagnose
7 Parameter, um schließlich in der gesamten Abfolge zu einer endgültigen Diagnose zu kommen. Zum zweiten muß man meiner Ansicht
nach an der Validität dieser verwendeten Methoden ganz entscheidende Kritik anmelden. Wenn ich nur als Beispiel den Thyroxin-
Bindungs-Index nennen darf, der nachgewiesenermaßen für erhöhte
oder verminderte TBG-Zustände erschreckende Fehldiagnosen zuläßt,
oder den TRH-Test, bei dem 70 - 80 verschiedene Substanzen falsch
positive oder falsch negative Resultate bewirken können. Oder
daß für die anderen Parameter wie die T_3- oder T_4-Bestimmung
erschreckend viele biologische Variablen mit eingehen, die ein
Klinischer Chemiker, der den Patienten nicht kennt, die speziellen Bedingungen, unter denen das Blut abgenommen wurde, überhaupt
nicht beurteilen kann. Aufgrund dieser Variablen muß die Diagnose
von vornherein in einem hohen Prozentsatz falsch sein.

VOGT:
Ich freue mich, daß durch Sie eine sehr kontroverse Meinung zur
Sprache kommt. Wenn Sie die Kenngrößen, die hier verwendet wurden,

so in Frage stellen, muß ich Sie fragen, wie Sie die Funktion
der Schilddrüse beurteilen wollen. Aufgrund der klinischen Daten
allein ist es sicher nicht möglich. Ich glaube, das zeigt ein-
drucksvoll Abbildung 1.

Wir haben folgendes bei dieser Studie gemacht: Nachdem die Anamnese von einem erfahrenen Kollegen, der sich seit Jahren klinisch
mit der Schilddrüsen-Diagnostik im Rahmen der ambulanten Versorgung beschäftigt hat, erhoben und der Patient klinisch untersucht
worden war, hat sich der Kollege in einer vorläufigen Diagnose
festgelegt. Wenn wir uns die hyperthyreoten Patienten betrachten,
so fanden wir nach der Abschlußdiagnose 34 Hyperthyreosen und
ebenfalls 34 bei den vorläufigen Diagnosen, nur waren es nicht
die gleichen Patienten. 17 euthyreote Patienten waren ursprüng-
lich aufgrund des klinischen Bildes als hyperthyreot eingestuft
worden, 17 hyperthyreote Patienten als euthyreot. Ich glaube
schon, daß hier die Diagnose erst aufgrund der klinisch-chemischen Parameter ermöglicht wurde.

Die Beeinflußbarkeit der einzelnen Kenngrößen ist mir nicht unbekannt, denn ich beschäftige mich schon lange mit endokrinolo-
gischer Methodik. Aber ich kann keine besseren Parameter anbieten
und ich glaube, Herr HERRMANN, Sie auch nicht. Wir müssen deshalb
mit diesen Kenngrößen, so wie sie heute routinemäßig üblich sind,
versuchen, die Schilddrüsenfunktion zu beurteilen.

Aber ich muß Ihnen dasselbe jetzt antworten wie Herrn BÜTTNER:
Ich selbst stelle keine Diagnosen, sondern ich unterstütze den
Kollegen, indem ich ihm einen Befund liefere, den er selber interpretieren kann. Sie sind damit überhaupt nicht festgelegt.
Wenn Sie finden, daß Cluster 16 für Sie nicht "hyperthyreot" bedeutet, dann habe ich nichts dagegen. Cluster 16 ist das Kürzel
für ein Muster und dieses Muster ist bei allen Patienten, die
nach Cluster 16 kommen, ähnlich.

HERRMANN:
Sie wollen mir sicherlich nicht unterstellen, daß ich den Wert
der Klinischen Chemie in der Schilddrüsendiagnostik verkenne!

VOGT:
Sie haben gesagt: "Es hat einen kleinen Stellenwert". So habe
ich es verstanden.

HERRMANN:
Gut, nehmen wir das "kleinen" weg, es hat einen Stellenwert, das
steht außer Zweifel.

Ich bin Ihnen dankbar, daß Sie die Bemühungen der Sektion Schilddrüse innerhalb der Deutschen Gesellschaft für Endokrinologie,
ein Stufenprogramm aufzustellen, hier erwähnt haben. Wir sollten
die Intentionen nicht verkennen, die dahinterstehen, nämlich die
notwendigen Parameter auf ein erschwingliches und vertretbares
Maß gegenüber der Öffentlichkeit zu reduzieren. Wir können mit
einem Angebot von 7 verschiedenen Tests, eventuell sogar biolo-
gischen Tests, diagnostisch nicht vorgehen.

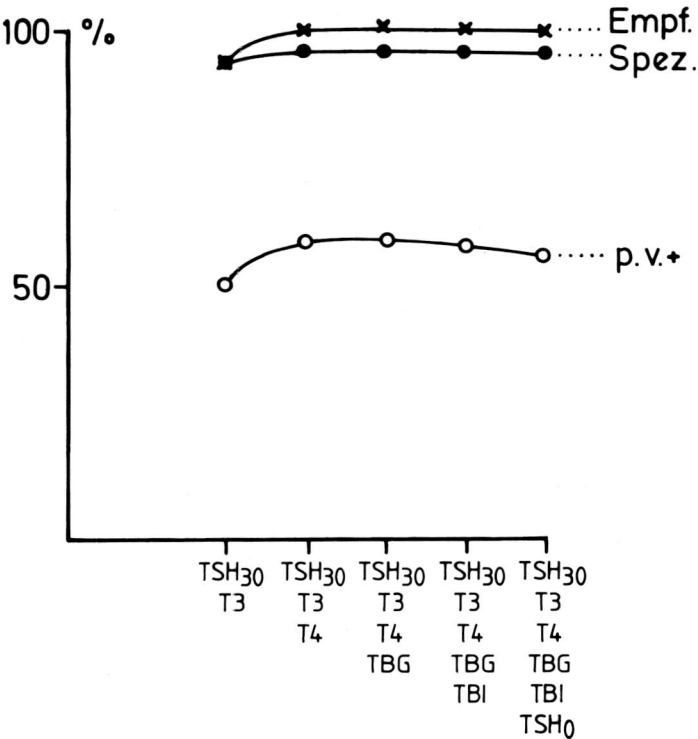

Abb. 2. Abhängigkeit der diagnostischen Empfindlichkeit, Spezifität und des Predictive Value der Positiven von Kombination und Zahl verschiedener klinisch-chemischer Kenngrößen

VOGT:
Da haben Sie mich mißverstanden. Wir mußten, um überhaupt Entitäten definieren zu können, von dem ausgehen, was an allgemein zugänglichen Kenngrößen existiert. Deshalb sind diese 7 Kenngrößen verwendet worden. Ich nehme an, daß Sie dadurch irritiert wurden, daß ein hyperthyreoter Patient selbst nach 7 Parametern noch nicht mit der Wahrscheinlichkeit von $\geq 90\%$ als solcher erkannt worden ist. Das hat mehrere Gründe. Wir haben dieses Modell natürlich in der augenblicklichen Form auf unsere Cluster zugeschnitten. Man kann dieses Modell aber auch auf die gewohnte Systematik der Schilddrüsenerkrankungen anwenden, wie ich im Vortrag gezeigt habe und worauf Sie vermutlich abzielen. Es ist in diesem Fall sehr schön zu sehen, was mit einem Patienten passiert, wenn Sie in Abbildung 2 den Predictive Value betrachten. Der Predictive Value steigt leider nicht über 70% — diese Zahl deckt sich mit der Angabe von Frau SCHMIDT. Diesen Wert erreichen Sie mit der üblichen Kombination von Kenngrößen, bei der ich mir sicher bin, daß das in Einklang mit den Empfehlungen der Sektion Schilddrüse steht. Mit TS_{30}, T_3 und T_4 habe ich bereits das Maximum an Information erreicht, jeder zusätzliche Parameter verschlechtert den Predictive Value. Das Problem dabei ist, wann ich den diagnostischen Prozeß abbreche.

Optimale Vorgehensweise für Einzelpatienten

Cluster 16 (n = 16)

Pat.	Sequenz der Kenngrößen
1	5 - 1 - 3 - 4
2	5 - 4 - 3 - 1
3	5 - 1 - 3
4	5 - 4 - 3 - 1
5	5 - 1 - 4 - 3
6	5 - 1 - 2 - 3 - 4
7	5 - 1 - 4 - 3
8	5 - 1 - 3
9	5 - 1 - 3
10	5 - 1 - 4 - 3
11	5 - 1 - 3
12	5 - 1 - 4 - 3
13	5 - 1 - 3
14	5 - 1 - 3
15	5 - 1 - 3
16	5 - 1 - 3

1 = T3-uptake, 2 = TBG, 3 = T3, 4 = T4, 5 = TSH_0

Abb. 3. Individuelle Sequenzen der klinisch-chemischen-Kenngrößen, ermittelt mit dem "Sift-and-Shift-Algorithmus", für Patienten, die Cluster 16 zugeordnet wurden (p = $\geq$ 0.9)

Im übrigen sehen Sie in der Abbildung 2 welche Kenngrößen schrittweise hinzukommen. Dabei wird auch der Stellenwert des TBI klar, es kommt nämlich ziemlich spät.

Das ist, glaube ich von dem, was Sie meinen, gar nicht so weit entfernt. Nur ist unser Vorgehen unabhängig von subjektiver Beurteilung, es stützt sich ausschließlich auf Muster bzw. auf den Informationszuwachs. In Abbildung 3 sehen Sie, in welcher Reihenfolge die einzelnen Parameter bei den verschiedenen Patienten eines Clusters durch den Algorithmus vorgeschlagen wurden.

SCHMIDT:
Nur eine kurze Bemerkung dazu: Ich kann in den Expertenstreit der Schilddrüsenforscher nicht eingreifen, aber meine Gratulation: Der Richtung der Arbeiten müssen wir zustimmen. Wir Kliniker haben ja nicht nur die Zahlen der Klinischen Chemie im Kopf zu behalten, sondern noch etwas mehr. Jede Anstrengung, die gemacht wird, um die Informationsmenge, die wir angeboten bekommen,

198

in einer kürzeren Form zu präsentieren, ist nur zu begrüßen. Was ich ein bißchen enttäuschend fand, ist Ihr Zurückweichen. Warum wollen Sie denn eigentlich keine neuen Erkrankungen finden? Wer sagt denn, daß die Erkrankungen, die wir haben, die Diagnosen, die wir stellen, tatsächlich die letzte Wahrheit sind?

VOGT:
Herr KRÜSKEMPER hat beim letzten Symposium diesen Aspekt auch schon angesprochen und wir sind dabei nachzusehen, was aus einzelnen Patienten wird, die sich in eigenartig zusammengesetzten Clustern befinden, wohin diese Patienten sich bewegen. Das wäre zwar nicht unbedingt die Entdeckung einer neuen Erkrankung, wäre aber möglicherweise von prognostischem Wert. Natürlich mag da auch die Möglichkeit gegeben sein, tatsächlich etwas Neues zu entdecken. Nur möchte ich das keinesfalls in den Vordergrund stellen, weil wir es gegenwärtig nicht belegen können.

LAUE:
Ich halte das VOGTsche Modell durchaus für sehr gut, um Cluster-Analysen durchzuführen. Nur entbrennt der Streit doch jetzt ausschließlich deswegen, weil wir uns gar nicht darüber einig sind, was eine Hyperthyreose und was eine Hypothyreose ist. Die 7 Parameter sind ja noch weitgehend unspezifisch. Sie sollten auf jeden Fall, meine ich, auch wenn noch Unsicherheit besteht, versuchen, die Korrelation zum klinischen Bild herzustellen und vielleicht auch quantifizierbare, klinische Daten mit einbeziehen. Ich bin sicher, daß sich die Ergebnisse dann noch verbessern würden.

VOGT:
In der gemeinsamen Bewertung von Cluster und Klinik sicher. Ich glaube schon, daß man im konsiliarischen Gespräch mit dem Kliniker dann auch dessen Daten mit einbeziehen soll. Nur möchte ich sie *vorher* nicht mitberücksichtigen. Bei der angestrebten Datenreduktion möchte ich ganz unabhängig sein und wirklich nur von der Biochemie ausgehen. Nach der Zuordnung zu einem Muster kann man natürlich, was ich beim letzten Symposium schon angesprochen habe, die prozentuale Zusammensetzung des Kollektivs für das einzelne Cluster angeben, das ist kein Problem.

Der heute vorgestellte Ansatz war, zu zeigen, daß ich eben nicht unbedingt alle 7 Parameter brauche, um ein solches Cluster wiederzufinden, sondern in den meisten Fällen weniger.

BORNER:
Ich finde es positiv, daß Sie keine feste Hierarchie der gewählten Parameter haben. Warum aber haben Sie gerade 20 Cluster? Haben Sie nicht früher mit einer anderen Zahl gearbeitet?

VOGT:
Was ich bei Herrn BÜTTNER schon habe anklingen lassen, analytische Fehler oder andere Schwankungen können die Clusterfestlegung beeinflussen. Wenn ich in der Lage wäre zu sagen, daß meinetwegen 6 von den 20 Clustern Artefakte seien, daß diese 6 eigentlich 1 Cluster sei, dann hätte ich natürlich nur noch 15 Cluster. Die Zahl von 20 Clustern ist aufgrund einer sehr subjektiven Entscheidung entstanden.

Zusammenfassung

H. Büttner

Meine Damen und Herren, wir kommen nun zum Schluß des Merck-
Symposiums 1981. Der Erfolg des Symposiums 1979 über die Validität klinisch-chemischer Befunde hatte seinerzeit Herrn LANG,
Herrn RICK und mich ermutigt, noch einen Schritt weiter zu gehen und bei dem Symposium 1981 die Strategie in den Vordergrund
zu stellen. Wir waren uns darüber im klaren, daß das Thema schwieriger sein würde als das Thema Validität, da in vielen Punkten
Neuland zu betreten war.

Ich meine, der Verlauf dieses Symposiums hat gezeigt, daß unsere
Überlegungen grundsätzlich richtig waren. Man muß damit beginnen,
sich mit diesen neuen Gebieten zu beschäftigen, man muß eine Be-
standsaufnahme machen. Ich möchte als Fazit unseres Symposiums
sagen, daß es sich lohnt, auf diesem Wege weiterzugehen und wei-
terzuarbeiten. Sicherlich dauert es noch längere Zeit, bis wir
praktisch anwendbare Ergebnisse aus diesen Bemühungen haben werden.

Das Thema Strategien mußte systematisch aufgebaut werden, und so
haben wir mit dem ersten Referat von Herrn HAECKEL eine Übersicht
über das etwas spröde Problem der Kosten-Nutzen-Analyse bekommen,
die in anderen Bereichen, etwa der Wirtschaftswissenschaft, weit
verbreitet ist, in der Klinischen Chemie aber etwas Neues darstellt. Herr HAECKEL hat uns verschiedene Möglichkeiten der
Kosten-Nutzen-Analyse angedeutet, er hat — und das möchte ich
nochmal hervorheben — bei den Kosten darauf hingewiesen, daß
hier Testkosten und Folgekosten zu berücksichtigen sind. Bei den
Testkosten hat sich sehr schnell ergeben, daß deren Ermittlung
kein Problem ist. Der Arbeitsaufwand ist gering, die Techniken
liegen fest. Es wurden auch einige Zahlen genannt, aber wir sollten uns ganz klar vor Augen halten, daß diese Testkosten nur ein
kleiner Teil der Gesamtkosten sind, wahrscheinlich der kleinste
Teil. Die andere Komponente der Kosten, die Folgekosten, über-
sehen wir derzeit überhaupt noch nicht. Hier wurde nur gesagt,
daß eine Bearbeitung mit Hilfe der Kliniker dringlich ist. Die
Nutzenfrage wurde von Herrn HAECKEL ebenfalls angeschnitten.
Dabei ist zu unterscheiden die Kosten-Nutzen-Analyse, eine rein
betriebswirtschaftliche Analyse, die uns im Laboratorium angeht
und im Grunde keine Probleme bietet, von der Kosten-Wirksamkeits-
Analyse, die eine Definition des medizinischen Nutzens, der ärztlichen Handlungen beinhaltet.

Herr DUBACH hat in seinem Referat eine sehr schöne Übersicht über
die verschiedenen Gesichtspunkte zu dem Problem des medizinischen
Nutzens gegeben, so daß wir eine Diskussion darüber führen konnten. Es war ganz klar, daß hier nicht Ergebnisse präsentiert,

sondern daß eigentlich nur Anstöße gegeben werden konnten,
über das Problem des medizinischen Nutzens nachzudenken, besonders im Zusammenhang mit unserer klinisch-chemischen Diagnostik.

In der Diskussion wurde dann deutlich, daß wir zwei Betrachtungs-
weisen haben, die unterschiedlich erfolgreich bearbeitet werden
können. Einmal die makro-ökonomische Betrachtungsweise, wie wir
das genannt haben, nämlich die Kosten-Nutzen- oder Kosten-Wirksamkeits-Analyse für das Gesamtsystem, d.h. das Gesundheitssystem
oder die Volkswirtschaft. Zum anderen die mikro-ökonomische Betrachtungsweise. Hier ist z.Zt. noch keine Lösung in Sicht. In
der Diskussion sind wir dann ein bißchen von diesem Thema abge-
kommen und haben die Frage der Kosten-Reduktion besprochen. Das
ist natürlich ein brennendes Problem für uns alle, den Kliniker,
den Klinischen Chemiker, aber eben auch für die Volkswirtschaft.
Hier noch einmal der wichtigste Punkt: Geeignete Maßnahmen, wie
Test-Einsparung, Mechanisierung usw. können die Testkosten reduzieren, aber eben *nur* die Testkosten. Das Problem der Folgekosten ist offengeblieben und deswegen darf man nicht einfach
sagen, daß es durch Reduktion der Laboranalysen gelingt, die
gesamten Kosten, die das Gesundheitssystem belasten, zu reduzieren. Nicht angesprochen wurde die Frage der Folgekosten falsch
negativer Befunde, ein Problem, das immense Kosten machen kann.
Noch fehlen allerdings durchgerechnete Beispiele. Zusammenfassend
läßt sich zum Kosten-Nutzen-Problem sagen, daß die betriebswirtschaftliche Seite im Grunde geklärt ist, daß aber die medizinische Seite doch noch sehr viele Probleme enthält.

Wir sind dann in unserem Programm zum Thema Strategien übergegangen und hatten in der Einführung von Herrn GROSS und in den
Referaten von Herrn WERNER und mir selbst versucht, die Grundlagen darzustellen. Ich habe eine Strategie definiert als einen
Plan für rationales und einsehbares Handeln, ich habe Ihnen als
Werkzeug die Entscheidungstheorie vorgetragen und hoffentlich
angeregt, dieses Werkzeug in geeigneten Fällen zumindest einmal
auszuprobieren, um es kennenzulernen. Vielleicht gelingt es wirklich, die Entscheidungstheorie im Routinebetrieb der Klinik irgendwo einzusetzen.

Herr WERNER hat uns dann ein pragmatisches Konzept zur Strategie-
entwicklung vorgetragen, das praktikabel und sofort anwendbar
ist, indem er nämlich das Anforderungsverhalten der Kliniker ana-
lysierte und daraus eine Optimierung hergeleitet hat. Es ist ein
Verfahren, wie man es in der Industrie anwenden würde, um ähnliche
Probleme zu lösen. Herr WERNER kommt zu Testprofilen, die sinnvoll sind.

In der Diskussion wurde dieses Konzept nun sehr heftig kritisiert und als Gegenposition dargestellt, daß dieser pragmatische
Ansatz außer Acht läßt, daß die vom Kliniker angeforderten Testgruppen einen pathophysiologischen Zusammenhang haben sollten.
Wir haben uns letztlich in der Diskussion geeinigt, indem wir
uns in der Mitte getroffen haben. Herr WERNER hat gesagt, sein
Konzept kann jetzt sofort angewendet werden, aber das Fernziel
sollte natürlich sein, daß wir pathophysiologisch definierte

Testgruppen haben. Diese Formulierung kann man durchaus akzeptieren, meine ich. Es ist gewissermaßen so — um ein Bild zu benutzen —, daß Herr WERNER als Artillerist die Batterie vertritt, die Gegenseite hingegen als Kavallerie oder Infanterie die sequentielle Testfolge bevorzugt. Tatsächlich können aber nur alle gemeinsam sinnvoll wirken. Die Ökonomie war auch in dieser Diskussion noch einmal umstritten. Ich will auf die Einzelheiten nicht eingehen. Es ist sicher nicht leicht, über die Kostenreduktion durch Mechanisierung und Testbatterien zu sprechen. Herr WERNER hat uns Zahlen genannt, die Gegenseite hatte die Zahlen natürlich nicht parat, so daß das Ganze ein bißchen in der Luft blieb. Fazit unserer Diskussion über diesen Punkt: Wir brauchen formalisierte Strategien, wir brauchen, Herr DUBACH hat es so genannt, eine Qualitätskontrolle der diagnostischen Maßnahmen. Wir sind auch nicht grundsätzlich gegen Testprofile, nur die Art der Testprofile muß diskutiert werden. Das ist eine Aufgabe, die wir für die Zukunft mitnehmen.

Dann haben wir in den Modellen, wie sie im Programm der Merck-Symposien schon Tradition sind, verschiedene Beispiele angesprochen. Herr GÖBEL hat die Methotrexat-Behandlung dargestellt. Allerdings zeigten sich hier typische Schwierigkeiten, so daß man sich im Grunde im Vorfeld dessen bewegte, was wir eigentlich diskutieren wollten. Es ist noch viel Arbeit zu leisten, um derartige therapeutische Entscheidungen im Sinne unseres Themas zu behandeln.

Auf der anderen Seite ist das Modell CK/CK-MB, das Herr WALDENSTRÖM uns brachte, ein ausgezeichnetes Beispiel dafür, wie eine sequentielle Strategie aufgebaut werden kann.

Ich bin sehr glücklich, daß Frau SCHMIDT im Falle der Leberkrankheiten ein sehr kompliziertes Beispiel behandelt und uns gezeigt hat: So einfach wie im Falle CK/CK-MB ist das nicht immer. Wir stoßen hier auf eine Menge von praktischen Schwierigkeiten, die aus klinischer Sicht zu erwarten sind. Ich meine, daß der von Frau SCHMIDT begangene pragmatische Weg, nämlich aus einem großen Daten-Material allmählich zu Entscheidungsbäumen zu kommen und diese in der Klinik anzuwenden, ein ganz realistischer Weg ist.

Das von Herrn VOGT vorgetragene Modell Schilddrüse bzw. das zugrunde liegende mathematische Modell (vgl. Merck-Symposium 1979, S. 121) hat ebenfalls noch einmal zu einer interessanten Diskussion geführt. Ich meine, wir sehen diesmal klarer sowohl hinsichtlich dessen, was Herr VOGT will, als auch in der Beurteilung der Anwendbarkeit dieses Verfahrens. Wenn es wirklich darum geht, Datenkomprimierung als entscheidenden Gesichtspunkt zu sehen, dann sehe ich selbst auch gar keine Schwierigkeiten, mit diesen Verfahren zu arbeiten. Beim Merck-Symposium 1979 hatten wir noch mit verschiedenen Mißverständnissen zu kämpfen.

Soviel zu den einzelnen Referaten. Insgesamt hat dieses Symposium sicherlich erhellend gewirkt und über den gedruckten Symposiumsband wird es wie das Symposium 1979 eine große Ausstrahlungskraft haben.

202

Ich möchte schließen mit einem Dank an die Beteiligten, Dank vor
allem an die Referenten, die sich wieder viel Arbeit gemacht haben, die Vorträge vorzubereiten, Dank an die Moderatoren, denen
es gelungen ist, auch die heftigsten Diskussionen in geordnete
Bahnen zu lenken und Dank an die Diskussionsredner, ohne die ja
ein solches Symposium gar nicht denkbar wäre. Persönlich möchte
ich mich ganz besonders bedanken bei den Mitgliedern des Orga-
nisationskomitee, Herrn LANG und Herrn RICK, der leider wegen
einer Erkrankung verhindert ist, hier zu sein. Wir haben in sehr
harmonischer Weise zusammengearbeitet und ich bin sehr dankbar,
daß vor allem Herr LANG das Thema zu seinem eigenen Interessen-
gebiet gemacht und sehr viele Gespräche geführt hat, um unsere
Redner zu gewinnen und einzustimmen. Das ist notwendig, um dem
Ganzen einen einigermaßen geschlossenen Charakter zu geben.
Zum Abschluß noch unser aller Dank an die Merck'sche Stiftung
für Kunst und Wissenschaft, die das Symposium ermöglicht hat.
Ich wünsche Ihnen allen eine gute Heimreise und schließe das
Symposium.

Aktuelle Probleme der Pathobiochemie

Deutsche Gesellschaft für Klinische Chemie
Merck-Symposium 1977

Herausgeber: H. Lang, W. Rick, L. Róka

1978. 109 Abbildungen, 45 Tabellen.
XII, 211 Seiten (Zusammenarbeit von
Klinik und Klinischer Chemie)
DM 48,–. ISBN 3-540-08688-9

Inhaltsübersicht: Bindegewebs-Stoff-
wechsel. – Aufgaben, Möglichkeiten und
Grenzen der Klinischen Biochemie in der
Erforschung pathologischer Zustände und
Mechanismen. – Lipid-Stoffwechsel: Stoff-
wechsel der Lipide im Blut. Stoffwechsel der
Lipide in der Leber.

Das vorliegende Buch stellt einen wichtigen
Beirag zur Problematik der Zusammenarbeit von Klinik und klinischer Chemie dar.
Die darin aufgeführten Beiträge und Diskussionen bekannter Fachwissenschaftler
verdeutlichen das gegenwärtige Selbstver-
ständnis und den Standort der Klinischen
Chemie, die biochemischen Veränderungen
im kranken Organismus aufzuklären und als
meßbare Parameter für die Diagnose und
Therapiekontrolle in der Klinik nutzbar zu
machen.

Springer-Verlag
Berlin
Heidelberg
NewYork

Validität klinisch– chemischer Befunde

Deutsche Gesellschaft für Klinische Chemie
Merck-Symposium 1979

Herausgeber: H. Lang, W. Rick, H. Büttner

1980. 72 Abbildungen, 72 Tabellen.
XII, 246 Seiten (Zusammenarbeit von
Klinik und Klinischer Chemie
DM 59,–. ISBN 3-540-09961-1

Inhaltsübersicht: Einleitung. – Validität
klinisch-chemischer Befunde. – Anwendung
von Bewertungsverfahren: Modell Leber-
Erkrankungen. Modell Schilddrüsen-Erkrankungen. Modell Herz-Kreislauf-Erkrankungen. – Die Problematik der ungezielten
Mehrfachanalyse. – Zusammenfassung.

Das Thema **Validität klinisch-chemischer
Befunde** beschäftigt in zunehmendem Maße
die gesamte Medizin. Und dies nicht nur
aus ökonomischen Gründen, sondern auch
wegen der Problematik, die die Handha-
bung großer Datenmengen für die Arbeit
am Krankenbett mit sich bringt.
In diesem Buch beschäftigen sich Kliniker
und klinische Chemiker mit der Möglichkeit,
die Wertigkeit von Laborbefunden zu ermitteln und diese im Rahmen von Diagnose
und Therapiekontrolle einzuordnen.
Verschiedene methodische Ansätze zur
quantitativen Berechnung der Validität
werden vorgestellt und deren Anwendung
an mehreren Modellen aus der medizinischen Praxis diskutiert.

Springer-Verlag
Berlin
Heidelberg
New York